El nacimiento de la Tierra

Ferris Jabr

El nacimiento de la Tierra

Cómo nuestro planeta cobró vida

Traducción de Andrea Montero Cusset

Papel certificado por el Forest Stewardship Council®

Título original: *Becoming Earth. How our Planet Came to Life*

Primera edición: julio de 2024

Printed in Spain – Impreso en España

ISBN: 978-84-666-7874-2
Depósito legal: B-9.116-2024

Compuesto en Llibresimes, S. L.

Impreso en Black Print CPI Ibérica
Sant Andreu de la Barca (Barcelona)

BS 7 8 7 4 2

Índice

Para el aire, el agua y la roca. Para el fuego, el hielo y el barro.
Para los glaciares que perduran, las dunas que forman ondas, las fuentes termales prismáticas y las llanuras abisales.
Para las ardientes fuentes hidrotermales bajo el mar, las cámaras de magma explosivas, las montañas antiguas y las islas recién nacidas. Para los grandes bosques verdes, las praderas onduladas y la turba esponjosa; las mesetas abruptas, la tundra sin árboles y los mangles empapados en sal.

Para los dinosaurios, las secuoyas, los mamuts y las ballenas; el moho del fango, los insectos, los hongos y los caracoles.
Para los microbios que se alimentan de luz solar, siembran nubes y extraen oro.
Para las raíces que nos dieron el suelo e hicieron que los ríos fluyeran.
Para las manadas de titanes extintos y todos aquellos que aún rondan.
Para el océano en nuestra sangre y nuestros esqueletos de piedra.

Para los cultivadores, los creadores, los cuidadores y los sanadores.
Para todas las canciones que conocemos y todas las que todavía no hemos escuchado.

Para nuestro planeta vivo. Para nuestro milagro. Para la Tierra

Piensa: ya seas un ser humano, un insecto, un microbio o una piedra, este verso es cierto. Todo lo que tocas lo Cambias. Todo lo que Cambias te Cambia a ti.

Octavia Butler, *La parábola del sembrador*

¿Y si comprendiéramos que los latidos del corazón de todas las criaturas se oyen en nuestro propio latido, que este martilleo es un eco del pulso de la Tierra, que recorre todas nuestras venas, plantas y animales incluidos?

Terry Tempest Williams, «Take Place»,
The Paris Review

La Tierra es un solo pueblo. Todos nosotros somos olas del mismo mar, hojas del mismo árbol, flores del mismo jardín.

Mensaje de Fraternidad, normalmente atribuido
al filósofo romano Séneca el Joven pero más
probablemente parafraseado a partir de los escritos
de Bahá'u'llah, profeta iraní del siglo xix fundador
del Bahá'í Faith, y a su hijo, 'Abdu'l-Bahá.

Introducción

De niño pensaba que podía alterar el clima. Los días sofocantes de verano, cuando los jardines se marchitaban y el asfalto quemaba la piel desnuda, dibujaba una nube azul cargada de lluvia y desfilaba a su alrededor en el jardín, salpicándola con una pócima de agua de la manguera y briznas de hierba. Es posible que incluso entonara algún conjuro rudimentario, similar al que implora a la Virgen de la Cueva.

A medida que crecía, también lo hizo mi comprensión de la meteorología. En la escuela, aprendí que el agua de los lagos, ríos y océanos se evapora y se eleva hasta la atmósfera, donde se enfría y se condensa en gotitas minúsculas. Estas gotitas de agua, acumuladas, chocan y se funden, se pegan a las partículas de polvo que flotan y crecen hasta convertirse en las masas algodonosas que llamamos «nubes», las cuales con el tiempo se vuelven lo bastante pesadas para caer de nuevo a la superficie. La lluvia, me enseñaron, es un resultado inevitable de la física atmosférica, es un regalo que nosotros y otros seres vivos recibimos de manera pasiva.

Hace unos años, sin embargo, descubrí un hecho llamativo que cambió por completo mi forma de pensar en el clima y, a la larga, alteró mi percepción del planeta como un todo, un hecho que me devolvió a una sensación de asombro y posibilidad que rara vez había sentido desde la infancia. Lo que descubrí fue esto: en muchos casos, la vida no recibe lluvia sin más, la invoca.

Piensa en la selva amazónica. Todos los años, la Amazonia se ve empapada en unos dos metros y medio de lluvia. Algunas partes de la selva reciben cerca de 4,2 metros de lluvia al año, más de cinco veces las precipitaciones anuales medias en los Estados Unidos colindantes. Este diluvio es en parte consecuencia de la serendipia geográfica: la intensa luz del sol ecuatorial acelera la evaporación del agua del mar y la tierra hacia el cielo, los vientos alisios del oeste transportan humedad desde el océano y las montañas limítrofes hacen que el aire se eleve, se enfríe y se condense. Las selvas tropicales emergen donde se produce la lluvia.

Pero eso no es más que la mitad de la historia. En el suelo de la selva, vastas redes simbióticas de raíces y hongos filamentosos atraen agua del suelo hacia los troncos, tallos y hojas. Mientras los cuatrocientos mil millones de árboles del Amazonas se hartan de beber, liberan la humedad excesiva, que satura el aire con veinte mil millones de toneladas de vapor de agua al día. Al mismo tiempo, plantas de todo tipo secretan sales y emiten compuestos gaseosos volátiles. Hongos, delicados como sombrillas de papel o rechonchos como el pomo de una puerta, exhalan penachos de esporas. El viento barre bacterias, granos de polen y pedacitos de hojas y corteza hasta la atmósfera. El aliento húmedo del bosque —salpicado de vida microscópica y residuos orgánicos— crea las condiciones idóneas para la lluvia. Con tanta agua en el aire y tantas partículas diminutas en las que puede condensarse el agua, las nubes se forman rápidamente. Algunas bacterias transportadas por el aire incluso fomentan que las gotitas de agua se congelen, lo que incrementa el tamaño y el peso de las nubes y las probabilidades de que estallen. En un año normal, el Amazonas genera en torno a la mitad de su propia agua de lluvia.

En definitiva, la influencia de la selva amazónica trasciende con creces el clima por encima de su dosel. Toda el agua, los detritos biológicos y los seres microscópicos descargados por la selva forman un río flotante enorme, un eco aéreo del que serpentea por el sotobosque. Este río volador trae precipitaciones a las poblaciones y haciendas de toda Sudamérica. Algunos científicos han concluido que, debido a las reacciones atmosféricas de largo alcance en cadena, el Amazonas contribuye a la lluvia de lugares tan alejados como Canadá. Un árbol que crece en Brasil puede cambiar el tiempo en Manitoba.

El ritual secreto de la lluvia del Amazonas desafía el modo en que solemos pensar en la vida en la Tierra. La sabiduría convencional sostiene que la vida está sujeta a su entorno. Si la Tierra no orbitase alrededor de una estrella del tamaño y la edad justas, si estuviese demasiado cerca o demasiado lejos de esa estrella —si no contase con una atmósfera estable, agua líquida y un campo magnético que desvía rayos cósmicos perjudiciales—, carecería de vida. La vida evolucionó en la Tierra porque la Tierra es idónea para la vida. Desde Darwin, los paradigmas científicos predominantes han enfatizado asimismo que las exigencias cambiantes del entorno dictan en gran medida cómo evoluciona la vida: las especies más capaces de sobrevivir a los cambios en sus hábitats particulares dejan atrás más descendientes, mientras que las que no consiguen adaptarse se extinguen.

Sin embargo, esta verdad presenta una contrapartida minusvalorada: la vida también cambia su entorno. A mediados del siglo XX, cuando la ecología se estableció como una disciplina formal, este hecho empezó a cobrar mayor reconocimiento en la ciencia occidental. Aun así, el foco se hallaba en cambios relativamente pequeños y locales: un castor que construye una presa, por ejemplo, o gusanos que remueven la tierra de una parcela. La noción de que seres vivos de todo tipo pudieran modificar sus entornos de modos mucho más drásticos —que los microbios, los hongos, las plantas y los animales puedan cambiar la topografía y el clima de un continente o incluso de todo el planeta— rara vez se contemplaba en serio. «En gran medida, la forma física y los hábitos de la vegetación de la tierra y su vida animal han sido moldeados por el entorno», escribió Rachel Carson en *Primavera silenciosa* en 1962. «Teniendo en cuenta toda la duración de la existencia terrestre, el efecto contrario, por el cual la vida de verdad modificó el entorno, ha sido relativamente leve». E. O. Wilson declaró algo similar en su libro de 2002, *El futuro de la vida*: «El *Homo sapiens* se ha convertido en una fuerza geofísica, la primera especie de la historia del planeta que alcanza esa dudosa distinción».

Cuando descubrí la danza de la lluvia del Amazonas, me sentí cautivado y perplejo a un tiempo. Sabía que las plantas extraían el agua del suelo y expelían humedad al aire, pero el hecho de que los árboles, los hongos y los microbios del Amazonas invocaran de manera colectiva una parte tan importante de la lluvia por la que se nombró su hogar, que la actividad de la vida en un continente alteraba el clima en otro, me impresionó. Estaba obsesionado con la idea de la selva amazónica como un jardín que se regaba a sí mismo. Si era cierto para un ecosistema tan descomunal como el Amazonas, me pregunté, ¿podría aplicarse a una escala aún mayor? ¿De qué modos, y hasta qué punto, la vida ha cambiado el planeta a lo largo de su historia?

En mi búsqueda de respuestas a estas preguntas, he descubierto que la interpretación científica de la relación de la vida con el planeta ha estado experimentando una reforma muy importante desde hace algún tiempo ya. Contraria a las máximas antiguas, la vida ha sido una fuerza geológica formidable a lo largo de la historia de la Tierra, a menudo a la altura o por encima del poder de los glaciares, terremotos y volcanes. A lo largo de los últimos miles de millones de años, todo tipo de formas de vida, desde los microbios hasta los mamuts, han transformado los continentes, el océano y la atmósfera, lo que ha convertido un pedazo de roca que gira en el mundo como lo hemos conocido. Las criaturas vivas no son meros productos de procesos evolutivos inexorables en sus hábitats particulares; son las organizadoras de sus entornos y participan en su propia evolución. Nosotros y otros seres vivos somos más que habitantes de la Tierra; somos la Tierra, un producto de su estructura física y un motor de sus ciclos globales. La Tierra y sus criaturas se hallan ligadas de manera tan estrecha que podemos pensar en ellas como en una sola.

Las pruebas de este nuevo paradigma están por todas partes a nuestro alrededor, aunque gran parte de esto no se ha descubierto hasta hace poco y aún debe permear la conciencia pública hasta el mismo grado que, pongamos, los genes egoístas o el microbioma. Hace casi dos mil quinientos millones de años, unos microbios oceánicos fotosintéticos llamados «cianobacterias» alteraron el planeta de manera permanente al inundar la atmósfera de oxígeno, teñir el cielo del azul que conocemos e iniciar la formación de la capa de ozono, que protegía nuevas oleadas de vida de una exposición perjudicial a la radiación ultravioleta. Hoy las plantas y otros organismos fotosintéticos ayudan a mantener un nivel de oxígeno atmosférico lo bastante alto para sustentar formas de vida complejas, pero no tanto como para que la Tierra estalle en llamas ante la menor chispa. Los microorganismos son participantes importantes en muchos procesos geológicos, responsables de gran parte de la diversidad mineral de la Tierra; algunos científicos piensan que jugaron un papel crucial en la formación de los continentes. El plancton marino impulsa ciclos químicos de los que depende toda otra vida y emite gases que incrementan la cobertura de nubes, lo que modifica el clima global. Bosques de algas, arrecifes de coral y crustáceos almacenan enormes cantidades de carbono, protegen la acidez oceánica, mejoran la calidad del agua y defienden las costas de la meteorología severa. Y animales tan dispares como los elefantes, los perritos de la pradera y las termitas reconstruyen continuamente la corteza del planeta; esto facilita el flujo de agua, aire y nutrientes, y mejora las perspectivas de millones de especies.

El ser humano es el ejemplo más extremo de vida que ha transformado la tierra en la historia reciente, y en algunos aspectos el más extremo que ha existido nunca. Al desenterrar y quemar los restos de junglas antiguas y criaturas marinas en forma de carbón, aceite y otros combustibles fósiles, los países industrializados han inundado la atmósfera de gases de efecto invernadero que atrapan el calor, aumentan la temperatura global rápidamente, elevan los niveles del mar, exacerban las sequías e incendios forestales y, en última instancia, ponen en peligro a miles de millones de personas e incontables especies no humanas. Uno de los numerosos obstáculos para la opinión pública y política con el cambio climático ha sido la fijación de que los humanos no tienen poder suficiente para afectar al planeta entero. Lo cierto es que no somos ni de lejos las únicas criaturas con semejante poder. La historia de la vida en la Tierra es la historia de la vida rehaciendo la Tierra.

Mientras estudiaba la interdependencia de la Tierra y la vida, no dejaba de retomar una idea controvertida: que la Tierra misma está viva. El animismo es una de las creencias más antiguas y difundidas de la humanidad. A lo largo de la historia, diversas culturas han extendido los conceptos de vida y espíritu al planeta y sus componentes. En numerosas religiones, la Tierra se ve personificada como una deidad, a menudo una diosa, que puede ser maternal, monstruosa o ambas cosas. Los aztecas veneraban a Tlaltecuhtli, una quimera colosal con garras, cuyo cuerpo desmembrado se convirtió en las montañas, los ríos y las flores del mundo. En la mitología escandinava, el nombre y la identidad de la giganta Jörð eran sinónimos de la Tierra. Varias culturas la han imaginado como un jardín que brota del caparazón de una tortuga gigantesca. Los antiguos polinesios veneraban a Rangi y a Papa, el Cielo y la Tierra, cuyo amor los mantuvo abrazados hasta que sus hijos los separaron. Aun así, se llamaban el uno al otro, en forma de la niebla que ascendía y la lluvia que caía.

La idea de que la Tierra está viva se filtró del mito y la religión a la primera ciencia occidental, donde persistió durante siglos. Muchos filósofos griegos antiguos consideraban la Tierra y otros planetas como entes animados con alma o fuerza vital. Leonardo da Vinci escribió sobre los paralelismos entre la Tierra y el cuerpo humano, comparando huesos con rocas, piedras con sangre y las mareas con la respiración. James Hutton, el científico escocés del siglo XVIII que ayudó a fundar la geología moderna, describió el planeta como un «mundo vivo» que poseía una «fisiología» y la capacidad de repararse a sí mismo. No mucho después, Alexander von Humboldt, naturalista y explorador alemán, describió la naturaleza como «un todo vivo» en el cual los organismos se hallaban conectados por un «tejido intricado similar a una red».

Hutton y Humboldt eran excepciones entre sus colegas, sin embargo, en especial aquellos que se ceñían al empirismo estricto. Para mediados del siglo XIX, incluso las descripciones metafóricas de la Tierra como un ente vivo ya estaban en gran medida pasadas de moda en las altas esferas de la ciencia europea. Las disciplinas académicas iban volviéndose más especializadas y reduccionistas. Los científicos estaban organizando la materia y los fenómenos naturales en categorías cada vez más específicas que segregaban aún más la vida de la no vida. Conjuntamente, las consecuencias de gran alcance de la Revolución Industrial y la expansión de los imperios coloniales favorecieron un lenguaje y unas visiones del mundo basadas en la mecanización, los beneficios y la conquista. El planeta ya no se percibía como un ser vivo inmenso digno de veneración, sino como un cuerpo de recursos inanimados que esperaban a ser explotados.

No fue hasta finales del siglo XX cuando la idea de un planeta vivo encontró una de sus expresiones más populares y duraderas en el canon de la ciencia occidental: la hipótesis Gaia. Concebida por el científico e inventor británico James Lovelock en los años sesenta y desarrollada más tarde con Lynn Margulis, bióloga norteamericana, la hipótesis Gaia propone que todos los elementos animados e inanimados de la Tierra son «partes y aliados de un vasto ser que, en su totalidad, tiene el poder de mantener nuestro planeta como un hábitat adecuado y cómodo para la vida».[1] Vista a través de la lente de Gaia, escribió Lovelock, la Tierra es como una secuoya gigantesca. Solo algunas partes de un árbol contienen células vivas, en concreto las hojas y finas capas de tejido del interior del tronco, las ramas y las raíces. La mayor parte de un árbol maduro es leña muerta. De manera similar, el grueso de nuestro planeta es roca inanimada, envuelta en una piel floreciente de vida. Del mismo modo que las franjas de tejido vivo son esenciales para mantener vivo a un árbol entero, la piel viva de la Tierra ayuda a sostener a una especie de ser global.

Pese a que Lovelock no fue el primer científico que describió la Tierra como un ente vivo, la audacia, la expansividad y la elocuencia de su visión provocaron una tremenda invectiva de elogios y burlas. Lovelock publicó su primer libro sobre Gaia en 1979, en medio de un movimiento medioambiental creciente. Sus ideas hallaron una audiencia entusiasta entre el público, pero no tuvieron una acogida tan calurosa en la comunidad científica. A lo largo de las décadas siguientes, muchos científicos han criticado y ridiculizado la hipótesis

1. Lovelock y Margulis no dejaron de pulir la hipótesis Gaia a lo largo de toda su carrera. Muchos otros investigadores desarrollaron sus propias interpretaciones. Para obtener ejemplos de las diferentes versiones de Gaia, y una clasificación académica, véanse las notas suplementarias al final del libro.

Gaia. «Preferiría que la hipótesis Gaia se viera restringida a su hábitat natural de quioscos de estación, en lugar de contaminar obras de estudios serios», escribió Graham Bell, biólogo evolutivo en una reseña. Robert May, futuro presidente de la Royal Society, declaró a Lovelock «un pobre bendito». El microbiólogo John Postgate fue especialmente vehemente: «Gaia..., ¡la Gran Madre Tierra! ¡El organismo planetario! ¿Soy el único biólogo que sufre una desagradable contracción nerviosa, una sensación de irrealidad, cada vez que los medios de comunicación me invitan a tomármelo en serio?».

Con el tiempo, la oposición científica a Gaia menguó. En sus primeros escritos, Lovelock en ocasiones concedía excesiva capacidad de acción a Gaia, lo que alentaba la percepción errónea de que la Tierra viva anhelaba un estado óptimo. Aun así, la esencia de la hipótesis Gaia —la idea de que la vida transforma el planeta y es esencial para sus procesos de autorregulación— era profética. Aunque algunos investigadores todavía rehuían la mención de Gaia, estas verdades se han convertido en principios de la ciencia moderna del sistema terrestre, un campo relativamente joven que estudia de forma explícita los componentes vivos y no vivos del planeta como un todo integrado.[2] Como escribió Tim Lenton, científico del sistema terrestre, él y sus colegas «piensan ahora en términos de la evolución acoplada de la vida y el planeta, reconociendo que la evolución de la vida ha moldeado el planeta, los cambios en el entorno planetario han moldeado la vida, y juntos pueden verse como un solo proceso».

Además, algunos científicos están de acuerdo con Lovelock en que el planeta es un ente vivo. «En mi opinión, no cabe duda de que nuestro planeta está vivo —dice Colin Goldblatt, científico atmosférico—. Para mí es una sencilla constatación de los hechos». El astrobiólogo David Grinspoon escribió que la Tierra no es un plane-

2. En 2001, treinta y tres años después de la conferencia de Princeton, Nueva Jersey, en la que Lovelock habló por primera vez sobre lo que acabaría llamando Gaia, varias organizaciones científicas internacionales muy importantes firmaron la Declaración sobre Cambio Climático de Ámsterdam, que en parte proclamaba: «El sistema de la Tierra se comporta como un sistema único que se regula a sí mismo formado por componentes físicos, químicos, biológicos y humanos, con interacciones complejas y retroalimentación entre las partes que lo componen».

ta que alberga vida sin más, sino un planeta vivo. «La vida no es algo que ocurrió en la Tierra, sino algo que le ocurrió a la Tierra —dice—. Existe esta retroalimentación entre las partes vivas y no vivas del planeta que lo hacen muy distinto de lo que de otro modo sería». Incluso algunos de los críticos más feroces de Gaia han cambiado de opinión. «Tengo algo que confesar —escribió W. Ford Doolittle, biólogo evolutivo, en *Aeon* en 2020—. Me he abierto a Gaia con los años. Al principio me opuse firmemente a la teoría de Lovelock y Margulis, pero en la actualidad he empezado a sospechar que es posible que tuvieran razón».

Los que se crispan ante la idea de un planeta vivo alzarán las protestas habituales: la Tierra no puede estar viva porque no come, crece, se reproduce o evoluciona como los seres vivos «de verdad». Deberíamos recordar, sin embargo, que nunca ha habido una medida objetiva ni una definición de la vida precisa y aceptada de manera universal, solo una larga lista de cualidades que presumiblemente distinguen lo animado de lo inanimado. Sin embargo, una división tan clara resulta fútil. Los cristales replican con fidelidad sus estructuras altamente organizadas a medida que crecen, pero la mayoría de la gente no piensa en ellos como vivos. Por el contrario, algunos organismos, como las artemias y esos microanimales con pinta de ositos de goma llamados «tardígrados», pueden entrar en un periodo de inactividad extrema durante el cual dejan de comer, de crecer y de cambiar en cualquier sentido durante años, pero siguen considerándose criaturas vivas. La mayoría de los científicos excluyen los virus del reino de los vivos porque no pueden reproducir y evolucionar sin secuestrar células, aunque no vacilan en atribuir vida a todos los animales y las plantas parásitos que son igualmente incapaces de sobrevivir o multiplicarse sin un huésped.

La vida, pues, es un fenómeno espectral, un proceso proteico, más verbo que nombre. Tenemos que adaptarnos más a la idea de que la vida ocurre en muchas escalas distintas: en la escala de los virus, la célula, el organismo, el ecosistema y, sí, el planeta. Como muchas criaturas vivas, la Tierra absorbe, almacena y transforma la energía. Tiene un cuerpo con estructuras organizadas, membranas y ritmos cotidianos. Nuestro planeta ha engendrado tropecientos organismos biológicos que sin cesar devoran, transfiguran y reponen su roca, agua y aire. Estos organismos y sus entornos están unidos de manera inextricable en una evolución recíproca, a menudo convergiendo en procesos que favorecen la persistencia mutua. Colectivamente, dichos procesos dotan a la Tierra de una especie de fisiología planetaria: con respiración, metabolismo, una temperatura regulada y una química equilibrada. La Tierra está tan viva como nosotros.

La recepción inicial de la comunidad científica de la hipótesis de Lovelock tal vez habría sido menos desdeñosa si le hubiese puesto un nombre distinto. Por consejo de su amigo William Golding, autor de *El señor de las moscas*, Lovelock bautizó a su entidad global en honor a la diosa griega Gaia, la personificación de la Tierra, con lo que marcó para siempre sus ideas con el tabú científico del antropomorfismo. Tanto si era la intención de Lovelock como si no, el nombre escogido concedía a su hipótesis un rostro maternal y cierto misticismo, lo que la convertía en objetivo fácil con escasa tolerancia a la metáfora y hostilidad hacia cualquier cosa que semejase mito o religión. Mientras reexaminamos y reanimamos el concepto de un planeta vivo para el siglo XXI, quizá no necesitemos apropiarnos de nombres antiguos o inventar nuevos apodos. Nuestro planeta es un ente vivo extraordinario que ya tiene un nombre bien conocido. Es una criatura llamada Tierra.

Como la forma de vida más grande y compleja que conocemos, la Tierra es también la más difícil de comprender. Las metáforas estrictamente mecanicistas no alcanzan a captar la vitalidad y la exuberancia de nuestro planeta. Las analogías con cuerpos animales parecen demasiado limitadas para un planeta cuya materia viva consiste en su mayor parte en plantas y microbios. Quizá no exista la metáfora perfecta, pero mientras escribía este libro, encontré una que resulta útil y, a su vez, complementa el concepto de una Tierra viva: la música.[3]

3. La ciencia tiene una tradición de metáforas musicales larga y fascinante. Los antiguos griegos percibían el movimiento ordenado de los planetas como «la música

Como escribió Lynn Margulis, la Tierra animada «es una propiedad emergente de interacción entre organismos, el planeta esférico en el que residen y una fuente de energía, el sol». También la música es un fenómeno emergente: no puede reducirse a notas sobre el papel, la forma de un instrumento o los movimientos hábiles de las manos de un músico, sino que, en lugar de eso, surge de la interacción de todas sus partes. Cuando se toca la secuencia correcta de notas, cuando se combina con otras secuencias de la manera apropiada, ya no oímos meros sonidos, experimentamos la música. Del mismo modo, el ente vivo que llamamos Tierra emerge de un conjunto altamente complejo de interacciones: la transformación mutua de organismos y sus entornos.

Durante los primeros quinientos millones de años de su existencia, el planeta fue una construcción estrictamente geológica. Cuando las primeras criaturas vivas se adaptaron a las características y ritmos primordiales del planeta, empezaron a aprovecharse de ellos también, cambiándose unas a otras. Desde entonces, la biología y la geología, lo animado y lo inanimado, se han hallado fundidos en un dúo cada vez más complicado. A lo largo de los eones, a pesar del revuelo perenne, la Tierra y sus formas de vida descubrieron armonías profundas: regulaban el clima global, calibraban la química de la atmósfera y el océano y mantenían el agua, el aire y los nutrientes vitales circulando por las numerosas capas del planeta. Megavolcanes en erupción, impactos de asteroides, mares que se secaban y otras catástrofes inimaginables han asolado el planeta muchas veces y han arrollado los ritmos establecidos largo tiempo atrás con el caos más absoluto. Sin embargo, nuestro planeta vivo ha demostrado de manera constante una resiliencia sorprendente, una capacidad de revivir tras calamidades devastadoras y encontrar nuevas formas de consonancia ecológica.

---

de las esferas». La teoría de cuerdas postula la existencia de «pequeñas cuerdas cuyos patrones vibratorios organizan la evolución del cosmos». Los genomas a menudo se comparan con los instrumentos musicales y la expresión de los genes, con las canciones. Y la palabra «órgano» (como en el instrumento musical), «órgano» (como en una parte vital del cuerpo) y «organismo» comparten todas la misma raíz, lo que significa «trabajo».

Cuando aprendemos a ver a nuestra especie como parte de una forma de vida mucho más grande —como miembros de un conjunto planetario—, nuestra responsabilidad con la Tierra queda más clara que nunca. La actividad humana no se ha limitado a aumentar la temperatura global o «dañar al ambiente» sin más, ha desequilibrado seriamente a la criatura más grande conocida, empujándola a un estado de crisis. La velocidad y la magnitud de esta crisis son tan grandes que, si no intervenimos, la Tierra tardará desde miles hasta millones de años en recuperarse por sí sola. En el proceso, se convertirá en un mundo distinto de cualquiera que hayamos conocido, un mundo incapaz de sustentar la civilización humana moderna y los ecosistemas de los cuales dependemos en la actualidad.

Nuestra especie es única en su habilidad para estudiar el sistema terrestre como un todo y alterarlo de manera deliberada. Pero sería muy arrogante intentar controlar un sistema tan sumamente complicado en su totalidad. En lugar de eso, debemos reconocer nuestra influencia desproporcionada en el planeta al tiempo que aceptamos las limitaciones de nuestras capacidades. La empresa más esencial está clara: para evitar los peores resultados posibles de la crisis climática, los países industriales y postindustriales ricos deben liderar un esfuerzo global para reemplazar rápidamente los combustibles fósiles con energía limpia y renovable. La ciencia del sistema terrestre subraya la importancia de un enfoque complementario. Nuestro planeta vivo ha evolucionado de muchas formas para almacenar carbón y regular el clima. A lo largo de los últimos siglos, el océano y los continentes, y los ecosistemas que estos contienen, han absorbido y secuestrado gran parte de las emisiones de gases de efecto invernadero de la humanidad. Al proteger y restituir los bosques, las praderas y los pantanos de la Tierra —sus prados submarinos, llanuras abisales y arrecifes—, podemos ampliar los procesos de estabilización del planeta y preservar las sincronías ecológicas que han desarrollado a lo largo de eones.

El nacimiento de la Tierra es una exploración de cómo la vida ha transformado el planeta, una reflexión sobre qué significa decir que la Tierra misma está viva y una celebración de la maravillosa ecología que sostiene nuestro mundo. Se trata de un libro acerca de cómo se ha convertido el planeta en la Tierra tal como la conocemos, de cómo se está convirtiendo rápidamente en un mundo muy distinto y cómo nosotros —que estamos vivos en este momento crucial de la historia del planeta— acabaremos ayudando a determinar qué tipo de Tierra heredan nuestros descendientes en los próximos milenios. Las tres partes del libro —«Roca», «Agua» y «Aire»— reflejan los tres componentes principales del planeta y sus tres esferas más importantes: la litosfera, la hidrosfera y la atmósfera. El orden refleja su relativa abundancia: en cuanto a masa, la Tierra contiene infinitamente más roca que agua y, de manera significativa, más agua que aire. Cada parte se compone de tres capítulos, el primero de los cuales examina cómo los microbios, los primeros organismos de la Tierra y los más pequeños, alteraron esa capa del planeta. El segundo capítulo de cada parte se centra en transformaciones cruciales causadas por olas sucesivas de formas de vida más grandes y complejas —hongos, plantas y animales— y en cómo dependían esos cambios de los que las habían precedido. El tercero analiza cómo nuestra especie ha cambiado rápido la Tierra en la historia relativamente reciente e investiga cómo mejorar nuestra relación con el planeta.

Empezaremos nuestro viaje en la corteza, a gran profundidad, y nos abriremos paso hacia fuera mientras vagamos por los continentes, nos sumergimos en la expansión líquida del planeta para, al final, alcanzar la más etérea de las tres esferas, la envoltura de aire que se extiende más de 9.600 kilómetros por encima de nosotros. Por el camino, nadaremos a través de bosques submarinos, visitaremos un parque de naturaleza experimental donde los animales transfiguran el paisaje y subiremos a un observatorio a medio camino entre las copas de los árboles y las nubes. Conoceremos a un elenco diverso de personajes fascinantes —científicos, artistas e inventores; bomberos, espeleólogos y raqueros—, muchos de los cuales han dedicado su vida a estudiar y proteger nuestra casa viva. Retrocederemos en el tiempo hasta algunos de los acontecimientos más formativos de la historia tumultuosa de la Tierra, de 4.540 millones de años, e imaginaremos sus numerosos futuros posibles. Y aprenderemos a reconocer la huella de la vida en todas las partes del planeta actual, desde el corazón de la selva amazónica hasta la tierra de tu jardín.

PRIMERA PARTE

ROCA

1

Intraterrestres

La piel de la Tierra está llena de poros, y cada poro es un portal a un mundo interior. En algunos apenas existe espacio para un insecto; en otros cabría un elefante sin problemas. Algunos solo conducen a cuevas menores o grietas poco profundas, mientras que otros se extienden hasta los recovecos inexplorados del interior rocoso de la Tierra. Cualquier humano que intente viajar al centro de nuestro planeta precisa de un tipo muy particular de pasaje: uno lo bastante ancho, sí, pero también sumamente profundo, firme en toda su extensión y, es preferible, equipado con ascensor.

Existe un portal así en pleno centro de Norteamérica. De unos ochocientos metros de ancho, el foso surcado de ranuras desciende casi cuatrocientos metros en espiral por el suelo, y deja expuesto un mosaico jaspeado de roca joven y antigua: franjas grises de basalto, vetas lechosas de cuarzo, columnas claras de riolita y constelaciones de oro titilantes. Debajo del foso, unos 700 kilómetros de túneles serpentean a través de roca sólida y se extienden más de 2,5 kilómetros por debajo de la superficie. Durante ciento veintiséis años, este yacimiento de Lead, Dakota del Sur, albergó la mina de oro más grande, profunda y productiva de Norteamérica. Para cuando cesaron las excavaciones, a principios de la década de 2000, la Homestake Mine había producido más de 900 toneladas de oro.

En 2006, la Barrick Gold Corporation donó la mina al estado de Dakota del Sur, que acabó convirtiéndola en el laboratorio subterráneo más grande de Estados Unidos, la Sanford Underground Research Facility. Después de que cesara la extracción de oro, los túneles empezaron a inundarse. Aunque la parte inferior de las instalaciones continúa anegada, todavía se puede descender a casi 1,5 kilómetros bajo tierra. La mayoría de los científicos que lo hacen son físicos que llevan a cabo experimentos altamente sensibles que deben protegerse de rayos cósmicos que puedan interferir. Mientras los físicos visten monos de protección con detectores de materia oscura, los biólogos que se aventuran a adentrarse en el laberinto subterráneo tienden a buscar los rincones más sucios, fríos y húmedos, lugares en los que criaturas desconocidas extruden metal y transfiguran la roca.

Una gélida mañana de diciembre, seguí a tres jóvenes científicos y un grupo de empleados de Sanford hasta «La Jaula», el montacargas de metal desnudo que nos adentraría 1.478 metros en la corteza terrestre. Llevábamos chalecos reflectantes, botas con punta de acero, casco y, sujetos al cinturón, respiradores personales, lo cual nos protegería del monóxido de carbono en caso de incendio o explosión. «La Jaula» descendió rápido y de un modo sorprendentemente suave, y su sobria estructura reveló atisbos de los numerosos niveles de la mina. Nuestras risas y conversación intrascendente resultaban apenas audibles por encima del estrépito de los cables que se desenrollaban y del ruido del aire hendido. Tras una caída controlada de unos diez minutos, alcanzamos el fondo de las instalaciones.

Nuestros dos guías, ambos antiguos mineros, nos condujeron hasta un par de vagones pequeños que nos llevarían por una serie de túneles estrechos. Los vagones avanzaron a trompicones con un sonido como el traqueteo de cadenas metálicas pesadas mientras los finos haces de nuestros frontales iluminaban muros curvados de piedra oscura con cuarzo ensartado y motas plateadas. Por debajo de nosotros, vi destellos de raíles antiguos, charcos de agua y escombros. Aunque sabía que estábamos a gran profundidad, los túneles actuaban como anteojeras y reducían mi visión a un estrecho conducto de roca. Alcé la vista al techo del túnel y me pregunté cómo sería ver toda la extensión de la corteza del planeta por encima de nosotros, un montón de roca cuya altura triplicaba con creces la del Empire State. ¿Nuestra profundidad se haría palpable del mismo modo que la altura cuando te asomas al borde de un precipicio? En cuanto sentí el inicio del vértigo inverso, devolví la vista al frente.

En menos de veinte minutos, habíamos cambiado la zona relativamente fresca y ventilada junto a «La Jaula» por un pasillo cada vez más húmedo y caliente. Mientras que el mundo de la superficie estaba nevado, a temperaturas bajo cero, a 1,5 kilómetros de profundidad —mucho más cerca del corazón geotérmico de la Tierra—, rondaban los 32 °C, con una humedad cercana al 100 por ciento. El calor parecía palpitar a través de la roca que nos rodeaba, el aire se volvió denso y empalagoso, y el olor a azufre penetraba en nuestras fosas nasales. Era como si hubiésemos franqueado las puertas del infierno.

Los vagones se detuvieron. Nos bajamos y recorrimos a pie una distancia corta hasta una gran espita de plástico que sobresalía de la roca. Un arroyo nacarado de agua goteaba desde el muro, cerca de la base del grifo, y formaba riachuelos y charcos. El sulfuro de hidrógeno (la fuente del olor de la cámara) ascendía desde el agua. Me arrodillé y advertí que en el agua abundaba un material blanco y fibroso similar a la piel de un huevo escalfado. Caitlin Casar, geobióloga, me explicó que las fibras blancas eran microbios del género *Thiothrix*, que se unen en largos filamentos y almacenan azufre en las células, lo que les da un tono espectral. Ahí estábamos, en el fondo de la corteza terrestre —un lugar en el que, sin intervención humana, no habría luz y escasearía el oxígeno— y, sin embargo, la vida salía literalmente a borbotones de la roca. Este punto caliente en concreto se había ganado el apodo de Cataratas de *Thiothrix*.

Mientras yo toqueteaba alegremente las hebras de microbios con un boli, la bioquímica Brittany Kruger abrió una de las válvulas de la espita que teníamos delante y empezó a llevar a cabo distintas pruebas del fluido vertido. Limitándose a hacer gotear parte del agua en un artefacto azul de mano, que recordaba a un tricorder de *Star Trek*, Kruger midió el pH, la temperatura y los sólidos disueltos. Afianzó con grapas unos filtros de poros pequeñísimos en algunas de las válvulas para recoger cualquier microorganismo que se acumulara en el agua. Entretanto, Casar y Fabrizio Sabba, ingeniero medioambiental, examinaron una serie de cartuchos llenos de roca que se hallaban enganchados a la espita. De vuelta en el laboratorio, analizarían el contenido para ver si algún microbio había pasado a los tubos y sobrevivía en el interior, a pesar de la oscuridad absoluta, la falta de nutrientes y la ausencia de atmósfera respirable.

En otro nivel de la mina, chapoteamos por el barro y el agua, que nos llegaba por encima de los tobillos, pisando con cuidado para evitar tropezar con raíles sumergidos y piedras sueltas. Aquí y allá, delicados cristales blancos adornaban el suelo y las paredes, probablemente de yeso o calcita, me indicaron los científicos. Cuando los frontales incidían en la roca negra como la pez de los túneles en el ángulo adecuado, los cristales titilaban como estrellas. Al cabo de otro trayecto de veinte minutos, esta vez a pie, llegamos a otra espita grande que sobresalía de la roca. A tan solo 800 metros bajo tierra, y mejor ventilado, en ese hueco hacía mucho más frío que en el anterior. Allí gran parte de la roca que rodeaba el grifo se hallaba atrapada en lo que parecía arcilla húmeda, cuyo color variaba del salmón claro al rojo ladrillo. Como explicó Casar, eso también era obra de los microbios, en este caso de un género conocido como *Gallionella*, que se desarrolla en aguas ricas en hierro y excreta espiras de metal retorcido. A petición de Casar, llené una jarra de agua de fisura desde el grifo, introduje barro rico en microbios en tubos de plástico y los guardé en neveras portátiles, a la espera de futuros análisis.

Kruger y Casar llevan muchos años visitando la antigua Homestake Mine al menos dos veces al año. Cada vez que regresan, encuentran microbios enigmáticos que nunca se han cultivado con éxito en un laboratorio y especies pendientes de bautizar. Sus estudios forman parte de un esfuerzo de colaboración codirigido con Magdalena Osburn, profesora de la Universidad Northwestern y miembro prominente del campo relativamente nuevo conocido como «geomicrobiología».

Osburn y sus colegas han demostrado que, al contrario de lo que se ha dado por sentado durante mucho tiempo, el interior de la Tierra no es árido. De hecho, la mayoría de los microbios del planeta —quizá más del 90 por ciento— pueden vivir a gran profundidad. Estos microbios intraterrestres suelen ser bastante distintos de sus homólogos de la superficie. Son antiguos y lentos, se reproducen con escasa frecuencia y es posible que vivan millones de años. A menudo obtienen energía de formas inusuales, respiran roca en lugar de oxígeno. Y parecen capaces de superar cataclismos geológicos que aniquilarían a la mayoría de las criaturas. Como los numerosos organismos diminutos del océano y la atmósfera, los únicos microbios de la corteza terrestre no habitan su entorno sin más, lo transforman. Los microbios de la subsuperficie tallan vastas cavernas, concentran minerales y metales preciosos, y regulan el ciclo global del carbono y los nutrientes. Es posible que los microbios incluso ayudaran a construir los continentes, literalmente sentando las bases para el resto de la vida terrestre.

La historia de la roca viva que llamamos Tierra es una historia de metamorfosis constante. El mundo que ha conocido nuestra especie es solo una de las identidades sucesivas y a menudo radicalmente distintas del planeta. Muchas de las transformaciones previas de la Tierra habrían sido inhospitalarias y en gran medida irreconocibles no solo para los humanos, sino para cualquier criatura aparte de un microbio primordial.

Cuando se formó la Tierra, era una bola agitada de roca fundida, probablemente demasiado pequeña, caliente y volátil para conservar el agua líquida o mantener una atmósfera durante mucho tiempo. Fuera cual fuese la atmósfera incipiente que pudiera haber existido, es probable que se destruyera hace unos cuatro mil quinientos millones de años en una colisión increíblemente violenta entre la Tierra y uno de sus planetas hermanos más pequeños. El impacto dio lugar a un anillo gigantesco de escombros, algunos de los cuales con el tiempo se fusionaron y dieron lugar a la Luna. A lo largo de los cien millones de años siguientes, la superficie fundida de la Tierra se enfrió y formó una corteza, expeliendo vapor y otros gases, incluidos el dióxido de carbono, el nitrógeno, el metano y el amoniaco. La actividad volcánica constante espesó este velo gaseoso. Una cortina continua de fuego de asteroides y meteoritos emitía más vapor de agua, dióxido de carbono y nitrógeno con el impacto.

Juntos, todos los gases liberados del interior del planeta y los producidos por rocas del espacio al precipitarse crearon una atmósfera nueva. Ingentes cantidades de vapor de agua se condensaron en nubes y volvieron a caer a la superficie en fuertes lluvias que podrían haber durado milenios. En torno a hace cuatro mil millones de años, si no antes, el agua líquida que se acumulaba en la corteza emergente se había convertido en un océano global poco profundo salpicado de islas volcánicas, las cuales crecieron de manera gradual hasta convertirse en las primeras masas continentales.

Como gran parte de la historia temprana de la Tierra, no se sabe exactamente dónde y cuándo despertó el planeta a la vida. En algún momento no mucho después del génesis de nuestro planeta, en algún bolsillo caliente y húmedo con la química apropiada y un flujo adecuado de energía libre —un manantial de agua caliente, un cráter de impacto, un respiradero hidrotermal en el suelo del océano—, pedacitos de la Tierra se recolocaron en las primeras entidades que se replicaban a sí mismas y que con el tiempo evolucionaron hasta convertirse en células. Pruebas del registro fósil y análisis químicos de las rocas más antiguas descubiertas indican que la vida microbiana existía hace al menos tres mil quinientos millones de años y posiblemente hasta hace cuatro mil doscientos millones de años.

Entre todas las criaturas vivas, los microbios que viven en las profundidades de la corteza terrestre actual es posible que se parezcan mucho a algunos de los primeros organismos unicelulares que existieron. Colectivamente, estos microbios de la subsuperficie comprenden alrededor de entre un 10 y un 20 por ciento de la biomasa —toda la materia viva— de la Tierra. Aun así, hasta mediados del siglo XX, la mayoría de los científicos encontraban inverosímil la existencia de vida subterránea de cualquier tipo a más de unos metros de profundidad.

Es indiscutible que los humanos empezamos a encontrar las formas menos profundas y más llamativas de vida subterránea en cuanto comenzamos a explorar y habitar cuevas, pero los informes más antiguos que han perdurado de tales hallazgos se remontan únicamente al siglo XVII. En 1684, mientras viajaba por el centro de Eslovenia, el naturalista Janez Vajkard Valvasor investigó los rumores de un manantial misterioso cerca de Liubliana, bajo el cual se creía que vivía un dragón. Los lugareños creían que el dragón empujaba el agua hasta la superficie cada vez que se movía. Tras fuertes lluvias, contaban, a veces encontraban crías de dragón arrastradas por el agua hasta rocas cercanas, delgadas y sinuosas, con el hocico chato, la garganta con gorgueras y la piel rosa, casi translúcida. Basándose en estos relatos, Valvasor describió a aquellos animales como «semejantes a un lagarto, en resumen, un gusano o un bicho de los que abundan por aquí». Los naturalistas tardaron un siglo más en identificar formalmente las criaturas como salamandras acuáticas que solo vivían bajo tierra en el agua que fluía a través de cuevas de piedra caliza. Ahora se las conoce como olm.

En 1793, Alexander von Humboldt publicó uno de sus primeros estudios científicos: una monografía sobre los hongos, el musgo y las algas que habitaban unas minas cerca de Sajonia, Alemania. Casi cuatro décadas más tarde, en septiembre de 1831, el guía de cuevas y farolero Luka Čeč encontró un escarabajo cobrizo diminuto, de menos de 1 centímetro de longitud, que correteaba por las cuevas del sudoeste de Eslovenia. Guardaba cierto parecido con la hormiga, con un abdomen protuberante, la cabeza estrecha y las patas largas y finas. Tras estudiarlo con detenimiento, el entomólogo Ferdinand Schmidt dictaminó que aquel escarabajo era una especie hasta entonces desconocida que se había adaptado a la vida bajo tierra: no tenía alas ni ojos, y en cambio se orientaba por el entorno mediante sus largas antenas erizadas. La noticia de este descubrimiento inició un frenesí de exploraciones científicas. Entre 1832 y 1884, los naturalistas documentaron numerosas especies que habitaban en las cuevas y eran nuevas para la ciencia, incluidos varios grillos, seudoescorpiones, cochinillas, arañas, milpiés, ciempiés y caracoles.

A principios del siglo XX, los científicos empezaron a atisbar la verdadera abundancia de vida en las profundidades de la Tierra. Alrededor de 1910, mientras trataban de determinar la fuente del gas metano en las minas, microbiólogos alemanes aislaron bacterias procedentes de muestras de carbón recogidas a poco más de 1.000 metros por debajo de la superficie. En 1911, el científico ruso V. L. Omelianski descubrió bacterias viables preservadas en permafrost junto a un mamut desenterrado. Poco después, Charles B. Lipman, microbiólogo del suelo de la Universidad de California, en Berkeley, informó de que había revivido esporas bacterianas antiguas atrapadas en trozos de carbón procedentes de una mina de Pensilvania.

Pese a que resultaban atrayentes, estos primeros estudios no convencieron a la mayoría de los científicos de que los microbios prevalecían en la corteza profunda debido a la posibilidad de que los de la superficie hubiesen contaminado las muestras. A lo largo de las décadas siguientes, sin embargo, los investigadores los continuaron hallando en roca y agua obtenidas de minas y yacimientos de Asia, Europa y las Américas. Los biólogos soviéticos incluso empezaron a utilizar el término «microbiología geológica». Para los años ochenta, las actitudes de la comunidad científica habían comenzado a cambiar. Los estudios de acuíferos indicaban que las bacterias poblaban el agua subterránea y cambiaban su química, incluso a más de 1,5 kilómetros de la superficie. El Departamento de Energía de Estados Unidos lanzó un Programa Científico de Subsuperficie para supervisar la contaminación del agua subterránea e investigar si los microbios podían ayudar a filtrar contaminantes. Frank J. Wobber, director del programa, y sus colegas desarrollaron métodos más rigurosos para impedir la introducción accidental de microbios de superficie, como desinfectar las brocas de excavación y el núcleo de las rocas, y seguir de cerca el movimiento de fluidos a través de la corteza para asegurarse de que el agua de la superficie no se mezclaba con las muestras.

Finalmente, los resultados de esta investigación y estudios similares confirmaron que, en todo caso, las propuestas de una biosfera subterránea habían sido demasiado conservadoras en sus cálculos. Dondequiera que miraran los científicos —dentro de la corteza continental, bajo el lecho marino, debajo del hielo antártico—, encontraban comunidades únicas de microbios que, en conjunto, contenían miles de especies no identificadas. A veces estos estaban claramente presentes pero dispersos: en algunos bolsillos de la corteza, parecía que no había más que un microbio por centímetro cúbico, el equivalente de un país con una sola persona por cada 643 kilómetros. El inframundo era real, pero sus habitantes eran mucho más pequeños y extraños de lo que nadie había imaginado.

En la década de 1990, Thomas Gold, astrofísico de la Universidad Cornell, publicó una serie de afirmaciones provocadoras sobre el submundo microbiano. Gold propuso que los microorganismos permeaban la subsuperficie entera, donde vivían en poros llenos de fluidos entre los granos de las rocas y se sustentaban no a base de luz y oxígeno, sino principalmente de metano, hidrógeno y metales. Aunque los científicos aún no habían encontrado microbios a más de 3 kilómetros bajo tierra, Gold sospechaba que vivían a mayor profundidad todavía, hasta los 10 kilómetros, y que la biomasa de la corteza era cuando menos igual, si no mayor, que la de la superficie. Sugirió además que toda la vida en la Tierra, o al menos algunas ramas de esta, podría haberse originado en el interior del planeta; que otros planetas y lunas podrían albergar también ecosistemas subterráneos; y que los microbios que vivían a grandes profundidades, protegidos de las vicisitudes de la superficie, eran probablemente la forma de vida más común en todo el cosmos.

Para principios de los 2000, motivados en parte por la visión de Gold, los científicos habían empezado a negociar nuevas formas de adentrarse aún más en la corteza terrestre. Las minas resultaban especialmente prometedoras porque proporcionaban acceso a la subsuperficie remota sin requerir grandes infraestructuras o perforaciones adicionales. Tullis Onstott, profesor de Geociencias en la Universidad de Princeton, y sus colegas viajaron a las minas ultraprofundas de Sudáfrica y recogieron muestras de agua subterránea a 3,1 kilómetros de profundidad. En algunas de las muestras más profundas, hallaron una sola especie: una bacteria con forma de baguete y una cola semejante a un látigo que soportaba temperaturas de hasta 60 °C y obtenía energía de los subproductos químicos de la descomposición radiactiva del uranio de su hábitat sin sol.

Onstott y sus colegas decidieron llamar al microbio *Desulforudis audaxviator* en honor a un pasaje de *Viaje al centro de la Tierra*, de Julio Verne, en el que se lee «*descende, Audax viator, et terrestre centrum attinges*», «desciende, audaz viajero, y alcanzarás el centro de la Tierra». El agua en la que se descubrió el *D. audaxviator* no se había visto perturbada en al menos decenas de millones de años, lo que apuntaba a que es posible que una población de estos osados terranautas microbianos se sustentara como mínimo el mismo tiempo. «Normalmente no pensamos que la roca albergue vida —escribe Onstott en su libro *Deep Life*—. Yo soy geólogo de formación y, como la mayoría de los geólogos, también veía las rocas como entes inanimados». Pero ahora, continúa, en calidad de geomicrobiólogo, ve las rocas como pequeños mundos en sí mismos, compuestos por microorganismos, «parte de los cuales es posible que lleven viviendo en la roca desde que esta se formara hace cientos de millones de años».

Cabe que algunas comunidades de microbios de subsuperficie sean aún más antiguas. La Kidd Creek Mine de Ontario, Canadá, es una de las minas más grandes y profundas del mundo: se extiende unos 3 kilómetros por debajo del suelo y contiene venas ricas en cobre, plata y zinc que se formaron hace tres mil millones de años en el lecho oceánico. En 2013, la geóloga Barbara Sherwood Lollar, de la Universidad de Toronto, publicó un estudio que demostraba que algunas parcelas de agua de la Kidd Creek Mine habían permanecido intactas y aisladas de la superficie durante más de mil millones de años, el agua más antigua descubierta en la Tierra. Transparente cuando se recoge, el agua, rica en hierro, adopta un tono naranja pálido cuando se expone al oxígeno; posee la consistencia de un sirope ligero, contiene como mínimo el doble de sal que el agua de mar moderna y, al menos en opinión de Sherwood Lollar, «tiene un sabor horrible». En 2019, Sherwood Lollar, Magdalena Osburn y varios colegas confirmaron que, del mismo modo que fluidos mucho más jóvenes que circulaban por los poros y fisuras de la roca a cientos de metros por debajo de la superficie, el agua de miles de millones de años de las profundidades de la Kidd Creek Mine también está poblada por microorganismos. Como muchos microbios de las profundidades de la Tierra, ellos también dependen de subproductos moleculares de reacciones químicas causadas por la radiación entre la roca y el agua. Se desconoce todavía si estos microbios tienen un eón de edad, pero resulta plausible.

«Esta investigación realmente es una forma de exploración —afirma

Sherwood Lollar—. Algunos de los hallazgos nos están llevando a reescribir los libros de texto sobre cómo funciona este planeta. Están cambiando nuestra comprensión de la habitabilidad de la Tierra. No sabemos dónde se originó la vida. No sabemos si la vida surgió en la superficie y descendió, o si emergió abajo y subió. Se tiende a pensar en el pequeño estanque caliente de Darwin, pero, como le gusta decir a mi colega T. C. Onstott, podría haber sido perfectamente una pequeña fractura caliente».

Incluso a 3.000 metros de profundidad, en las entrañas de la Tierra, existe algo más que vida microbiana. Los científicos han encontrado hongos, platelmintos, artrópodos y animales acuáticos microscópicos conocidos como «rotíferos» que viven en las minas de oro de Sudáfrica entre 1 y 3 kilómetros por debajo de la superficie. En diciembre de 2008, Gaëtan Borgonie, zoólogo belga compañero de Onstott, hizo un descubrimiento que recuerda extraordinariamente al «bicho» que describiera Valvasor en el siglo XVII. Alrededor de 1,3 kilómetros bajo tierra en la Beatrix Gold Mine, cerca de la ciudad de Welkom, en Sudáfrica, recogió un nematodo —una lombriz diminuta— de agua filtrada de perforación. A un bajo aumento, no parecía más que un fideo enroscado de 0,5 milímetros de longitud, unas quinientas veces más grande que una bacteria. Bajo un microscopio electrónico con gran poder de resolución, semejaba una sanguijuela rechoncha cuya cara se hallaba rodeada de placas bucales y papilas sensoriales.

En el laboratorio, Borgonie descubrió que el nematodo prefería una dieta de microbios de subsuperficie al rancho más típico de las lombrices. Con el tiempo, produjo doce huevos, todos los cuales rompieron el cascarón y constituyeron una nueva población. Aunque casi con seguridad los ancestros del nematodo se habían visto arrastrados hacia la subsuperficie con la lluvia, en lugar de originarse allí, era evidente que se había adaptado a la vida subterránea. Borgonie, Onstott y su colega Derek Litthauer nombraron a la nueva especie *Halicephalobus mephisto* en honor a Mefistófeles, el subordinado del diablo en la leyenda de Fausto. Sigue siendo uno de los descubrimientos más sorprendentes de la historia de la biología. Hallar un animal multicelular de ese tamaño y complejidad viviendo en un hilo de agua tan profundo de la corteza terrestre era, en palabras de Onstott, como «encontrar a Moby Dick nadando en el lago Ontario».

Las estanterías de Magdalena Osburn están llenas de rocas, y cada roca es el fósil de una historia. Cuando nos reunimos en su despacho de la Universidad Northwestern, me enseñó el basalto hawaiano que había recogido con un palo cuando todavía era lava; el enorme cristal de cuarzo que había sacado de una fractura en un viaje a Hot Springs, Arkansas; y la pirrotita que se había metido subrepticiamente en el mono mientras visitaba una mina canadiense. Cerca de su escritorio tenía un segmento ondulado de tapete microbiano de quinientos ochenta millones de años y un mineral de color azul lechoso conocido como «smithsonita», extraído de una mina de Magdalena, Nuevo México, su homónima. En otro rincón de su despacho, me tendió una roca naranja con la textura de una galleta de sésamo.

—Esto son ooides —me dijo—. Son como caramelitos marinos de carbonato. Si vas a las Bahamas y juegas en los bancos de arena, son en gran parte ooides. —Cogió un trozo grande de anfibolita—. Esta roca intentó matarme. Estuve en un desprendimiento de roca, en un campamento, cuando estudiaba en la universidad. Esta roca atravesó mi tienda.

—¿Y no te dio por poco? —pregunté.

—Bueno, yo corría como un demonio en la otra dirección —me explicó—. Y cuando volví a la tienda, allí estaba esta roca. Así que es la roca de la muerte.

Las rocas y las historias que estas cuentan han sido una parte importante de la vida de Osburn desde su niñez. Su padre era gerente de laboratorio en el Departamento de Ciencias Terrestres y Planetarias de la Universidad de Washington en San Luis. A menudo le acompañaba en las excursiones de la universidad para ver riscos, desfiladeros, rocas de lava de miles de años de antigüedad, peñascos enormes depositados por glaciares y otros rasgos geológicos de Misuri.

—Siempre había un grupo de universitarios y ahí estaba yo, con siete años o algo así —recordó—. Y yo siempre era la que estaba demasiado cerca del risco, o demasiado alto en el risco, o con la cabeza colgando.

En una ocasión se abrió la mano contra una roca y empezó a sangrar a borbotones. Mientras los estudiantes universitarios la miraban boquiabiertos del horror, se acercó tranquilamente a su padre y le pidió una venda como si tal cosa.

Muchas de las experiencias formativas de Osburn en investigación científica se centraron en la intersección de la geología y la microbiología. Como alumna en la Universidad de Washington, estudió las fuentes termales e hidrotermales, donde prosperan determinadas bacterias termófilas. En el Instituto Tecnológico de California, su tesis combinó estudios de rocas antiguas con análisis innovadores de las firmas químicas que los microbios modernos dejan en su entorno, que en definitiva trabajaban hacia una nueva comprensión de cómo han cambiado la Tierra los microbios a lo largo de la historia.

Cuando acababa un posdoctorado en la Universidad del Sur de California, Osburn se convirtió en una de las investigadoras jefas del estudio fundado por la NASA sobre la vida en la subsuperficie y visitó la antigua Homestake Mine por primera vez. En el pasado, los mineros que buscaban menas de alta calidad habían perforado orificios exploratorios, algunos de los cuales alcanzaron reservas subterráneas de agua. Tras retirar el núcleo para analizarlos, los mineros habían rellenado los agujeros con hormigón, aunque algunos seguían goteando. Cuando el equipo de Osburn descubrió que varios de esos conductos con fugas contenían microbios, lo organizaron para que los mineros vaciaran los orificios con un taladro industrial con broca de diamante. A continuación, sustituyeron el hormigón por tubos de plástico provistos de válvulas para poder regresar de forma periódica a recoger nuevas muestras, con lo que instalaron un observatorio operativo bajo tierra.

Tras admirar la colección de rocas de su despacho, Osburn y yo nos dirigimos a su laboratorio de microbiología, donde almacena agua, sedimentos y microbios recogidos de distintos lugares de investigación. Osburn y Caitlin Casar prepararon varios portaobjetos, cuyo cristal embadurnaron con agua de mina. Osburn se quitó las gafas de montura de carey y se apartó el pelo, castaño y ondulado, antes de situarse delante del microscopio y ajustar diferentes mandos para obtener una visión clara.

—Aquí vemos algunas *Gallionella* con tallos muy retorcidos —le dijo.

A un aumento aproximado de 1000x, los microbios parecían manchas de mermelada de naranja y caviar. En la pantalla de ordenador conectada al microscopio resultaba más fácil ver los tallos a los que se refería Osburn: filamentos retorcidos de hierro, algunos como sacacorchos deformados, otros como plastinudos trenzados sin fuerza, consecuencia del metabolismo singular de los microbios. Unos minutos más tarde, pasamos a observar los *Thiothrix*, que parecían adornos blancos enmarañados en espumillón amarillo. Podíamos ver los puntos brillantes de los compuestos de azufre que los microbios habían capturado en sus células cuando cambiaron el elemento de un estado molecular a otro.

Me pareció ver que algo se movía y pregunté qué podía ser.

—Es una muestra bastante antigua de biofilm —dijo Osburn—, así que dudo que haya mucho... ¡Oh! —Un punto minúsculo se sacudió en la pantalla como una judía saltarina—. Justo cuando decía que estaba muerta, hay una feliz celulita.

La muestra que estábamos examinando se había recogido varios años antes y, como nunca había tenido por objeto el cultivo de células, no había recibido ningún cuidado especial. Aun así, de alguna manera, esa gota de roca y agua —ese hilillo procedente de las venas más profundas de la Tierra— seguía palpitando con vida.

Durante cientos de años, la cueva de Lechuguilla parecía poco más que un largo agujero que llevaba a pasajes sin salida en las montañas de Guadalupe, Nuevo México. Los exploradores se aventuraban de vez en cuando en la mina. Los buscadores la visitaban de manera rutinaria para recoger guano de murciélago, muy apreciado como fertilizante. Un día ventoso de la década de 1950, sin embargo, unos espeleólogos advirtieron que entraba aire a través de los escombros del fondo de la cueva, lo que apuntaba a una posible sección oculta.

Una serie de excavaciones en los setenta y los ochenta desveló varios pasajes largos. Las exploraciones subsiguientes acabaron revelando más de 230 kilómetros de terreno subterráneo que se extendían a más de 500 metros de la superficie. Los túneles y cámaras estaban decorados con formaciones hermosas y extrañas: enormes candelabros de yeso semejante a la escarcha, vainas de azufre de color amarillo limón, globos nacarados de hidromagnesita, lanzas de selenita transparente y nenúfares de calcita sobre estantes turquesa.

A principios de la década de 1990, la microbióloga Penny Boston vio un especial de televisión de National Geographic que mencionaba Lechuguilla. La fascinó la idea de un país de las maravillas subterráneo y prístino. Una de las investigadoras que aparecía en el programa, Kim Cunningham, había encontrado evidencias preliminares de vida microbiana en la cueva. Boston, que tenía un interés especial en la posibilidad de que hubiera vida más allá de la Tierra, vio Lechuguilla como una analogía para hábitats de subsuperficie potenciales en otros planetas. Llamó a Cunningham y organizó una visita a la cueva con un equipo de científicos y espeleólogos.

Boston y el resto de los científicos, que no tenían mucha experiencia en explorar cuevas, practicaron durante unas horas en riscos de Boulder, Colorado, antes de lanzarse a Lechuguilla. El breve entrenamiento distaba mucho de ser suficiente. Lechuguilla no es una serie de estancias interconectadas que pueden recorrerse sin más; es una maraña de dédalos de cristal encastrados en un tortuoso laberinto de roca. Para avanzar por él, Boston y sus colegas tuvieron que descender en rapel por riscos empinados, escalar torres resbaladizas de yeso, atravesar salientes de roca estrechos y retorcerse por laberintos de piedra, todo mientras arrastraban el abultado equipo. «El entorno en el que nos encontrábamos era tan ajeno que básicamente sobrevivíamos —recordó Boston—. No paraba de pensar que solo tenía que vivir lo suficiente para salir de allí».

Y sobrevivieron, aunque no salieron ilesos. En un momento dado, Boston se torció el tobillo. Mientras se contoneaba por una grieta, se hirió la espinilla, lo que hizo que se le hincharan el pie y la pierna. Siguió adelante. Poco antes de que abandonara la cueva, atisbó una curiosa capa de pelusa de color óxido que cubría una parte baja del techo. Estaba preparándose para raspar parte de la pelusa y meterla en una bolsa cuando se le cayó una pizca en el ojo, que enseguida se le hinchó hasta cerrarse, como si se le hubiese infectado. Quizá, pensó, la pelusa marrón era obra de los microbios; quizá estaba compuesta de ellos. Los estudios posteriores en el laboratorio confirmaron su corazonada: la cueva estaba cubierta de microorganismos que se abrían paso a mordiscos en la roca, extrayendo hierro y manganeso para obtener energía y dejando tras de sí un suave residuo mineral. Los microbios estaban convirtiendo la roca en tierra a más de 300 metros de profundidad.

Al final, tras muchos años de investigación, Boston y otros científicos —incluidas Diana Northrup, Carol Hill y Jennifer Macalady— revelaron que la acción de los microbios de Lechuguilla va mucho más allá de escupir un poco de polvo. Lechuguilla se halla envuelta en capas gruesas de piedra caliza, los restos petrificados de un arrecife de doscientos cincuenta millones de años. Las múltiples cámaras en cuevas así normalmente se forman con el agua de lluvia que va filtrándose en el suelo y poco a poco disuelve la piedra caliza. En Lechuguilla, sin embargo, los escultores son los microbios: las bacterias que ingieren reservas enterradas de aceite liberan ácido sulfhídrico gas, el cual reacciona con el oxígeno en el agua subterránea produciendo ácido sulfúrico que talla la piedra caliza. En paralelo, diferentes microbios consumen ácido sulfhídrico y generan ácido sulfúrico como consecuencia. Procesos similares se producen en entre un 5 y un 10 por ciento de las cavernas de piedra caliza a escala global. Aunque tales cuevas podrían formarse a partir de una producción puramente geológica de ácidos y gases, los microbios amplifican el proceso, permitiendo que las cámaras crezcan mucho y mucho más rápido.

Desde el descenso inicial de Boston en Lechuguilla, científicos de todo el mundo han descubierto que los microorganismos transforman la corteza terrestre donde quiera que vivan, es decir, prácticamente en todas partes. Alexis Templeton, geomicrobióloga de la Universidad de Colorado, en Boulder, visita asiduamente un árido valle de montaña en Omán, donde la actividad tectónica ha empujado secciones del manto terrestre —la capa situada debajo de la corteza— mucho más cerca de la superficie. Ella y sus colegas practican un orificio de hasta 400 metros en el manto levantado y extraen largos cilindros de roca de ochenta millones de años, algunos de los cuales se hallan hermosamente marmolados en tonos llamativos de bermellón y verde. En estudios de laboratorio, Templeton ha demostrado que esas muestras están llenas de bacterias que cambian la composición de la corteza terrestre: comen hidrógeno y respiran sulfatos en la roca, exhalan ácido sulfhídrico y crean nuevos depósitos de minerales de sulfuro similares a la pirita, también conocida como «el oro de los tontos».

A través de procesos relacionados, los microbios han ayudado a formar algunos de los depósitos terrestres de oro, plata, hierro, cobre, plomo y zinc entre otros metales. Cuando los microbios de la subsuperficie hienden la roca, a menudo liberan los metales atrapados en su interior. Algunos de los químicos que liberan los microbios, como el ácido sulfhídrico, se combinan con metales libres, formando nuevos compuestos sólidos. Otras moléculas producidas por los microbios capturan los metales solubles y los unen. Algunos microbios acumulan metal dentro de sus células o crean una corteza de copos metálicos microscópicos que atrae sin parar aún más metal, con lo que potencialmente forman un depósito sustancial durante largos periodos de tiempo.

La vida, en particular la microbiana, también ha forjado la mayoría de los minerales de la Tierra, que son compuestos sólidos inorgánicos que se producen de manera natural con estructuras atómicas muy organizadas (o, dicho lisa y llanamente, rocas muy elegantes). Como los organismos vivos, los minerales se clasifican en familias y especies. En la actualidad la Tierra tiene al menos cinco mil especies minerales distintas, la mayoría de las cuales son cristales como el diamante, el cuarzo, el topacio, el grafito y la calcita. En su infancia, no obstante, la Tierra no contaba con una gran diversidad mineral. Con el tiempo, el desmoronamiento, fundido y resolidificación continuos de la corteza terrestre temprana cambiaron y concentraron elementos poco comunes. La vida empezó a destruir la roca y reciclar elementos, generando procesos químicos de mineralización completamente nuevos. Más de la mitad de todos los minerales del planeta pueden formarse exclusivamente en un entorno alto en oxígeno, que no existía antes de que los microbios, las algas y las plantas oxigenaran el océano y la atmósfera.

A través de la combinación de la actividad tectónica y el incesante ajetreo de la vida, la Tierra desarrolló una gama de minerales sin par en ningún otro cuerpo planetario conocido. En comparación, la Luna, Mercurio y Marte son mineralmente pobres, con quizá un centenar de especies minerales entre los tres a lo sumo. La variedad de minerales de la Tierra depende no solo de la existencia de la vida, sino también de sus idiosincrasias. Robert Hazen, científico de la Tierra del Instituto Carnegie, y la estadista Grethe Hystad han calculado que la posibilidad de que dos planetas posean un conjunto idéntico de especies minerales es de 1 de cada 10.322. Dado que se calcula que solo hay 1025 planetas similares a la Tierra en el cosmos, casi con seguridad no existe ningún otro planeta con la totalidad de minerales de la Tierra. «Entender que la evolución mineral de la Tierra depende de forma tan directa de la evolución biológica resulta un tanto sorprendente —escribe Hazen—. Representa un cambio fundamental desde el punto de vista de hace unas décadas, cuando mi tutor del doctorado en Mineralogía me dijo: "No hagas un curso de biología. ¡No te servirá para nada!"».

La modificación microbiana de la corteza no se limita a la tierra, también se produce dentro y debajo del lecho marino. En algunas regiones, los microbios de la corteza oceánica convierten el azufre en sulfato, porque este es soluble en agua, se disuelve en el mar y se convierte en un nutriente accesible para otras criaturas. Los sedimentos marinos contienen una de las reservas de metano más grandes del planeta, el 80 por ciento del cual lo producen los microbios. Si todo ese metano se elevase hasta la atmósfera, haría significativamente más denso el manto invisible de gases de efecto invernadero que atrapa el calor e intensificaría en gran medida el calentamiento global. Pero otro conjunto de microbios recicla el 90 por ciento del metano que se eleva a través de los sedimentos del lecho marino antes de alcanzar la superficie, lo que constituye «uno de los controles más importantes de la emisión de gases de efecto invernadero y el clima en la Tierra», como lo definió un grupo de expertos en microbiología del océano profundo.

Es posible que los continentes en parte también sean obra de la terraformación microbiana. Nadie sabe con exactitud cómo nacieron los continentes, pero existe una teoría ampliamente respaldada que propone que la corteza continental es una destilación de corteza terrestre. Los continentes están hechos de granito, el cual, hasta donde sabemos, solo abunda en la Tierra (rara vez se ha encontrado en otros lugares del universo). En contraste, la corteza oceánica está compuesta de basalto, una roca común a nivel cósmico. El basalto es oscuro, denso y rico en magnesio y hierro, un metal particularmente pesado. Hace más de cuatro mil millones de años, cuando la primera corteza oceánica de la Tierra se desarrolló por completo y se enfrió, acabó haciéndose más pesada que el manto sobre el que flotaba y empezó a hundirse, un proceso llamado «subducción». Durante su descenso en el manto, la corteza terrestre y la capa sedimentaria que la recubría liberaron el agua atrapada en su interior, que rebajó el punto de fusión del manto que lo rodeaba. Algunos componentes del manto empezaron a fundirse en magma flotante, que finalmente manó desde volcanes y acabó enfriándose y creando roca nueva.

Este proceso continúa hoy en día. En las etapas más tempranas de la Tierra, sin embargo, el manto se hallaba significativamente más caliente que ahora; además de exprimir el agua de la corteza oceánica, el manto derritió la misma corteza. Cuando este magma híbrido salió a la superficie, se fundió en un nuevo tipo de roca —la roca granitoide— cuya cantidad de magnesio y hierro había mermado en gran medida y, por lo tanto, era mucho menos densa que el basalto. Con el tiempo, la roca granitoide se vio subducida y reciclada en auténtico granito. Como el granito era menos denso que el basalto, se acumuló encima de la corteza terrestre, formando gruesas áreas de corteza continental que poco a poco emergieron en la superficie del agua. Más tarde, con el surgimiento de las placas tectónicas, los protocontienentes se fusionaron en microcontinentes y acabaron formando enormes extensiones de tierra por encima del nivel del mar. Hace unos dos mil quinientos millones de años, casi un tercio de la superficie del planeta era tierra, una proporción que ha fluctuado a lo largo de la historia de la Tierra con el aumento y descenso de los mares.

Varios científicos de la Tierra, incluidos Robert Hazen y sus colegas, han investigado la posibilidad de que la vida ayudara a crear los continentes provocando la subducción de la corteza oceánica y sedimentos y su transformación en granito. Cuanta más agua contengan la corteza y los sedimentos, con mayor facilidad se produce este proceso. Cuando la Tierra era joven, es probable que los microbios que habitaban la corteza oceánica disolvieran el basalto con ácidos y enzimas para obtener energía y nutrientes, produciendo minerales de arcilla húmeda como consecuencia y lubricando, por consiguiente, la corteza. Una corteza más hidratada habría introducido más agua en el manto, acelerando la disolución tanto del manto y la corteza como su transfiguración final en tierra nueva.

Los geofísicos Dennis Höning y Tilman Spohn han publicado ideas similares. Señalan que el agua atrapada en sedimentos en subducción escapa primero, mientras que el agua de la corteza tiende a expelerse a mayores profundidades. Cuanto más gruesa es la capa sedimentaria que cubre la corteza, más agua llega al manto profundo, lo que en último término aumenta la producción de granito. En los primeros eones de la Tierra, los microorganismos —y, más tarde, los hongos y las plantas— continuamente disolvían y degradaban la roca a un ritmo mucho mayor del que los procesos geológicos podían alcanzar por sí solos. Al hacerlo, habrían incrementado la cantidad de sedimentos depositados en fosas oceánicas profundas, cubriendo, de ese modo, las placas en subducción de la corteza terrestre con capas protectoras más gruesas, descargando más agua en el manto y finalmente contribuyendo a la creación de tierra nueva. Los modelos informáticos sugieren que, si la vida no hubiese evolucionado, la expansión de los continentes se habría visto severamente entorpecida y la Tierra podría haberse quedado en un mundo acuático salpicado de islas, una Tierra sin mucha tierra.

A unos 112 kilómetros al sur de la antigua Homestake Mine, en un lecho de piedra caliza rodeado de pradera ondulada, existe un agujero con forma de corazón. A veces se le oye cantar. En inglés se conoce como Wind Cave, «cueva de viento». Para los lakota, es Maka Oniye —«tierra que respira»— y es sagrada. Los lakota consideran las Black Hills, el antiguo terreno montañoso que abarca la mina y la cueva, el útero de la Madre Tierra. La región se halla en el centro de una disputa legal con el Gobierno estadounidense. El tratado de Fort Laramie de 1868 consagró a los lakota como los propietarios de las Black Hills y protegía la zona de los asentamientos blancos. En la década de 1870, sin embargo, cuando los soldados y buscadores confirmaron los rumores de oro en distintas partes de las Black Hills, el Gobierno estadounidense revocó el tratado e incautó la tierra.

Según cuentan los lakota, Maka Oniye oculta un portal que conecta el mundo de los espíritus con la superficie de la Tierra. Hace mucho tiempo, sus ancestros vivían en el refugio de los espíritus, esperando a que el Creador hiciera habitable la superficie. En algunas versiones de la historia, un espíritu tramposo atrae a un grupo de gente a través del portal hasta la superficie antes de que esté listo. Como castigo, el Creador los transforma en el primer bisonte. Una vez que las plantas y los animales abundan sobre el suelo, el resto de los pobladores de la tierra de los espíritus emerge y se desarrolla.

Los reinos subterráneos predominan en la religión y la literatura de todo el mundo: el Hades griego, el Patala hindú, el Adlivun inuit, el Mictlán azteca y el infierno cristiano; los miles de fábulas, leyendas y novelas sobre paisajes primigenios, animales fantásticos, seres mágicos y civilizaciones ocultas a grandes profundidades. En las Américas, los relatos cosmogónicos conocidos como «mitos del buceador de la tierra» son especialmente comunes. En estos mitos, un creador, héroe o consejo de seres pide a varios animales —castores, pájaros, crustáceos— que se zambullan en las aguas primordiales y retiren un poco de barro o lodo a partir del cual construir los continentes. «La tierra era toda agua —empieza uno de esos cuentos del pueblo de Eufala, del sudeste norteamericano—. Los hombres, animales y todos los insectos y seres creados se reunieron y acordaron adoptar algún plan que les capacitara para habitar la Tierra. Comprendían que bajo el agua había tierra, y el problema que resolver era cómo llevar la tierra arriba y extenderla para que pudiera volverse habitable».

Incluso hace millones de años, los primeros humanos debieron de darse cuenta de que había tanto que explorar bajo el suelo como encima. La Tierra traiciona su submundo de un sinfín de formas. Un viejo roble se derrumba, inclinando sus ramas enterradas —su reflejo secreto— hacia el aire. Alguien se cuela en una cueva de piedra caliza y cae en un pasaje oculto. El suelo se estremece, se ondula y fractura, abriendo una fosa sin fondo. Que la vida depende, y a menudo surge, del submundo habría resultado evidente hace mucho tiempo también. Las plantas se suspenden del suelo, alzando la cabeza inclinada hacia el sol al tiempo que arraigan cada vez a mayor profundidad. Las setas se materializan en la tierra de la noche a la mañana, y vuelven a desmoronarse en ella a la misma velocidad. Los escarabajos se retuercen para liberarse de los capullos enterrados. Los osos abandonan con pesadez la oscuridad de sus guaridas. Los humanos llevan enterrando a sus muertos al menos ochenta mil años, es probable que mucho más. Cuando termina la vida de un individuo, durante mucho tiempo nuestro instinto ha sido devolverlo a la tierra, al útero que nos ha gestado a todos.

La ciencia redefine los límites de lo plausible: lo que tiempo atrás se tenía por cierto puede disolverse hasta lo absurdo cuando lo otrora ridículo se vuelve creíble. No cuesta imaginar la vida en los estratos más profundos del suelo, donde todavía existe un suministro de aire y nutrientes. Aceptar como un hecho científico que la vida se extiende mucho más allá —que permea la extensión inhóspita, tórrida y destructiva por debajo de la superficie— requiere pruebas extraordinarias. No obstante, eso es justo lo que han confirmado los científicos en las cuatro últimas décadas.

Reconocer que la vida en la subsuperficie profunda no solo existe, sino que también se halla involucrada en una alquimia continua de tierra —que es posible que ayudara a crear la misma corteza que habita y sobre la que se erige toda la vida terrestre— es redefinir la comprensión moderna de cómo llegó a ser nuestro planeta. Aun así también es un eco de una verdad antigua, una que parece haber persistido en la conciencia humana durante milenios, que espera a ser revelada por completo. En el mito del buceador de la tierra de Eufala, los continentes no surgen del lodo oceánico sin más; deben esculpirse. Los seres reunidos acaban seleccionando a Cangrejo para que busque un pedazo fundacional de tierra. «Bajó y al cabo de largo tiempo extrajo con sus pinzas una bola de tierra. Esta se amasó, se manipuló y extendió por encima de las aguas (la gran profundidad). Así se formó la Tierra».

2

La estepa del mamut y la huella del elefante

De lejos parecía nieve: montones blancos y suaves esparcidos por las laderas y costas de la isla de Wrangel. Aun entonces, a finales de verano, no era raro encontrar hielo en esas aguas remotas del Ártico, pero la nieve a cotas bajas fue una sorpresa. A medida que se acercaba, sin embargo, Nikita Zimov estaba cada vez menos seguro de la escena que se desarrollaba ante él. La nieve pareció moverse. De manera gradual, cada montón empezó a adoptar una forma más definida. Tenían el lomo ondulado y las patas gruesas, pequeños ojos negros y grandes hocicos redondos. Eran, Nikita se dio cuenta, osos polares. Numerosos osos polares completamente desarrollados.

Nikita, que tenía veintiséis años por aquel entonces, había viajado a la isla a bordo de un viejo barco gris con su padre, Sergey Zimov, un famoso ecólogo ártico, junto con Victor Sorokovikov, un científico del suelo amigo de la familia, y Alexey Tretyakov, un joven de su ciudad que había accedido a ayudarles. El viaje duró siete días. Partieron de Cherski, un pequeño asentamiento siberiano donde los Zimov dirigen un centro de investigación, y viajaron 112 kilómetros por carretera a lo largo del río Kolimá hacia el mar gélido y varios cientos de kilómetros más en barco. A excepción de algunas olas moderadamente agitadas y un transformador averiado, los primeros días del viaje transcurrieron sorprendentemente sin incidentes. Se habían preparado para la posibilidad de una tormenta o una colisión con un iceberg durante la noche, pero no ocurrió nada parecido. Se turnaron para navegar y otear en busca de obstáculos. Comieron jamón, huevos, ramen, albóndigas de harina cocida y sopa rusa de remolacha que regaron con cantidades generosas de cerveza y vodka. Cuando no estaban trabajando, leían, jugaban a las cartas, veían películas y dormían.

El cuarto día, no obstante, cuando se alejaban de la costa para recorrer el último trecho en mar abierto hacia su destino, se toparon con un hielo flotante enorme. Sortearlo sumó tres días más al viaje. Pasaron las noches anclados en calas de hielo, a veces durmiendo junto a morsas con cerdas en los labios y colmillos de un metro de largo que se arqueaban desde la boca como sables de marfil.

Cuando el grupo llegó por fin a la isla de Wrangel, encontraron un lugar seguro para atracar lejos de los osos polares y bajaron a tierra por primera vez en una semana. La orilla estaba sembrada de contenedores, barcas podridas y barriles de aceite oxidados. Había un tocón gigante, maltratado y roto, al que habían dado repetidos hachazos para cortar leña. Las ventanas de las escasas casitas y chozas estaban tapadas con tablones tachonados de clavos. Una bióloga llamada Natasha se hallaba sentada a horcajadas en el tejado de una casa cercana, escudriñando el hielo del mar con unos prismáticos en busca de morsas y un bote de espray de defensa contra los osos atado a la cadera. El hombre al que habían ido a ver los Zimov estaba en la población siguiente, pero la noche se acercaba deprisa. Tras disfrutar de algo de vodka y la sauna improvisada de la isla, se retiraron al barco y durmieron hasta la mañana.

A 144 kilómetros de la costa rusa, la isla de Wrangel es una masa de tundra con forma de peluca casi tan grande como el parque nacional de Yellowstone. Su superficie está prácticamente cubierta de arena, grava y hielo. Las temperaturas medias permanecen bajo cero entre diciembre y marzo, y rara vez superan los 10 °C en verano. Los vientos polares con frecuencia azotan la isla; densas brumas la envuelven ocasionalmente. A pesar de las duras condiciones, la vida es mucho más rica en Wrangel que en muchas otras regiones del Ártico. Durante el último periodo glacial, las capas de hielo evitaron la isla, lo que la convirtió en una especie de refugio. Los mamuts sobrevivieron allí seis mil años después de que todos los miembros de su especie hubiesen muerto, momento en que los humanos ya se habían adentrado en la Edad de Bronce y las pirámides de Giza llevaban casi un milenio en pie. Rusia ha protegido la isla como reserva natural federal desde la década de 1970.

Hoy en día, más de cuatrocientas especies y subespecies de plantas arraigan en los suelos de Wrangel, el doble que en cualquier otra parte de la tundra ártica. El musgo y el liquen cubren todo el suelo libre de hielo que encuentran. Frailecillos corniculados, colimbos del Pacífico y halcones peregrinos visitan de forma rutinaria la isla, que también alberga la única colonia de cría de gansos nivales de Asia. Los zorros y los lobos del Ártico cazan al acecho de lemings y renos; manadas de bueyes almizcleros greñudos deambulan por las colinas; las ballenas grises y blancas brillan cerca de la costa. La isla de Wrangel es sobre todo conocida porque se cree que ha tenido la densidad más alta de guaridas de osos polares del mundo, lo que atrae a grupos de turistas cada año. Aparte de eso, en esencia nadie tiene permiso para quedarse salvo para llevar a cabo investigaciones científicas. Algunos guardas residen allí todo el año. En verano, es posible que la visite alrededor de una docena de investigadores, que suelen alojarse en una antigua estación meteorológica.

Como muchos científicos, los Zimov habían viajado a la isla de Wrangel a causa de su fauna. El director de la reserva, Alexander Gruzdev, había prometido darles al menos seis bueyes almizcleros. Los Zimov pensaban trasladar a los animales a Cherski para que participaran en un proyecto científico atrevido y ambicioso, uno que, si sus teorías eran correctas, transformaría vastas extensiones del paisaje ártico y ayudaría a estabilizar el clima terrestre. La segunda mañana tras su llegada, mientras exploraban los distintos pequeños campamentos de la isla, por fin se encontraron con Gruzdev. Poco después de las presentaciones y de atisbar el aprisco donde mantenían a los bueyes almizcleros, se vieron interrumpidos por el sonido de una invasión inminente. Tres grandes botes neumáticos negros avanzaban a gran velocidad hacia la orilla, cada uno de los cuales transportaba a unos veinte turistas norteamericanos entrados en años. Al parecer, un crucero procedente de Alaska había echado el ancla cerca para que sus pasajeros pudieran ver a los osos polares y los frailecillos de cerca. «¿Sabes?, cuando por fin llegamos a la isla me sentí como un gran explorador del Ártico», recuerda Nikita. Pero ver que todos aquellos ciudadanos de edad avanzada llegaban a la isla con tanta facilidad y bajaban tambaleantes a la orilla con sus cámaras digitales en mano, «invalidó la experiencia».

Gruzdev ya había accedido a ayudar a guiar a los turistas por la isla, de modo que dejó que los Zimov se entretuvieran solos temporalmente. Los Zimov todavía abrigaban la esperanza de subir su cargamento vivo al barco y marcharse rápido. La isla tenía otros planes. Más tarde ese mismo día, cuando los Zimov estaban descansando y ni Gruzdev ni los guardas se encontraban allí, un oso polar se abrió paso a golpes en el cercado de madera y malla de alambre que rodeaba a siete crías de buey almizclero. Mientras el oso mataba a uno de los bueyes, los otros seis huyeron, llevándose consigo la razón misma del peligroso viaje de los Zimov.

Ahora, con algo más de cuarenta años, Nikita Zimov es alto y esbelto, con los ojos de un azul glacial, una melena castaña de aspecto juvenil y una pequeña cicatriz en el lado derecho de la barbilla. Sus frases, pronunciadas con un fuerte acento ruso, tienden a crecer y virar bruscamente, como si fuesen ríos. Le gusta probar con el argot inglés, y con frecuencia hace gala de un humor socarrón. («Claro que tienes que evitar todos los icebergs —me dijo cuando recordaba el viaje a la isla de Wrangel—. Si no, puedes convertirte en el Titanic número dos o tres. A menor escala, pero aun así muy triste»). Sergey, que se acerca a la setentena, es un hombre pesimista de cabello largo y canoso y barba tupida. Tiene la frente arrugada y bolsas en los ojos. No para de fumar y bebe vodka con la mayoría de las comidas. Habla lenta y pesadamente en un inglés entrecortado, a menudo accesos de soliloquios científicos. Juntos, los Zimov y sus esposas dirigen la Estación Científica del Nordeste en Cherski, uno de los centros científicos más grandes e importantes del Ártico. Albergan a cientos de científicos de todo el mundo cada año.

Cuando llegué a Cherski a mediados de julio, la mujer de Nikita, Anastasia, me recogió en el aeropuerto y, en coche, atravesamos la ciudad y recorrimos la breve distancia hasta la estación de investigación, que se halla encaramada a la orilla del río Kolimá. El edificio principal contiene numerosos dormitorios para visitantes y una sala común de forma octogonal con varias mesas largas de comedor, una estufa de leña y un sofá marrón afelpado cubierto con una piel de oso. El edificio residencial tiene un plato satelital enorme en lo alto, aunque ya no se utiliza. Pistas de tierra flanqueadas de sauces y adelfillas serpentean por delante de una pequeña capilla con el tejado verde, pilas de contenedores y varias casas en las que viven los Zimov. Mientras daba una vuelta por el lugar, vi kilómetros de terreno ártico que se extendían más allá del río: un mosaico en gran medida llano de densos matorrales, coníferas dispersas y lagos formados por el deshielo del suelo.

Sergey Zimov viajó por primera vez al alto Ártico cuando estudiaba en la universidad, en los años setenta. Pretendía estudiar la paleogeografía del Ártico —sus paisajes antiguos— analizando químicamente muestras de agua, hielo y suelo. Mientras trabajaba, quedó fascinado por la inesperada abundancia de huesos. Cuando Sergey inspeccionaba el centro de investigación y los alrededores, rara vez veía fauna: de vez en cuando podía aparecer un reno, un lobo o un ave que migraba, pero aparte de eso la tierra que le rodeaba era estéril. Aun así, dondequiera que cavase, donde fuese que la ladera de una colina se desmoronara o un río se llevara capas de sedimentos por delante, encontraba los huesos de animales muertos largo tiempo atrás o especies desaparecidas. El suelo era un cementerio lleno de mamuts con colmillos en espiral, bisontes jorobados, leones de las cavernas sin melena, alces con astas de 36 kilos y una especie extinta de rinoceronte apodado «el unicornio siberiano» por el cuerno gigante que tenía en lo alto de la cabeza. A veces incluso encontraba un mechón de pelo animal o un jirón de piel. Técnicamente, estos restos no eran fósiles como los huesos petrificados de dinosaurio en un museo. No se habían convertido en piedra. En lugar de eso, eran los huesos, el pelo y los tejidos reales de animales antiguos, preservados en suelo helado durante decenas de miles de años. Eran la prueba de que el Ártico había estado tan repleto de animales como las sabanas africanas.

Los geólogos denominan Pleistoceno al periodo de la historia de la Tierra que se extiende aproximadamente desde hace 2,6 millones de años hasta hace doce mil. Durante los últimos cien mil años de esa época, vastas praderas rodeaban las latitudes septentrionales del globo. Estas praderas prácticamente continuas, conocidas como «la estepa del mamut», comprendían uno de los sistemas más grandes y productivos que ha existido nunca, pues posiblemente llegara a ocupar el 40 por ciento de la masa terrestre del mundo. La estepa del mamut soportaba cantidades increíbles de megafauna: herbívoros gigantes, como mamuts, mastodontes, rinocerontes y bisontes, cada uno de los cuales pesaba más de una tonelada, además de numerosos depredadores enormes, incluidos osos, leones y lobos gigantes. También pastaban por los prados animales más pequeños y conocidos: caballos, renos, bueyes almizcleros y ovejas. Cuando concluyó el Pleistoceno, las praderas y casi todos sus colosales habitantes desaparecieron. Sergey había sido vagamente consciente de este ecosistema antiguo en su primera visita al Ártico, pero ver la ubicuidad de huesos de megafauna por sí mismo —tocar los colmillos de mamuts y palpar el pelo de bisontes extintos— despertó una obsesión que nunca ha disminuido. Le asaltaba una pregunta en particular: ¿qué había ocurrido?

Una de las explicaciones predominantes era el cambio climático. Hace unos veinte mil años, el clima global empezó a calentarse, y los glaciales que antes habían cubierto gran parte del planeta comenzaron a derretirse. Bosques de abedules y coníferas reemplazaron la hierba y los sauces rastreros que habían alimentado a la mayoría de los herbívoros. Como consecuencia, habían propuesto los científicos, muchas especies que se habían adaptado al frío y se nutrían de la hierba desaparecieron. Para Sergey, esta explicación no tenía sentido. Por todo el globo, tanto en la tierra como en el mar, animales descomunales habían sobrevivido a cientos de millones de años de repetidas glaciaciones y deshielos. ¿Por qué iban a desaparecer de golpe durante ese único episodio de calentamiento en el patrón de larga duración? Sergey se decantaba por otra causa: los humanos. Cerca de medio millón de años atrás, y es posible que mucho antes, los humanos habían desarrollado inteligencia y tecnología suficientes para matar a algunos de los animales más grandes que había, como alces, rinocerontes e incluso mamuts, al menos de manera ocasional. Los humanos eran mosquitos en un mundo de titanes, pero su ingenio y su destreza manual, combinados con la cooperación estratégica, finalmente los convirtieron en superdepredadores. A medida que los humanos ascendían, razonó Sergey, los gigantes del planeta menguaron.

El geocientífico Paul Martin y el climatólogo Mijail Budyko ya habían publicado ideas similares a finales de los sesenta, lo que incitó un debate que continúa hoy en día. En la última década, sin embargo, el argumento de que la caza humana llevó a la extinción de la megafauna del Pleistoceno ha ganado un apoyo considerable. Evidencias recientes del registro fósil y las excavaciones arqueológicas han revelado que a dondequiera que migraran los humanos durante el Pleistoceno —dondequiera que llevaran sus lanzas, flechas y manadas de perros—, grandes mamíferos se extinguían con rapidez. Cuando los humanos se extendieron por Europa y Asia hace aproximadamente cincuenta mil años, se extinguieron decenas de especies de mamíferos gigantes. Poco después de que los humanos alcanzaran las costas de Australia hace cuarenta y cinco mil años, otras veinte especies de grandes herbívoros habían desaparecido. Cuando los humanos poblaron las Américas entre quince y siete mil años atrás, más de ochenta especies que pesaban al menos 45 kilos cada una se desvanecieron. Aunque es posible que el cambio climático y la dinámica de una población inestable expliquen parte de esta erradicación masiva, es probable que los humanos sean los mayores culpables.

La idea más significativa de Sergey consistía en que la extinción generalizada de megafauna inevitablemente tendría serias repercusiones ecológicas para el planeta en su totalidad. Mientras muchos de sus colegas se centraban en cómo el cambio climático habría puesto en peligro a las criaturas de la Edad de Hielo, Sergey se dio cuenta de que la causalidad podía actuar en ambas direcciones. Él conjeturó que los mamuts y otros mamíferos de grandes dimensiones habían mantenido de forma activa su hábitat en la pradera, que a cambio había preservado un clima relativamente frío. Al cazar a tantos animales grandes hasta que se extinguieron, es posible que los humanos desencadenasen, o al menos exacerbasen, el calentamiento global que puso fin a la glaciación más reciente. Por este motivo, algunos estudiosos han sostenido que el Antropoceno —la época geológica propuesta definida por la influencia profunda de la humanidad en el planeta— debería empezar en algún momento entre hace cincuenta mil y diez mil años, coincidiendo con la mayor parte de las extinciones de la megafauna.

La gran teoría de Sergey tiene sus raíces en una simple observación: la hierba no es como la mayoría de las plantas. Muchas especies de plantas se protegen de los herbívoros con una corteza gruesa, espinas o químicos tóxicos o de mal sabor. Algunas simplemente crecen fuera de su alcance. Cuando las hierbas emergieron hace entre cien y setenta millones de años, algunas desarrollaron una estrategia bastante distinta. Sergey y otros científicos propusieron que, en lugar de depender de defensas robustas y complejas, determinadas hierbas negociaron una simbiosis —una asociación ecológica— con los grandes herbívoros. Estas hierbas ofrecían a los animales que pastaban interminables campos de tiernas hojas verdes que enseguida se regeneraban. A cambio de este sustento perpetuo, los mamuts y otra megafauna pisoteaban, comían o, si no, desalentaban a los principales competidores botánicos de las hierbas, como arbustos y árboles, y fertilizaban los campos con sus abundantes excrementos. Juntos, según la teoría, la hierba y la megafauna crearon y regularon el ecosistema de la estepa del mamut.

Cuanto más pensaba Sergey en esta simbiosis, más conciencia cobraba de su poder. La alianza entre las hierbas y los animales que pastaban habría cambiado mucho más que los paisajes locales. En el Pleistoceno, como hoy, gruesas capas de suelo helado conocidas como «permafrost» yacen bajo la superficie del Ártico, ocultando una vasta reserva de carbón en forma de los restos preservados de vida antigua. Si el clima cambió y la temperatura subió lo suficiente, el permafrost empezó a derretirse, permitiendo que los microbios rompieran su materia orgánica y liberando potencialmente gases de efecto invernadero potentes como el dióxido de carbono y el metano en cantidades suficientes para calentar el planeta. La estepa del mamut, razonó Sergey, habría contrarrestado este calentamiento global. Como la hierba tendía a ser más clara que los árboles y otras muchas plantas, tenía un albedo, o reflectancia, mucho más alto, que reflejaba más luz de vuelta al espacio y, por consiguiente, enfriaba la Tierra. La hierba también capturaba enormes cantidades de carbono de la atmósfera y las almacenaba en raíces profundas y dispersas mientras absorbía simultáneamente la mayor parte del agua del suelo, manteniéndolo seco, firme e intacto. En invierno, los mamuts y otros grandes herbívoros eliminaban capas de nieve superficiales que atrapaban el calor por el mero hecho de caminar por el suelo con su peso considerable además de remover la nieve para descubrir plantas y tubérculos enterrados. Al hacerlo, exponían el permafrost a temperaturas invernales gélidas, lo cual aseguraba que continuara congelado. Cuando los humanos mataron a la mayor parte de la megafauna, hicieron mucho más que reducir la biodiversidad de la Tierra, también mermaron su capacidad para regular el clima global.

Los complejos vínculos ecológicos entre los animales que pastaban, las praderas y el clima emergen de uno de los procesos transformativos más importantes en el sistema de la Tierra: la coevolución. En los términos más simples, la coevolución significa evolucionar *juntos*. Es la evolución recíproca de dos o más entes, en la que se influyen todos unos a otros. Las flores y los polinizadores son un ejemplo clásico, mencionado por Charles Darwin en *El origen de las especies*. Durante decenas de millones de años, las flores y los polinizadores han dado forma a la anatomía y el comportamiento del otro, empujando cada uno al otro a extremos estéticos y adaptativos. Muchos insectos, pájaros y mamíferos desarrollaron alas, boca, ojos y cerebro más aptos para la búsqueda de sustento floral. En paralelo, las flores se volvieron más llamativas, brillantes, más fragantes y con una forma intrincada. Algunas flores concentran el néctar al final de tubos tan largos y estrechos que tan solo una especie de polilla, con la lengua igual de larga, puede alcanzarlo. Las orquídeas espejo de Venus engañan a las avispas macho para que intenten copular con ellas imitando la forma, el color, el aroma, el vello corporal e incluso las alas relucientes de la avispa hembra; cuando la avispa macho monta vigorosamente lo que cree que es una hembra, sacos pegajosos de polen se le adhieren a la cabeza. Otros ejemplos de coevolución incluyen depredadores y presas además de anfitriones y parásitos.

Aunque la coevolución suele referirse a especies que interactúan, también puede darse entre otros entes. Los memes, las tecnologías y culturas pueden coevolucionar, por ejemplo. La vida y su entorno evolucionan juntos también. La evolución habitual por selección natural se produce a través de cambios en la composición genética de poblaciones cuyos miembros varían en sus rasgos. Esos individuos con mayor capacidad de sobrevivir y reproducirse en su entorno en concreto son los que más descendencia dejan atrás y pasan el código genético para los mismos rasgos que les han proporcionado tanto éxito. Generación tras generación, esos genes y rasgos se vuelven más comunes en la población general. Así, las especies se adaptan a sus entornos. Pero sus entornos físicos no permanecen inalterables durante este proceso ni están sujetos a un cambio puramente geológico. A medida que evolucionan las criaturas vivas, alteran de manera considerable su entorno. Esos cambios persisten y es inevitable que influyan en cualquier evolución que siga. De este modo, la vida se convierte en un agente en su propia evolución. La vida y el entorno se modelan de forma continua el uno al otro y a la Tierra en conjunto.

En algunos aspectos, Sergey es el heredero del minerólogo ruso Vladimir Vernadsky, que es a su vez un precursor clave de James Lovelock. Aunque continúa siendo un desconocido en Occidente, Vernadsky es venerado en su país natal, donde su retrato aparece en sellos nacionales y monedas conmemorativas. Hay una estatua gigante suya en Kiev. Una avenida de Moscú lleva su nombre, al igual que un mineral (vernadita), varios picos montañosos, un volcán, un cráter lunar y una especie de alga.

Vernadsky fue uno de los primeros científicos que reconoció la vida como una fuerza geológica fundamental en nuestro planeta, una idea que desarrolló en su libro *La biosfera*, de 1926. El geólogo Eduard Suess acuñó el término «biosfera» en una observación superficial en 1875, pero nunca definió el concepto o desarrolló la idea formalmente. Vernadsky concebía la biosfera como una capa fundamental del planeta que contenía vida, una envoltura que se extendía desde la corteza terrestre hasta el borde de la atmósfera. En la biosfera, la vida alteró de manera radical el flujo de energía y materia. «Un organismo participa en el entorno al que no solo se ha adaptado, sino que este también se ha adaptado a él —escribió en una ocasión—. Dado que la vida en la Tierra se ve como un fenómeno accidental, el pensamiento científico actual no llega a apreciar la influencia de la vida en cada paso de los procesos terrestres... Como se ha practicado tradicionalmente, la geología pierde de vista la idea de que la estructura de la Tierra es una integración armoniosa de partes que deben estudiarse como un mecanismo indivisible».

Para cuando Sergey hubo juntado muchas de las piezas de su teoría, estaba a finales de la década de 1980 y dirigía la Estación Científica del Nordeste, en Cherski. Nikita era poco más que un bebé. Cuando Sergey miraba la tierra que rodeaba la estación, veía un desierto helado. Árboles larguiruchos, arbustos leñosos y alfombras de musgo sin raíces cubrían el permafrost. Comparado con las praderas, era un ecosistema inactivo y pobre en nutrientes. En la estepa del mamut de la Edad de Hielo, los herbívoros se habrían tragado las plantas a bocados y las habrían disuelto en los tanques microbianos, calientes y húmedos, de su sistema digestivo multiestomacal. Carbono, nitrógeno, potasio y otros elementos esenciales habrían circulado con rapidez de las plantas a los animales al aire y el suelo, y de vuelta otra vez. En los bosques boreales de la Siberia moderna, las agujas de alerce permanecían en el suelo durante décadas, descomponiéndose lentamente. Aparte de molestas nubes de mosquitos, había poca fauna a la vista. La mayor parte del Ártico se había convertido en esencia en «malas hierbas que cubrían el cementerio de la estepa del mamut», me contó Sergey.

Advirtió, sin embargo, que dondequiera que el fuego o la actividad humana agitaba el suelo y desplazaba el musgo, la hierba crecía con fuerza. Y luego estaba la isla de Wrangel, con sus pastos, manadas de bueyes almizcleros y renos, bandadas de pájaros, todos los cuales indicaban que el Ártico aún podía soportar una población grande y diversa de animales. ¿Y si, se preguntaba Sergey, fuese posible recrear la estepa del mamut? Los animales que pastaban habían mantenido su ecosistema pleistoceno durante cientos de miles de años. Si devolvía los herbívoros al Ártico, tal vez pudieran volver a hacerlo. Sería la forma perfecta de poner a prueba su teoría.

Sergey propuso la idea a varios colegas, que le ayudaron a presentarla a algunos de los principales científicos rusos de la época. Impresionados, accedieron a realizar un pequeño experimento de campo. En semanas, se construyó un aprisco cerca de la estación de investigación de Cherski al que transportaron en helicóptero veinticinco caballos de Yakutia, una raza siberiana grande que puede sobrevivir sin refugio a temperaturas que llegan a alcanzar los –70 °C y se contenta con comer pasto congelado. En cuestión de meses, los caballos habían pisoteado la mayor parte del musgo y destruido muchos de los arbustos del cercado. Empezó a crecer la hierba. Los niveles de nitrógeno y fósforo se multiplicaron por diez. Entonces, en 1991, se produjo el colapso de la Unión Soviética y el apoyo gubernamental al nuevo estudio de Sergey se esfumó.

Sergey persistió. Sabía que, para continuar, tendría que conseguir fondos de donde fuera posible y convencer a la comunidad científica internacional de los méritos de su investigación. Se le ocurrió que su experimento podía ir mucho más allá de la recuperación de un ecosistema perdido. En la década de 1990 ya era evidente para Sergey que el permafrost del Ártico estaba derritiéndose debido al calentamiento global. Algunas partes del Ártico ya se habían transformado en un pantanal fétido. Sergey se daba cuenta de que, si se derretía suficiente permafrost, era probable que enormes cantidades de dióxido de carbono y metano penetraran en la atmósfera, lo que potencialmente desencadenaría un calentamiento desenfrenado y un nuevo periodo de cacofonía climática.[4] La resurrección de la estepa del mamut podría evitar este terrible destino volviendo a congelar el permafrost y estabilizando el clima global, justo como lo había hecho en el Pleistoceno.

Sergey veía en convencer a otros científicos de la conexión entre su investigación y el cambio climático una oportunidad de dar a su proyecto una urgencia e importancia renovadas. En aquella época, era uno de los pocos investigadores que reconocía el inmenso peligro

4. Desde entonces, algunos científicos han puesto en duda esta idea. Exactamente cuánto dióxido de carbono y metano se liberaría con el deshielo del permafrost, la velocidad a la que escaparía y hasta qué punto agravaría el calentamiento global son objeto de investigación y debate continuos.

que suponía el deshielo del permafrost. Nadie poseía los datos sin procesar para demostrarlo. De modo que Sergey pasó los siete años siguientes midiendo los niveles del carbono y el metano almacenados en los suelos árticos helados y vigilando su disolución. Demostró que el permafrost ártico contenía al menos un billón de toneladas de carbono, el doble del cálculo previo y más que todo el carbono en emisiones de combustibles fósiles desde 1850 combinado. A medida que las capas superiores del suelo ártico y el permafrost de debajo se derretían, los microbios emergieron, se multiplicaron y empezaron a alimentarse de las grandes reservas de material orgánico, produciendo dióxido de carbono, metano y calor en el proceso. En un bucle de retroalimentación autoamplificado, el calor generado por la actividad microbiana aceleraba el deshielo del permafrost, que estimulaba aún más consumo microbiano. Pero si la nieve, que atrapaba el calor, se retiraba —o se compactaba apenas 10 centímetros— el permafrost se enfriaría entre 1 y 2 °C, lo suficiente para mantenerlo congelado.

Los estudios de Sergey, pioneros y meticulosos, le llevaron a alcanzar nuevas cotas de fama y respeto. A finales de la década de 1990, el Gobierno ruso le concedió algo más de 14.000 hectáreas de tundra protegida y bosque boreal en torno a la estación de investigación de Cherski para que las utilizase en su experimento. Formalmente denominó la zona Parque Pleistoceno, un guiño a cierta franquicia de ciencia ficción basada en la premisa de revivir dinosaurios. Para 1998, Sergey tenía una visión detallada de su ambicioso proyecto y tierra más que suficiente para empezar. Ya solo necesitaba algunos animales.

Nikita Zimov corría por el terreno agrietado de la isla de Wrangel, envuelto en velos de niebla, cuando le pareció oír a un oso polar. El temor le invadió por completo. En silencio, maldijo su insensatez.

Tras perder a las crías de buey almizclero, los Zimov, sus compañeros y Gruzdev habían iniciado una búsqueda en quad. En un momento dado, Nikita, orgulloso de su juventud y su buena forma, había decidido correr junto a los vehículos. En ese instante se vio perdido, solo y, en sus propias palabras, restándole importancia como solía hacer, «algo preocupado». Cuando había acordado ayudar a su padre con el Parque Pleistoceno tras graduarse en la universidad, no era eso lo que había imaginado. Intentó recordar todo lo que sabía sobre cómo sobrevivir a un encuentro con un oso polar. Recordó que alguien le había dicho que lo más eficaz para disuadirlo era un extintor, porque producía un sonido similar al siseo que los machos rivales emitían para transmitir su tamaño y fuerza. Pero no contaba con ningún extintor. No tenía forma de protegerse ni lugar donde esconderse. De modo que siguió corriendo a través de la niebla hasta que, por casualidad, encontró el quad más cercano y se subió a toda prisa.

Cada vez que los Zimov y su partida de búsqueda localizaban una manada de bueyes almizcleros, se aproximaban lenta y cautelosamente. Estos, cuando los amenazan, se mueven con una precisión marcial: los adultos forman un círculo protector en torno a las crías, sin apartar la vista del peligro, y cambian de posición como una unidad cuando es necesario. A veces el buey más grande orbita alrededor de la manada, listo para cargar como último recurso. Sus cuernos, curvos y afilados, pueden perforar a cualquier agresor con facilidad.

Los hombres cercaban el círculo de los bueyes con uno propio, rodeando la manada en quads para que Gruzdev pudiera disparar un dardo tranquilizante a una de las crías. Unos minutos más tarde, después de que la cría se desplomara, la partida de búsqueda alejaría lentamente a la manada. Uno de ellos, a menudo Nikita, apoyaba su peso contra la cría, con las manos y la cara hundidas en el pelo marrón y mullido, esperando a que despertara. Una vez que la cría recobraba la conciencia, lo que solía llevar varias horas, Nikita y los demás la cogían del pelo y la guiaban hasta uno de los remolques acoplados a los quads para llevarla de vuelta al aprisco, ya vigilado. Atrapar, aunque fuera a un solo animal de esta forma constituía un verdadero desafío. La niebla a menudo reducía la visibilidad, y la lluvia les empapaba la ropa. Los tranquilizantes a veces eran demasiado flojos para dejar completamente inconsciente a una cría. Y podían tardar cinco o seis horas solo en encontrar una manada. Al cabo de ocho días vagando por la tundra, por fin recapturaron a seis crías de buey almizclero.

A mediados de septiembre de 2010, los Zimov acorralaron a los bueyes en contenedores que cargaron en el barco y abandonaron la isla de Wrangel. El trayecto de vuelta a casa no fue tan tranquilo como el de ida. En medio de una tormenta, sus aparatos electrónicos se volvieron más caprichosos que de costumbre. Tenían las baterías bajas. Los GPS empezaron a fallar, a veces consentían en darles coordenadas, pero no les indicaban en qué dirección viajaban. Para compensar, Nikita había fabricado una veleta improvisada atando un pedazo de tela a una caña de pescar en la parte delantera del barco. En un intento de conservar la energía de las baterías, mantuvo el GPS apagado, y lo encendía más o menos cada hora para anotar a toda prisa su última posición en el mapa. Maniobrar de noche era especialmente arriesgado. Sin mucha luz ni herramientas de navegación en condiciones, en esencia, avanzaban a ciegas.

Aunque las aguas que cruzaban no contenían hielo, el segundo día de travesía se desató una fuerte tormenta. El barco soviético restaurado se vio obligado a deslizarse por unas olas enormes de al menos 3 metros de altura. Mientras superaban una ola monstruosa tras otra, el pequeño bote de plástico que remolcaban —de seguridad en caso de emergencias— se chocaba contra la embarcación principal, balanceándose y botando con violencia. Todo el mundo a bordo pasó días mareado, incluidos los bueyes almizcleros, que yacían sin hacer ruido en cubierta, ni siquiera se movían por la avena y el heno. Un día más tarde, el mar los arrulló, salió el sol y la tierra siberiana emergió en el horizonte. Sabían que solo tardarían unos días más en llegar a Cherski. Lo único que tenían que hacer era seguir la costa.

La teoría que Sergey desarrolló en la década de 1970 relativa a la megafauna del Pleistoceno prefiguró un consenso emergente en ecología. Los científicos hace mucho que reconocen que las plantas remodelan las superficies de tierra del planeta. Después de todo, estas dominan no solo los continentes, sino también la biosfera en conjunto. Existen unos 550 gigatones de biomasa basada en carbono en la Tierra, de los cuales las plantas comprenden 450 gigatones, por encima del 80 por ciento. En contraste, los animales suman menos del

0,5 por ciento de la biomasa terrestre, concentrada en gran medida en el océano en forma de peces e invertebrados. Quizá en parte debido a estas grandes discrepancias, históricamente la ecología ha ignorado e infravalorado las maneras en que los animales dan forma a las masas continentales del planeta.

No obstante, se han reconocido algunas excepciones. Charles Darwin fue uno de los primeros científicos que contemplaron seriamente la posibilidad de que los animales pudieran cambiar la topografía del planeta. ¿Su principal ejemplo? Las lombrices. Mediante la excavación constante del suelo en sus ecosistemas nativos —digieren enormes cantidades de tierra, descomponen la materia orgánica, secretan baba y depositan un humus que retiene el agua—, las lombrices mejoran la estructura granular del suelo, mezclan sus distintas capas y abren canales a través de los cuales pueden fluir el oxígeno, el agua y los nutrientes.[5] Darwin describió la lombriz como la «criatura ignorada que, con sus incalculables millones, transformaba la tierra del mismo modo que los pólipos coralinos el mar tropical». No mucho antes de su muerte, escribió un libro entero acerca de las lombrices, que se convirtió en un superventas sorpresa.[6] No obstante, algunos de sus colegas científicos se mostraron escépticos ante estas afirmaciones; otros las rechazaron de plano. Sí, reconocían, algunos animales podían alterar su entorno, pero solo de formas leves, localizadas y bastante evidentes. Durante más de un siglo, la ciencia occidental minimizó la importancia de las lombrices y otros animales geoingenieros, mirándolos como asteriscos para la doctrina geológica predominante, que enfatizaba el papel de las fuerzas inanimadas.

En las últimas décadas, sin embargo, los científicos han hecho descubrimientos extraordinarios sobre las numerosas formas en que

5. En contraste, algunas especies de lombriz introducidas pueden alterar gravemente los ecosistemas forestales con los que no han evolucionado, en parte descomponiendo la hojarasca demasiado rápido, lo que priva a las plantas y otros organismos de nutrientes esenciales.

6. Fue *La formación del mantillo vegetal por la acción de las lombrices, con observaciones sobre sus hábitos*, publicado en el otoño de 1881, poco antes de la muerte de Darwin, en la primavera del año siguiente. «¡Las lombrices absorben toda mi alma ahora mismo!», declaró mientras escribía el libro.

los animales, grandes y pequeños, reorganizan las superficies de tierra del planeta, a menudo con consecuencias duraderas. A lo largo de los últimos quinientos millones de años, los animales se convirtieron en los mayores influyentes de la tierra, pues redefinían continuamente los contornos del planeta y, por lo tanto, cambiaban la ecología local, el clima local e incluso la trayectoria evolutiva de la Tierra.

Durante el Pleistoceno, es probable que osos perezosos y armadillos gigantes —algunos más grandes que un elefante moderno— cavaran túneles de hasta 600 metros de largo. Los investigadores han descubierto cientos de paleomadrigueras en Brasil, con marcas de garras en los muros y techos incluidas. En la Sudamérica actual, algunas especies de hormigas cortadoras de hojas construyen nidos subterráneos que se extienden cientos de metros cuadrados y llegan a alcanzar los 8 metros de profundidad, lo que les exige mover más de 40 toneladas de suelo. Los suelos que están repletos de hormigas, termitas y roedores excavadores tienden a ser más estables y a estar mejor drenados, y es más probable que retengan nutrientes. En Norteamérica, manadas de bisontes que migran propulsan oleadas de rejuvenecimiento primaveral por las llanuras al pastar y fertilizar la hierba de forma intensiva, incentivando que las plantas produzcan de forma continua brotes jóvenes sabrosos y nutritivos. Colectivamente, los bisontes ejercen una influencia más fuerte en el crecimiento estacional de las plantas que el tiempo u otros factores ambientales. Aunque hoy en día hay menos de ocho mil bisontes salvajes con la libertad de migrar por tierras públicas en Norteamérica, piensa en la poderosa fuerza que debieron de ser estos animales cuando aún había entre treinta y sesenta millones vagando por las llanuras.

Es posible que los castores sean los ingenieros de ecosistemas más conocidos. Muchas personas están familiarizadas con el hábito de estos animales de cortar árboles y represar riachuelos, lo que sumerge el paisaje circundante en redes de estanques y canales que se convierten en el hábitat vital para muchas otras especies. No obstante, a menudo se subestima el alcance total de estas reformas topográficas. Los castores llevan remodelando la superficie del planeta con la construcción de presas al menos ocho millones de años y, durante la mayor parte de ese tiempo, fueron mucho más numerosos de lo que son hoy. Sus presas pueden extenderse más de 800 metros, alcanzar casi 2 metros de altura y durar siglos. Como escribe Ben Goldfarb en su elocuente himno *Eager*, «Los castores no son nada menos que fuerzas de la naturaleza a escala continental en gran medida responsables de esculpir la tierra sobre la que los americanos erigimos nuestras ciudades y cultivamos nuestra comida. Los castores han dado forma a los ecosistemas de Norteamérica, su historia humana, su geología. Tallan nuestro mundo». Testimonio de su legado es el papel fundamental que juega esta especie en la restauración en curso de los ecosistemas ribereños de Yellowstone, una transición con demasiada frecuencia atribuida únicamente a los lobos. Una larga historia de exterminación permitió que las poblaciones de ciervos y otros herbívoros se dispararan, lo que redujo de forma drástica la abundancia de vegetación a orillas de los ríos, como los sauces, álamos temblones y álamos de Virginia. Sin las raíces estabilizadoras de esas plantas amantes del agua, las orillas se desmoronaron y el suelo se erosionó. La reintroducción de los lobos en la década de 1990 redujo la población de ciervos y motivó que los sauces volvieran a crecer, lo cual a su vez alimentó a los castores. En paralelo, un proyecto de traslado masivo devolvió a los roedores semiacuáticos a los límites de Yellowstone. A medida que los lobos y los castores repoblaban el parque, su influencia combinada rehidrató y revitalizó muchos valles secos y degradados.

Cadenas análogas de transformación zoológica enlazan la atmósfera y el océano. Las ballenas viajan continuamente entre las grandes profundidades del océano y la superficie iluminada por el sol, donde liberan lo que se denomina «fecas» (también conocidas como «caca de ballena»), las cuales fertilizan el plancton fotosintético, que es un componente vital del ciclo de carbono del planeta. Las ballenas también transportan directamente enormes cantidades de carbono a las profundidades del mar. Cuando una muere en el océano abierto y se hunde en el lecho marino, se convierte en un oasis submarino, y su carne y sus grandes huesos nutren a una profusión de gusanos, anguilas, cangrejos y pulpos únicos que nunca abandonan el abismo. Incluso los movimientos de las ballenas —sus giros, zambullidas y salidas a la superficie— mantienen una distribución de nutrientes más uniforme en el agua del mar de la que existiría sin tal agitación. Según algunos cálculos, el movimiento colectivo de criaturas oceánicas mezcla el agua del mar tanto como el viento y las mareas. Justo por encima de las olas, bandadas de aves marinas migratorias dejan caer enormes cantidades de guano rico en nitrógeno en los riscos y en las islas donde anidan, un vínculo nutricional importante entre la tierra y el mar. En el Ártico, las bacterias descomponen el guano, que libera amoniaco, el cual se combina con otros compuestos en la atmósfera para producir partículas diminutas que originan las nubes. Las nubes resultantes reflejan la luz y el calor. De ese modo las aves marinas ayudan a mantener frío el Ártico.

En el marco tradicional de la geología, los ríos transportan nutrientes minerales procedentes de rocas que se han desmoronado al mar, donde los consumen las criaturas oceánicas. Cuando algunas de esas criaturas mueren y se hunden en sedimentos del lecho marino, se ven subsumidas por los procesos tectónicos que derriten y reciclan la roca, devolviendo con el tiempo los nutrientes que contienen a la superficie del planeta. «Tenemos la impresión de que el ciclo de los nutrientes en paisajes contiguos o remolinos está desconectado salvo a través de la atmósfera y la hidrosfera, y que los animales solo juegan un papel pasivo como consumidores de nutrientes», escriben Chris Doughty, ecólogo de la Universidad del Norte de Arizona, y sus colegas en un estudio. Como han descubierto él y otros científicos, esa vieja impresión es demasiado simplista. Los animales juegan un papel especialmente importante y único en los ciclos de nutrientes del planeta. Aunque los animales no son ni de lejos tan abundantes como las plantas en términos de biomasa, como grupo, son mucho más móviles y dinámicos.[7]

Doughty y otros ecólogos están formando una imagen nueva del planeta en la que los animales ayudan a que los nutrientes fluyan desde las profundidades del océano hasta el interior de los continentes. Ballenas, medusas y otras criaturas marinas mueven nutrientes

7. Como se demuestra en vídeos de lapso de tiempo, las plantas también se mueven mucho, aunque normalmente lo hacen a un ritmo demasiado lento para que lo captemos a simple vista.

hacia la superficie del mar, lo cual alimenta el plancton, que a su vez sustenta a los peces y las aves marinas. Estas migran, junto con los peces que nadan río arriba para desovar, y traen nutrientes de vuelta a los continentes. Osos, nutrias y águilas se comen a los peces que desovan y arrastran los restos tierra adentro, donde se descomponen y nutren los bosques. Los animales excavadores dentro de los bosques y otros ecosistemas terrestres mejoran las condiciones del suelo, lo que beneficia a las plantas. Estas desmenuzan la corteza en sus componentes minerales, lo que acelera el regreso de nutrientes al mar. Sin esos círculos ecológicos, sería mucho más probable que los nutrientes se depositaran sin más y restringiesen la vida a focos pequeños y aislados del planeta.

En parte al expandir y acelerar los ciclos de nutrientes, el desarrollo de animales grandes y altamente móviles acabó haciendo la Tierra más resiliente y habitable. «Ahora parece que el incremento de la capacidad de la Tierra para sustentar la vida a lo largo del tiempo y, en especial, su creciente capacidad para sustentar vida compleja, multicelular, es en gran medida una consecuencia de los procesos biológicos —escribieron Jonathan Payne, científico de la Tierra de la Universidad de Stanford, y otros colegas—. Estos procesos incluyen la selección natural para organismos con mayor capacidad de sobrevivir frente al cambio medioambiental pero, lo que es más importante, para ecosistemas de mayor complejidad y estabilidad, además de organismos que llevan a cabo actividades que fortalecen las retroalimentaciones estabilizadoras en el sistema terrestre».

Los animales han estado cambiando la estructura y la química de la corteza terrestre desde su debut evolutivo. Hace seiscientos millones de años, es probable que los tapetes microbianos cubrieran gran parte del lecho oceánico, salpicados de organismos sésiles semejantes a helechos que se mecían en las corrientes. Otras criaturas similares a babosas blindadas y dickinsonias —que son tan extrañas que nadie está seguro de si clasificarlas como animales o como algo completamente distinto— se deslizaban por estas vegas primordiales, pastando a su paso. Bajo los tapetes había un sustrato firme, privado de oxígeno y desprovisto de toda vida salvo las bacterias. Hace cerca de quinientos cuarenta millones de años, durante un estallido de innovación evolutiva denominado «explosión cámbrica», surgieron criaturas muy diferentes: lombrices excavadoras, trilobites similares a escarabajos, gambas gigantes con tentáculos dentados y una criatura sobrecogedora, acertadamente llamada *Hallucigenia*, que un observador moderno describiría como el resultado de un encuentro desafortunado entre un perrito caliente y un puercoespín.

En un abrir y cerrar de ojos geológico, la mayoría de los organismos extraños que evolucionaron antes de la explosión cámbrica se extinguieron. Algunos paleontólogos han sostenido que los nuevos animales cámbricos, más atléticos, superaron a sus predecesores ediacáricos, que se veían como «experimentos evolutivos fallidos». Evidencias recientes apuntan a una explicación alternativa: las criaturas cámbricas causaron una extinción masiva al remodelar de forma drástica su entorno físico. La creciente depredación durante el periodo Cámbrico motivó la evolución de una armadura, como púas, espinas y caparazones. Estos nuevos apéndices mineralizados permitían a los animales alterar el lecho oceánico de forma mucho más efectiva que en ningún otro momento anterior, ya que se enterraban para esconderse o excavaban en busca de comida. Todos esos primeros gusanos y artrópodos rasgaban los tapetes microbianos, levantaban cantidades enormes de sedimentos —que es posible que obstruyeran los sistemas de filtración de criaturas sésiles— e irrigaban el lecho marino con canales y túneles que los científicos han comparado con «un sistema de venas y arterias».

Los tapetes microbianos habían sellado gran parte del lecho oceánico durante eones, pero ahora el oxígeno y los nutrientes fluían con más libertad a través de los sedimentos, permitiendo que la vida permeara y ocupara sus numerosas capas. A medida que nuevos grupos de organismos se adaptaban al lecho marino agitado recientemente, diversificándose en nuevas especies, las criaturas amantes del tapete se extinguieron. Gracias en parte a este gran cambio ecológico, conocido como «la revolución del sustrato cámbrico», el océano moderno es mucho más habitable y heterogéneo a nivel biológico. Aunque los tapetes microbianos siguen existiendo, habitan sobre todo en entornos extremos, como lagos hipersalinos y cuencas pobres en oxígeno donde los animales que agitan los sedimentos no pueden vivir.

En el lapso de historia registrada, la capacidad de los animales para modelar las superficies de tierra del planeta ha sido especialmente visible en África, el hogar de las mayores especies terrestres vivas. A finales de la década de 1880, mientras intentaba conquistar Etiopía, Italia suministró a sus ejércitos ganado indio como fuente de comida y fuerza de trabajo. Al llegar al puerto de Massawa, el ganado llevó consigo una enfermedad vírica altamente contagiosa conocida como *Rinderpest* («peste bovina» en alemán), que se extendió rápidamente por el este y el sur de África. La peste bovina mató a más del 90 por ciento del ganado doméstico y enormes cantidades de herbívoros salvajes, y acabó matando de hambre a un tercio de los etíopes y dos tercios de los masáis en Tanzania. El número de ñus, uno de los animales que pastan más importantes del Serengueti, cayó de más de un millón a cerca de un cuarto de millón. Sin la presión habitual de los herbívoros, la hierba y los arbustos crecieron de forma descontrolada, con lo que alimentaron incendios forestales más grandes y frecuentes. Hasta el 80 por ciento del Serengueti se quemaba cada año, añadiendo grandes cantidades de dióxido de carbono a la atmósfera. Los árboles jóvenes empezaban a quemarse antes de que pudieran crecer lo suficiente para escapar de los campos en llamas. El Serengueti llevaba mucho tiempo siendo un mosaico de sabana y bosque. Para 1980, muchas zonas históricamente boscosas se habían quedado sin árboles.

En torno a la misma época, sin embargo, las poblaciones de ñus estaban recuperándose debido a las campañas para vacunar al ganado doméstico contra la peste bovina, que impedían la transmisión de la enfermedad a los herbívoros salvajes. A medida que regresaban los ñus, la hierba retrocedía hasta los niveles habituales. A su vez, los incendios forestales se hicieron más pequeños e intermitentes, lo que permitió que los árboles crecieran lo suficiente para sobrevivir a fuegos futuros. Poco a poco, los bosques reclamaban sus territorios ancestrales. Hoy en día, el Serengueti vuelve a ser un sumidero de carbono, lo que significa que absorbe más carbono de la atmósfera del que libera; al hacerlo, compensa todo el consumo de combustible fósil anual del este de África.

Los elefantes también modifican las sabanas y los bosques africanos: ingieren enormes cantidades de vegetación, árboles caídos, cavan hoyos con los colmillos en busca de agua y esparcen semillas en sus abundantes excrementos. Dado su tamaño, cuesta pasar por alto muchos de estos cambios. Recientemente, sin embargo, los investigadores han descubierto que la simple huella de un elefante puede alterar los paisajes que habita y cambiar el destino de otras especies. En 2014, mientras efectuaba trabajo de campo en el bosque nacional de Kibale, en Uganda, un joven biólogo llamado Wolfram Remmers advirtió que algunas libélulas planeaban sobre un charco de agua subterránea que se había formado en la huella de un elefante. Y distaba de ser el único. Otras zonas del bosque también estaban marcadas con hoyos hechos por las gruesas almohadillas redondas de las pezuñas de estos mamíferos. Cada hueco contenía hasta 190 litros de agua.

Remmers se preguntó qué podía vivir dentro y alrededor de esos estanques en miniatura, así que compró un colador de cocina y empezó a explorar. En esencia, los charcos se habían convertido en ecosistemas por derecho propio, pues albergaban multitud de microorganismos, escarabajos, ácaros, efímeras, gusanos, sanguijuelas, caracoles y larvas de libélula. En algunas zonas del bosque, las huellas llenas de agua —que pueden persistir un año o más— eran los únicos estanques disponibles para tales criaturas. Una investigación similar descubrió que las huellas de los elefantes asiáticos son un hábitat de vital importancia para las ranas, sobre todo durante la estación seca.

Casi con seguridad, las huellas de los elefantes, mamuts y otra megafauna de toneladas de peso han hecho las veces de ecosistemas espontáneos durante decenas de millones de años, aunque, hasta hace una década, pocos científicos los habían documentado formalmente. La influencia de la vida en su entorno es tan absoluta y variada que aún estamos descubriendo todas las formas que adopta, incluso en lo que respecta a las criaturas más grandes y dinámicas entre nosotros. Con solo dar un paso, un animal puede crear otra versión de la tierra y dejar nuevos mundos tras de sí.

Hoy en día, el Parque Pleistoceno abarca alrededor de 2.000 hectáreas valladas en las que habitan más de un centenar de herbívoros:

caballos, renos, alces, ovejas, yaks, vacas y bisontes. En la periferia del parque hay al menos un glotón, algunos zorros árticos y varios osos pardos. Los que han oído hablar del Parque Pleistoceno normalmente recuerdan una cosa por encima de todo lo demás: que será el futuro hogar de los mamuts resucitados. Algunos científicos tienen un auténtico interés en utilizar la ingeniería genética para traer de vuelta al mamut —parte de un movimiento mayor conocido como «desextinción»—, pero reanimar criaturas de la Edad de Hielo nunca ha sido el objetivo de los Zimov. «Todos los medios de comunicación hablan de los mamuts para atraer a los lectores y espectadores —ha declarado Nikita—. Nuestro trabajo comenzó antes incluso de que la gente empezase a plantearse investigar la clonación de los mamuts [...] Si alguien llamase a mi puerta en el futuro y me dijera que me trae un mamut, me alegraría de llevarlo al parque. Es probable que el Parque Pleistoceno se beneficiase de eso. Pero nuestro trabajo es independiente y podemos alcanzar nuestros objetivos también sin mamuts».

Algunos de sus sueños verdaderos ya se han cumplido. El segundo día de mi visita, Nikita y yo viajamos una hora en lancha motora por el río Kolimá desde la estación de investigación hasta el parque mismo. En cuanto atracamos, salieron disparados a recibirnos dos perros grandes y embarrados, compañeros de los guardas que viven allí para cuidar de la vida silvestre. La entrada no señalada al parque se hallaba enmarcada por una casa construida en lo alto de unos contenedores; cerca había varias chozas, algunas barcas oxidadas y una jaula de madera y alambre que por entonces se utilizaba para albergar a animales enfermos o heridos. Nikita y yo nos adentramos a pie en una zona densa de arbustos del género *Salix* y alerces como mástiles cuya corteza gris se estaba pelando. En el suelo se amontonaban agujas secas de pino, que parecían resistirse a la descomposición.

—Ni un solo animal se come estas plantas —dijo Nikita—. No hay mucho movimiento en este ecosistema.

Nos alejamos unos metros hasta un paisaje marcadamente distinto, repleto de hierba abundante y ornamentado con flores silvestres de color rosa y amarillo. Aquí y allá, me fijé en algunos sauces persistentes con ramas y hojas cortadas.

—Esto era el mismo bosque hace cinco años —me contó Nikita—. Idéntico.

Las vacas, yaks y ovejas que pastaban junto con las semillas de hierba esparcidas a mano habían transformado el bosque en una pradera. El bosque de alerces no captura mucho carbono, me explicó Nikita, porque los árboles son muy pequeños y sus raíces, muy poco profundas. Incluso un alerce de dos siglos de edad podría tener un tronco no mucho más ancho que la pata de una mesa, una pequeña porción del tamaño que muchas otras especies alcanzan a esa edad. «Realmente puedes ver el albedo», continuó, gesticulando hacia el duro contraste entre el bosque, oscuro, y la pradera, clara, a lo lejos. Nikita y sus colegas han descubierto que, dependiendo de la estación, las capas superiores de suelos utilizados como pasto son hasta 13 °C más fríos que los suelos en los que no se ha pastado y 2,1 °C más fríos de media. Los suelos usados como pasto también almacenan más carbono debido al aumento de la fertilidad y el crecimiento de las raíces.

Aun así, la brecha entre el Parque Pleistoceno y la estepa del mamut es innegablemente enorme. Los científicos calculan que durante el Pleistoceno vagaban por los continentes al menos mil millones de ejemplares de megafauna, una gran parte de los cuales vivía en las praderas del norte. Cuando Sergey habla de cifras, lo hace con una despreocupación que contradice la abrumadora escala de su misión. Asegura que estaría encantado si la Siberia moderna se hallara poblada por apenas unos cincuenta millones de herbívoros de gran tamaño, lo que cree que bastaría para mantener todo el permafrost intacto. Por el momento se contentaría con tener un millón de animales en el parque, lo que dice que sería suficiente para un ecosistema estable. Pero no ha alcanzado ni una décima parte del 1 por ciento de ese objetivo.

El Ártico es el lugar ideal para llevar a cabo un experimento de esta magnitud: hay muchísima tierra, y la mayor parte es tierra virgen. No obstante, su tamaño y aislamiento hacen que este esfuerzo resulte aún más desafiante. Incluso si los Zimov de repente reciben una subvención sumamente generosa o un arca de animales donados, sigue estando el pequeño asunto de transportarlos de forma segura a

Siberia. Durante más de dos décadas, los Zimov han financiado su proyecto principalmente con su propio dinero y algunos miles de dólares obtenidos mediante campañas de *crowdfunding*. Adquirieron muchos animales del centenar aproximado del parque a través de expediciones peligrosas y organizadas por ellos mismos, como el viaje casi catastrófico a la isla de Wrangel. Sergey goza de un gran respeto en la comunidad científica como experto en ecología ártica —y el Parque Pleistoceno tiene sus fervientes admiradores—, pero la mayoría de sus colegas ven sus grandes ambiciones con una mezcla de admiración y recelo. Aunque aplaudan las intenciones y la ciencia que las respalda, sencillamente no creen que el plan general sea factible.

—Algunas personas no creen que el parque sea posible en la práctica —dice Nikita—. «Supone demasiado esfuerzo. El cambio climático ya está aquí. No lo haréis a tiempo», etcétera, etcétera. Quizá tengan razón. El caso es que, si no hago nada, no ocurrirá nada. A menos que hagamos algo (no limitarnos a escribir acerca de ello, ni a gritar o chillar que «¡Oh, vamos a morir todos!», sino a llevar algo a la práctica), no ocurrirá nada.

Uno de los mayores deseos y retos de los Zimov ha sido la introducción del bisonte en el parque. Estos, que abundaban en la estepa del Pleistoceno, son algunos de los mamíferos existentes más grandes que pueden tolerar un clima siberiano. Unos meses antes de mi llegada, Nikita compró doce bisontes jóvenes a un granjero de Dinamarca y los transportaron a Cherski en camión y barcaza de río, un trayecto agotador de cinco semanas de duración. En cuanto los liberaron, estos corrieron directos a un lago, sin darse cuenta de lo que era, luego regresaron atropelladamente a la tierra, donde se escondieron en las zonas de arbustos. Aunque los rastros de los bisontes abundaban por todo el parque, los Zimov no se habían topado con los animales desde su llegada y se preguntaban cómo estarían adaptándose.

En una de nuestras visitas al parque, Nikita, Sergey, varios guardas y yo nos pusimos a buscar a los bisontes. El uso frecuente de quads había abierto un corredor a través del bosque, que seguimos esquivando extensiones medio secas de barro y charcos de agua pútrida bordeados de musgo estrella y juncos. El aire estaba plagado de mosquitos, que se arremolinaban sobre nosotros sin descanso, pues no se veían disuadidos por redes ni mangas largas. Aunque encontramos huellas de pisadas, excrementos y ramitas reveladoras envueltas en pelo marrón, ni vimos ni oímos a los bisontes.

Con el tiempo llegamos a un campo ondulado de aspecto claramente seussiano, lleno de grandes matas de hierba, cada una de las cuales brotaba de un terrón de tierra con la forma de un tallo de seta gigante. Atravesarlo resultó ser un esfuerzo gimnástico, pues era muy fácil abatir una mata o hundirse entre los huecos ocultos entre ellas. Una vez al otro lado, Nikita lanzó un dron que había llevado consigo y utilizó la cámara para buscar a nuestra presa, algo que había intentado antes varias veces sin éxito. Esta vez, sin embargo, encontró a los bisontes a escasa distancia de donde nos hallábamos.

Nos movimos rápido y nos dividimos en dos grupos para arrear a los bisontes hacia un prado, donde sería más fácil comprobar su salud. Nikita y los dos guardas se dirigieron a la izquierda, hacia la espesura del bosque. Sergey y yo viramos a la derecha; permanecimos en un pasaje en gran parte sin árboles cerca de uno de los límites vallados del parque. Cuando le pregunté a Zimov padre qué debía hacer, me dio instrucciones en voz baja: «Sígueme. Quédate a un metro. Si ves a un bisonte, no te muevas en absoluto. Si yo me paro, te paras tú también. Si tienes miedo de algo, salta los postes y ponte a salvo».

Avanzamos con cautela y advertimos montones de excrementos frescos. Sergey se inclinó para examinar una rama grande caída de un árbol y, con aire satisfecho, se la llevó consigo. De pronto Nikita y los guardas gritaron alarmados. Habían localizado a los bisontes.

—¡Arre! ¡Arre! —vociferaban, chillando y silbando para alertar a los animales de su presencia y hacer que siguieran moviéndose.

Un frenesí de bisontes atravesó el bosque con estrépito y se detuvo justo enfrente de Sergey y de mí. Eran unos diez, tenían cuernos menudos, mirada recelosa y abrigos de pelo corto tan oscuros como el basalto recién formado. Aunque eran jóvenes, resultaban formidables, en especial en grupo. Negaban con la cabeza y pateaban el suelo. Daba la impresión de que podían cargar contra nosotros en cualquier momento.

Sergey sostuvo la rama en alto, como Moisés, y se dirigió con calma a las criaturas que teníamos delante.

—Pequeño bisonte, pequeño bisonte —dijo en ruso—. No vengas por aquí.

Los animales se retiraron al bosque, donde Nikita y los guardas evitaron que huyeran más lejos. Cada vez que los bisontes emergían de los árboles, Sergey se mantenía firme. Cada vez que intentaban correr en la dirección contraria, Nikita y los guardas les bloqueaban el paso. De este modo, empujamos poco a poco a la manada hacia delante y finalmente a un aprisco sin utilizar. Los Zimov y los guardas enseguida sellaron la única abertura con una barrera improvisada de madera y alambre. Sin descanso, los animales corrieron de un rincón a otro del cercado, lanzando su peso contra él de vez en cuando. Aunque había zonas del aprisco que no eran más que ramas apiladas, aguantó, y los bisontes acabaron tranquilizándose.

Mientras los guardas atendían a los animales, Sergey y yo seguimos explorando el parque mientras atravesábamos una extensión típica de sauces y alerces, un río y hasta 48 hectáreas de pradera ondulada. En el pasado, me explicó Sergey, esa zona había sido una ciénaga. El pasto de los animales había promovido el crecimiento de la hierba, que había incrementado el ritmo de transpiración y el exceso de agua. Ahora era la mayor extensión ininterrumpida de hierba del parque.

—Aquí —dijo Sergey, abriendo los brazos— está el futuro de este paisaje.

Cruzamos paseando la hierba ondeante hacia la entrada del parque. A lo lejos vimos un rebaño de vacas marrones y sedosas, ovejas del color de los malvaviscos ligeramente tostados y un caballo de Yakutia tan blanco y vigoroso que podría haber sido una escultura de mármol que cobraba vida. A diferencia de los bisontes, esos veteranos residentes del parque no se inmutaron ante nuestra presencia. Parecían completamente cómodos en ese refugio en el borde del mundo, tan parte de él como el cielo y el suelo, tanto como la hierba que habían ayudado a cultivar. Se habían convertido en los administradores de su reino, los arquitectos de su propio Edén.

A medida que nos acercábamos, me vi especialmente atraído hacia un yak con el pelaje de color crema y canela. Sus cortinas de pelo eran tan magníficamente largas y gruesas que le oscurecían el vientre y le cubrían con suavidad la mitad de la cara. Me acerqué hasta que estuve a apenas un metro de donde pastaba el animal. No mugió ni se sobresaltó ni movió un solo miembro. Durante varios minutos no pareció advertir mi presencia en absoluto. Al final levantó la cabeza, se sacudió el flequillo a un lado y me evaluó con un ojo de obsidiana. Luego bajó la vista y volvió a masticar.

3

Un jardín en el vacío

Mi primer huerto fue un rectángulo de tierra en barbecho de 1 metro por 2 al lado de la casa familiar, en California, que adopté a la tierna edad de doce años. Arranqué todas las malas hierbas, aré la tierra y cultivé varias hierbas y hortalizas a partir de la semilla, incluyendo cebolletas, perejil, rábanos y tomates. Recuerdo la emoción que me invadió al ver que las plántulas de maíz estallaban en tallos robustos que me doblaban en estatura y la satisfacción al hundir una pala en el suelo y sacar zanahorias casi tan gruesas como las del supermercado. Disfruté tanto de la experiencia que escribí un artículo vergonzosamente sincero pero breve, gracias a Dios, para la sección de opinión de *The San Jose Mercury News* en el que animaba a los lectores a abrazar la horticultura y cosechar los frutos de su trabajo (mi madre aún guarda el recorte).

Durante cerca de una década, tras marcharme de casa para ir a la universidad, rara vez tuve oportunidad de trabajar en el huerto. Cuando me mudé a Cambridge, Massachusetts, por mi primer trabajo de cobertura, solicité una parcela en un huerto comunitario. Recibí una sola respuesta, tres años más tarde, que me informaba de que seguía sin haber espacios disponibles. Más tarde, mientras vivía de alquiler en una planta baja en Brooklyn, Nueva York, ayudé brevemente a cuidar de un patio bordeado de hostas, azucenas y hortensias. No fue hasta que tuve treinta y pocos, sin embargo —varios años después de que me mudara de nuevo a la Costa Oeste—, cuando por fin fui capaz de cultivar un terreno de mi propiedad.

En el verano de 2020, mi pareja, Ryan, y yo nos compramos una casa en Portland, Oregón. Estábamos especialmente emocionados por el espacioso jardín de atrás, orientado al sur, que por aquel entonces no constaba más que de un cobertizo con césped abandonado. Para nosotros, era el lienzo ideal para crear un jardín desde cero y una oportunidad de cambiar nuestra relación personal con el planeta. Quizá no fuéramos científicos visionarios que trataban de transformar el paisaje ártico. Quizá no tuviéramos acceso a supercomputadoras capaces de modelar el clima global, y mucho menos la pericia para utilizarlas. Pero teníamos esa parcela de tierra —ese pedacito de nuestra Tierra viva— y la libertad para ayudar a que floreciera. Donde tiempo atrás no había más que hierba quemada, podíamos erigir un hábitat de vida silvestre biodiversa que almacenase carbono y se adaptase a un clima que cambia rápidamente.

Empezamos a planificar de inmediato. Ryan, que había estudiado Arte y Arquitectura en su juventud, elaboró varias versiones de nuestro diseño desde diferentes perspectivas. Para dar una geometría más acogedora a la parcela, larga y rectangular, concebimos un camino serpenteante de baldosas parcialmente protegido por árboles pequeños y arbustos. Cerca de la parte delantera del jardín, crearíamos un estanque y, como contrapeso, un jardín de rocas al otro lado del sendero. Hacia el fondo, donde no habría nada que obstruyera la luz del sol entrante, construiríamos una serie de parterres elevados para hierbas, bayas y hortalizas. Cultivaríamos árboles en espaldera a lo largo de la valla. Y por todo el jardín, plantaríamos perennes de larga floración amadas por los polinizadores.

Uno de los primeros pasos, de los más esenciales, era retirar el césped existente. A diferencia de la hierba alta y los juncos largos, que pueden extenderse, florecer y echar semilla, el césped cortado ofrece escasa comida o hábitat para la fauna al tiempo que engulle agua y fertilizantes. La cultura occidental tiende a ver el césped verde como un espacio fecundo —un símbolo de riqueza y vitalidad— y, sin embargo, a menudo es la parte más estéril y empobrecida de cualquier jardín.

A finales del verano, contratamos a un paisajista, Ted, para retirar los 185 metros cuadrados de césped del jardín de atrás. Mientras esperábamos a que empezase el trabajo, decidí enfrentarme al césped de delante, mucho más pequeño, con un pico y una pala. Teníamos intención de plantar un jardín de sombra debajo de un abeto de Douglas en el lado oeste del jardín de delante y un parterre de perennes coloridas a las que les gustase el sol en la parte este, más iluminada.

En cuanto me puse a hender y levantar el césped, exponiendo el suelo de debajo, comenzó a preocuparme que nuestros magníficos planes para un jardín resplandeciente fuesen fútiles e ingenuos. Por aquel entonces, yo no sabía mucho de tierra, pero la experiencia previa me había enseñado que la del jardín ideal era blanda, oscura y quebradiza. En contraste, la tierra que había descubierto era seca, amarillenta y compacta. La pala no servía para nada. Incluso con el pico, me costó cavar a más de 10 centímetros de profundidad, pues me topaba frecuentemente con piedras, ladrillos y trozos de cemento. Cuando apretaba los terrones con la mano, estaban tan duros como el granito. Los pocos que era capaz de aplastar, más pequeños, estallaban en polvo.

La situación en el jardín de atrás no era mejor. Una mañana temprano, durante una de las diversas olas de calor de ese año, Ted maniobró con una excavadora compacta Kubota por la verja de nuestro jardín y empezó a usar la pala metálica para arrancar el césped del suelo. La tierra que revelaron sus excavaciones era similar a lo que había descubierto yo delante: dura, seca y llena de escombros. Ted intentó rastrillar y soltar la mayor parte del suelo con su maquinaria, pero algunas zonas eran tan inflexibles que estuvo a punto de abandonar frustrado.

—¡Es como si tratase de cavar en cemento! —me dijo un día mientras se secaba los regueros de sudor de la cara y el cuello.

Al hablar con nuestros vecinos y estudiar imágenes archivadas en Google Maps, descubrimos que nuestra parcela y la que se hallaba directamente al este habían sido tiempo atrás una sola propiedad con poco más que un césped mustio por jardín, parte del cual había hecho las veces de aparcamiento. Durante varios años, mientras los constructores inmobiliarios remodelaban la casa de los vecinos y luego construían la que compramos nosotros, nuestro jardín de atrás había sido una zona de obras. El nuevo césped de nuestra propiedad era una mera fachada, un vestido verde y fino que ocultaba más de una década de abandono.

Al cabo de varios días de excavación, caminé hasta el centro de nuestro futuro jardín, apoyé la punta de una pala en el suelo y empujé con todo mi peso. Apenas se movió. Pisé la pala repetidamente con todas mis fuerzas y por fin la hundí 5 centímetros por debajo de la superficie. De rodillas, saqué una capa de tierra gruesa y apagada y me la acerqué a la cara, como si fuese a contarme todos sus secretos si la miraba fijamente el tiempo suficiente. Llegados a este punto, yo ya estaba al borde de la desesperación. Era evidente que Ryan y yo nos habíamos precipitado con nuestros sueños horticulturales. Habíamos invertido muchísimo tiempo y energía en planificar la forma y el ambiente del jardín, pero no habíamos considerado sus cimientos como era debido. Arañé la tierra con los dedos desnudos, buscando una hormiga, un gusano, una raíz..., cualquier rastro de vida. Nada.

¿Qué iba a poder crecer ahí?

La historia de degradación que habíamos descubierto en nuestra propiedad es un microcosmos de lo que ha estado haciendo nuestra especie a las superficies de tierra del planeta durante milenios. Como muchos animales antes que nosotros —desde las termitas hasta perezosos terrestres de 4 toneladas—, los humanos hemos alterado de manera radical la tierra y la corteza terrestre. El espectro de devastación medioambiental se ve a menudo acompañado de imágenes de fábricas que arrojan humo y megalópolis de hormigón, aunque las ciudades, carreteras, vías de tren, minas, plantas eléctricas y otras infraestructuras humanas ocupan menos del 3 por ciento de la tierra habitable del planeta. La gran mayoría de las hectáreas modificadas por la acción del hombre no se dedican a las viviendas o a la producción de energía, sino a la agricultura, al cultivo a gran escala. Hace mil años, los humanos dedicaban menos del 6 por ciento de la tierra sin hielo y no árida del planeta al cultivo. Hoy en día, en torno a la mitad de la tierra habitable del planeta se utiliza para cultivar cereales o criar ganado.

Es probable que los primeros granjeros usaran coas, azadones y otras herramientas simples hechas de madera y piedra. Hasta ciento setenta y un mil años atrás, los neandertales en lo que ahora constituye Italia utilizaban piedra y fuego para fabricar coas que es posible que usaran para escarbar en busca de raíces y tubérculos, triturar plantas y aporrear a pequeños animales excavadores. Mucho después, aunque no está claro cuándo exactamente, los humanos desarrollaron una de las tecnologías más relevantes de la historia: el arado. Como ha escrito el geomorfólogo David R. Montgomery, la invención del arado no solo revolucionó la civilización humana, sino que también «transformó la superficie de la Tierra».

Los conocidos como «arados romanos», que emergieron hace al menos seis mil años en Mesopotamia, se construyeron con madera, tiraban de ellos humanos o animales, y formaban surcos poco profundos en la tierra en los que plantar semillas. Con el tiempo, los arados se hicieron más grandes y fuertes, incorporaron piedra y, finalmente, metal. En la India, que tiene una historia especialmente larga de metalurgia sofisticada, es posible que la gente construyera arados con rejas de hierro —hojas como cuñas que hienden el suelo— hace dos mil setecientos años. Mucho después, la adopción extendida de la vertedera, una placa de metal curvado colocada en lo alto de la reja, posibilitó que los arados invirtieran las capas superiores del suelo, enterrando convenientemente las malas hierbas y los restos de las cosechas anteriores.

Con la llegada del arado, la humanidad empezó a afrontar uno de los dilemas centrales de la agricultura: labrar la tierra repetidas veces acaba haciendo que pierda fertilidad. A corto plazo, labrar la tierra —agitarla con el propósito de cultivar— proporciona numerosos beneficios para los agricultores: la suelta, contiene las malas hierbas, incorpora abono y otras mejoras, y facilita la germinación y el crecimiento temprano de las raíces. A largo plazo, sin embargo, la labranza altera gravemente el ecosistema del suelo, privándolo de plantas simbióticas, hongos y microbios e incrementando su susceptibilidad a la erosión por el viento y el agua. Y despejar y labrar continuamente una parcela de cultivo es el equivalente de arrasar con motoniveladora un bosque año tras año, dejando el suelo débil y desprotegido. Cuando la tierra se ve desprovista de su armadura vegetal, incluso un poco de viento o lluvia puede resultar catastrófico, haciendo añicos y dispersando los gránulos que le proporcionan estructura. Fue exactamente ese tipo de vulnerabilidad, combinada con la sequía extrema, lo que culminó en las tormentas de arena del Dust Bowl, de la década de 1930, uno de los peores desastres ecológicos del siglo.

El diseño básico del arado de vertedera perduró milenios y permitió que gente de todo el globo cultivara una tierra antes inexplotable. «El arado es al granjero lo que la varita mágica al brujo», escribió Thomas Jefferson en 1813. A mediados del siglo XIX, la Revolución agrícola y la Revolución Industrial colisionaron en forma de los primeros arados comerciales a vapor, que pronto se vieron sustituidos por los tractores y otra maquinaria pesada equipada con motores de combustión interna. El equipamiento mecanizado permitía a los granjeros expandirse en suelos más duros e incrementó drásticamente su eficiencia general, en especial en países industrializados ricos.

Al mismo tiempo, las máquinas alimentadas con hidrocarburos precipitaron la destrucción del suelo fértil. De media, la agricultura, el exceso de pastos, la deforestación y otras formas de perturbación de la tierra erosionan el suelo de diez a treinta veces más rápido de lo que se genera, retirando suelo acumulado durante siglos en menos de una década. Un estudio de 2021 reveló que alrededor de un tercio de la tierra cultivada en el Cinturón del Maíz estadounidense ya ha perdido todo su mantillo. En algunas regiones de África y Asia, el suelo está desapareciendo cien veces más rápido de lo que puede reemplazarse. Por todo el mundo, cerca de un tercio de los suelos cultivados de manera convencional tienen una vida útil de menos de doscientos años. Si no se interviene de forma adecuada, el 16 por ciento de esos suelos habrá desaparecido en menos de un siglo.

Una de las repercusiones más graves de la erosión extendida del suelo es la rápida merma de nitrógeno, que resulta esencial para el crecimiento de las plantas. En muchas sociedades anteriores al siglo XX, los granjeros dependían de una pequeña selección de potentes fertilizantes, como el estiércol fosilizado, el guano procedente de islas situadas frente a la costa de Perú y el salitre (nitrato de sodio) extraído del desierto de Atacama, en Chile, que contenía hasta treinta veces el nitrógeno de los excrementos de granja. Para finales del siglo XIX, se creía que estas fuentes limitadas y poco conocidas estaban al borde del agotamiento, lo que generó oleadas de alarma. Países europeos como Alemania y el Reino Unido estaban muy preocupados, pues ya importaban una gran parte de su grano y se estaban quedando sin tierra arable rápidamente. En 1898, William Crookes, presidente de la British Association for the Advancement of Science, advirtió que el suelo productor de trigo del mundo era «absolutamente incapaz de soportar la tensión a la que se le sometía» y que «todos los países civilizados se hallan en peligro de no tener suficiente para comer». Crookes predijo un déficit global de trigo ya a principios de 1930, a menos que alguien descubriera una nueva forma de aportar nitrógeno a los cultivos.

Toda la vida requiere nitrógeno, un componente primario de genes, proteínas y enzimas. Aunque el nitrógeno abunda en la Tierra, pues comprende el 78 por ciento de la atmósfera, resulta inaccesible para la mayoría de los organismos en su forma gaseosa. Los pares de átomos de nitrógeno en la atmósfera se hallan unidos por uno de los enlaces moleculares más fuertes que existen. Los relámpagos son uno de los pocos fenómenos físicos lo bastante potentes para romper ese vínculo. Dado que el nitrógeno gaseoso es tan difícil de descomponer y mezclar en nuevas moléculas, resulta inútil para la mayoría de las criaturas vivas. Frente a este reto abrumador, la Tierra desarrolló un conjunto complejo de procesos interconectados a través del cual su amplia reserva de nitrógeno pasa continuamente de una forma química a otra y establece un ciclo entre lo animado y lo inanimado en el aire, el mar y la tierra. Los microbios son fundamentales en este ciclo: bacterias y otros microbios son los únicos organismos que han desarrollado enzimas con la capacidad de separar el nitrógeno atmosférico y convertirlo en moléculas biológicamente útiles, como el amoniaco, el nitrito y el nitrato. Algunos de estos microbios fijadores del nitrógeno viven en simbiosis en las raíces de guisantes, judías y otras legumbres, mientras que otros habitan de forma independiente el suelo y el agua. Los microbios también descomponen los restos llenos de nitrógeno de las plantas, animales y hongos, y devuelven el nitrógeno a su estado gaseoso. Toda vida compleja depende de la magia química de estos microorganismos que manipulan el nitrógeno.

A principios del siglo xx, no obstante, nuestra especie descubrió una nueva forma de separar el gas nitrógeno y sintetizar el amoniaco, un acontecimiento sin precedentes en la historia de la vida compleja que alteró de manera radical los ciclos químicos de la Tierra. En 1907, a través de métodos igualmente innovadores, los químicos alemanes Walther Nernst y Fritz Haber demostraron de manera independiente el uso de calor y presión intensos para separar átomos de nitrógeno gaseoso y recombinarlos con hidrógeno, produciendo de ese modo amoniaco. Haber y Carl Bosch, de la empresa química BASF, junto con el ayudante de Bosch, Alwin Mittasch, adaptaron el proceso para la producción a escala industrial, en parte introduciendo catalizadores más apropiados. Hacia 1913, una planta de Oppau, en el sudoeste de Alemania, estaba generando 7.000 toneladas métricas de amoniaco al año. Unos años más tarde, una planta aún más grande situada en Leuna, en el este de Alemania, alcanzó una producción anual de 146.000 toneladas.

El proceso Haber-Bosch, como se dio a conocer, se considera ahora el proceso industrial más importante desarrollado nunca. Al principio, Alemania utilizaba la síntesis de amoniaco principalmente para producir más explosivos, lo que prolongó la Primera Guerra Mundial.[8] Después de que Bosch revelara los detalles del proceso durante las negociaciones de Versalles, otros países empezaron a sintetizar amoniaco. Con algunas modificaciones, el proceso Haber-Bosch proporcionó una fuente completamente nueva y altamente fiable de fertilizante de nitrógeno, evitando la inminente crisis alimentaria global y apoyando una enorme expansión de la población humana. Durante el siglo xx, las producciones cumulativas mundiales de cereales de primera necesidad se multiplicaron por siete y la población total se incrementó de mil seiscientos millones a seis mil millones. En la actualidad, aproximadamente el 50 por ciento del nitrógeno de todos los cuerpos humanos del planeta se deriva del

8. Firme patriota, Haber también desarrolló gases venenosos para utilizarlos en la Primera Guerra Mundial y supervisó su despliegue. En mayo de 1915, su esposa, la química Clara Immerwahr Haber, se pegó un tiro con un revólver del ejército, posiblemente en parte debido a sus objeciones al trabajo de su marido en torno a las armas químicas.

proceso Haber-Bosch. Sin los fertilizantes de nitrógeno sintético, la cosecha global sería la mitad y dos de cada cinco personas vivas en la actualidad no existirían.

Sin embargo, estos cambios históricos no se debieron exclusivamente a la síntesis del amoniaco. A mediados del siglo xx, las fundaciones Rockefeller y Ford, entre otras organizaciones, financiaron investigaciones en torno al cultivo de plantas que crearon variedades de trigo, arroz, maíz y otros cultivos básicos con un rendimiento de cosecha mucho mayor, algunos de los cuales maduraban más rápido, producían múltiples cosechas al año o tenían tallos más cortos y robustos, con lo que sustentaban más granos por cabeza. El desarrollo y la distribución de estas variedades de cultivo de mayor rendimiento, junto con la adopción generalizada de fertilizantes sintéticos, pesticidas, riego y equipamiento mecanizado, se conoce como la Revolución Verde. Estos avances incrementaron de forma drástica la producción de las cosechas y frenaron el hambre y la desnutrición en China, la India, Brasil, México y gran parte del mundo en desarrollo, con la excepción clave del África subsahariana, donde los altos costes del transporte, el riego limitado, la falta de infraestructuras y las políticas de fijación de precios dificultaban su éxito.

Además de salvar a más de mil millones de personas del hambre, la Revolución Verde salvó gran parte de la vida silvestre y las tierras del mundo de la destrucción. Históricamente, el único modo de alimentar a poblaciones en crecimiento era expandir las tierras de cultivo. El proceso Haber-Bosch y la Revolución Verde liberaron parcialmente a la humanidad de estas restricciones. Hoy en día, los agricultores pueden producir casi el triple de cereales de una extensión de tierra que en la década de 1960. Sin estos avances, al menos 1,48 mil millones de hectáreas de tierra salvaje —un área del tamaño de Estados Unidos y la India juntos— se habrían convertido en tierra de cultivo y la Tierra habría perdido de tres a cuatro veces el mismo bosque.

No obstante, también es cierto que los fertilizantes sintéticos y otros fundamentos de la agricultura moderna han corrompido la ecología global, han aumentado la desigualdad socioeconómica y han degradado gran parte del suelo mundial. Muchas de las variedades de cultivos de alto rendimiento introducidas en la Revolución Verde dependen del agua abundante, el fertilizante y los pesticidas, lo que pone en desventaja a agricultores que no pueden permitirse tales recursos. En algunas regiones, el monocultivo de alimentos de primera necesidad de alto rendimiento ha reducido la diversidad general de las dietas, en especial entre los pobres. Las fugas y vertidos producidos por el uso excesivo de fertilizantes y pesticidas han contaminado aguas freáticas, lagos y ríos; han creado afloramientos de algas y zonas muertas en el océano y han perjudicado a los polinizadores y otra fauna. Según algunos cálculos, el proceso Haber-Bosch exige hasta el 2 por ciento del suministro de energía anual del mundo y contribuye con el 1,4 por ciento de las emisiones globales de dióxido de carbono (CO_2).

Haber pareció reconocer que su invento no era del tono beneficioso ni sostenible. «Es posible que esta no sea la solución final», dijo en su discurso de aceptación del Nobel en 1920. «Las bacterias del nitrógeno nos enseñan que la naturaleza, con las sofisticadas formas de la química de la materia viva, todavía entiende y utiliza métodos que nosotros seguimos sin saber cómo imitar. Basta decir que entretanto la mejora de la fertilidad del suelo con nitrógeno aporta nuevos valores nutritivos a la humanidad y que la industria química acude en ayuda del agricultor que, en la buena tierra, convierte las piedras en pan».

Tras las excavaciones iniciales en nuestro jardín, Ryan y yo reconsideramos nuestros planes. Estábamos decididos a mejorar la tierra de nuestra propiedad de todas las formas factibles y a adaptarnos a cualquier limitación que no pudiéramos superar. Cuando el calor y la sequía del verano aflojaron, nos dimos cuenta de que la situación general no era tan desesperada como habíamos pensado en un principio. Cuando cavamos unas cuantas zanjas en distintas zonas del patio de atrás y las llenamos de agua para comprobar el drenaje, descubrimos áreas de tierra relativamente suave, oscura y suelta. Resultaba evidente que el suelo de nuestro jardín no era ideal, pero tampoco era terrible en todas partes. Mi momento inicial de desesperación, arrodillado rebuscando en la tierra con las manos, quizá fuera un pelín melodramático.

Nuestro paisajista, Ted, ya había accedido a traer camiones con suficiente tierra de alta calidad para llenar los parterres elevados; se ofreció a traer aún más para ayudar a corregir el suelo de todo el jardín. A principios de septiembre, él y sus colegas llegaron a nuestra casa con un camión de volteo, en esencia, un volquete equipado con una cinta transportadora. Metieron el camión marcha atrás por el camino de entrada, extendieron la cinta, la inclinaron hacia el patio de atrás y la encendieron. En apenas unos segundos, un torrente de tierra de 9 metros trazó un arco por encima de la esquina de casa y cayó en nuestro patio estéril con toda la fuerza y el drama de una cascada. La tierra, tan oscura y fina como el cacao en polvo, ondeó al viento, cubrió el garaje y la valla de polvo negro y nos llenó las fosas nasales del aroma de la tierra rica. En menos de media hora, el camión había depositado una pequeña colina en el patio. Ryan y yo pasamos varios días transportando en carretilla la mayor parte hasta la serie de parterres de madera elevados que él había diseñado y construido a lo largo de la valla de atrás. Esparcimos la tierra que quedaba por todo el patio, formando una nueva capa de unos 8 centímetros de grosor.

Con el fin de sobrellevar las condiciones del suelo subyacente, decidimos restar importancia a las plantas exuberantes, que consumían más recursos en favor de especies autóctonas duras y tolerantes a la sequía que prosperaban, o al menos toleraban, suelos pobres en nutrientes, visualizando montones de *Penstemon*, *Agastache* y *Coreopsis* bordeando el camino de baldosas. En cuanto al lado este del patio delantero, donde había arrancado el césped y me había esforzado en cavar la tierra llena de escombros, decidí intentar sembrar un prado de flores silvestres. En contraste con las perennes, muchas de las plantas a las que llamamos «flores silvestres» han evolucionado para germinar, madurar y expirar rápidamente en suelos empobrecidos y agitados, produciendo una siembra copiosa para asegurar una nueva generación.

Estas primeras adaptaciones a los retos de la jardinería en nuestra propiedad resultaron alentadoras, pero no parecían suficientes. Importar una fina capa de tierra fértil constituía una intervención superficial, de hecho, un bálsamo temporal. Si queríamos sustentar un jardín floreciente en este paisaje, necesitábamos más que una valoración rudimentaria de la condición física de nuestro suelo y algunas mejoras básicas. Teníamos que entenderlo a un nivel mucho más profundo. La tierra, empecé a darme cuenta, era algo que me había rodeado toda la vida y, aun así, apenas conocía. ¿Qué era exactamente? ¿De dónde venía? ¿Y cómo se nutría?

Las capas suaves, oscuras y fértiles que mucha gente imagina cuando piensa en la tierra son un desarrollo relativamente reciente en la evolución del planeta. Los tipos de suelo más familiares e importantes para nosotros dependen inextricablemente de la vida, y durante varios miles de millones de años, no hubo vida grande o compleja en la tierra. Nuestro planeta vivo, por lo general, tarda siglos en crear un solo centímetro de mantillo fértil. La mayor parte de los terrenos de la Tierra se formaron a lo largo de decenas de miles de años, muchos a lo largo de cientos de miles de años, y algunos a lo largo de millones. De un modo similar a los frutos que con el tiempo nutriría, el suelo necesitaba tiempo para madurar.

En cuanto comenzaron a formarse las masas continentales del planeta, hace unos cuatro mil millones de años, el viento, el agua, el calor y el hielo empezaron, lenta pero implacablemente, a desintegrar cualquier roca expuesta, un proceso conocido como «desgaste». Algunas de las partículas de roca resultantes permanecieron más o menos en su sitio, mientras que otras se vieron barridas por el viento y el agua y se depositaron en otra parte. Las capas de roca derrumbada se desgastaron aún más, adentrándose en la tierra gris primordial.[9]

Las partículas minerales de suelo suelen categorizarse como gravilla, arena, sedimentos y arcilla basándose en su tamaño. La gravilla es la más grande y normalmente se define como roca suelta de entre 2 y 63 milímetros de diámetro. Un grano de arena varía entre los 0,05 y los 2 milímetros, lo bastante grande para captarlo a simple

9. En 2018, los geólogos Nora Noffke y Gregory Retallack publicaron el descubrimiento de un afloramiento rocoso de tres mil setecientos millones de años bajo un casquete glaciar en retroceso en Groenlandia que contenía lo que es posible que sea el suelo fosilizado más antiguo del que haya constancia.

vista y frotarlo entre los dedos. Las partículas de sedimentos, de entre 0,002 y 0,05 milímetros, son demasiado pequeñas para observarlas sin microscopio. Y con diámetros inferiores a 0,002 milímetros, las partículas de arcilla son las más pequeñas de todas con diferencia, más o menos del mismo tamaño que algunas bacterias.

Cuando surgió la vida microbiana, no cabe duda de que empezó a alterar la composición de los primeros suelos terrestres. Los microbios iban royendo las rocas para extraer sus compuestos minerales, convertían esos minerales en compuestos nuevos y añadían carbono al suelo en forma de subproductos metabólicos y células en descomposición. Hace entre setecientos y cuatrocientos veinticinco millones de años, formas de vida más complejas se sumaron a los microbios unicelulares en la tierra: algas, hongos, líquenes y primeras plantas terrestres que recordaban a los musgos, antoceros y hepáticas de la actualidad. El *Tiktaalik*, un pez antiguo de cuatro extremidades, se ha convertido en la mascota del viaje de los animales del mar a la tierra, pero las pruebas fósiles indican que unos artrópodos similares a milpiés y escorpiones fueron los primeros animales que reptaron del océano y adoptaron un estilo de vida terrestre, quizá ya hace cuatrocientos cuarenta millones de años. Juntos, estos primeros habitantes de la tierra y exploradores estimularon la formación de un suelo fértil y aireado al disolver la roca con ácidos y enzimas, cavar madrigueras y enriquecer capas de minerales son sus heces y residuos.

Hace alrededor de trescientos ochenta millones de años, los bosques cubrían gran parte de la superficie terrestre. Las raíces exploratorias de los árboles y los arbustos, cuyas puntas contenían ácido, fracturaban las rocas, acelerando la producción de tierra al tiempo que la protegían de la erosión anclándolas en su sitio. Una vez que los microbios y los hongos desarrollaron la capacidad de digerir tejidos de plantas duras como la celulosa y la lignina, la vegetación en descomposición se convirtió en uno de los componentes más importantes del suelo, vigorizándolo con nutrientes esenciales. Las hierbas crecieron ya hace cien millones de años y en un momento dado cubrían del 30 al 40 por ciento de la superficie terrestre, creando los suelos especialmente profundos y fértiles que acabaron convirtiéndose en algunos de los graneros del mundo.

Los primeros suelos de la Tierra eran minerales casi en exclusiva, compuestos principalmente de roca y poros llenos de aire y agua. Por el contrario, la mayoría de los suelos del planeta son hoy mezclas complejas de aire, agua, partículas minerales y materia orgánica, un término técnico amplio que incluye a criaturas vivas y sus secreciones y restos ricos en carbono. «La mezcla de materia orgánica descompuesta en la superficie de la tierra, que [...] se hizo más pronunciada hace cuatrocientos millones de años, fue un acontecimiento fundamental en la historia de la Tierra —escribe el científico del suelo Berman D. Hudson en *Our Good Earth: A Natural History of Soil*—. Fue un preludio necesario para el establecimiento del ciclo de carbono moderno».

Rebosante de criaturas procedentes de todos los reinos de la vida —transformado por su actividad continua y saturado con sus residuos—, el suelo se convirtió en una reserva inmensa de carbono, nitrógeno, fósforo y otros elementos vitales, además de en un lugar crucial de intercambio, donde aquellos elementos tenían libertad para moverse entre los vivos y los no vivos y transitar por la roca, el agua y el aire. Uno de los tipos de materia orgánica más importantes del suelo es el humus: una sustancia atractiva, oscura y misteriosa cuya composición precisa aún no se comprende del todo, pero es probable que incluya fragmentos recalcitrantes de células parcialmente descompuestas, proteínas, grasas y carbohidratos enlazados con partículas minerales y agrupados en agregados de tierra. Mientras gran parte de la materia orgánica del suelo se consume en entre días y décadas, el humus es más estable. Los estudios de datación por carbono han demostrado que parte del carbono en el humus y otras formas especialmente resistentes de materia orgánica puede permanecer en el suelo durante milenios. En total, los suelos del planeta almacenan entre 2,5 y 3 billones de toneladas de carbono, alrededor del triple que todo el carbono de la atmósfera y alrededor de cuatro veces más que en toda la vegetación viva.

Los continentes albergan la gran mayoría de la materia viva del planeta, gran parte de la cual se concentra en el suelo. Las plantas son los miembros más grandes del ecosistema del suelo y sus conductos más importantes, pues canalizan el agua de la tierra al cielo al absorber carbono atmosférico en su cuerpo. Las plantas también alimentan con una parte de los azúcares y otros compuestos orgánicos que fotosintetizan a los microbios y hongos micorrícicos en y alrededor de sus raíces. A cambio, los microbios simbióticos y los hongos ayudan a las plantas a absorber agua y nutrientes del suelo.

Junto con las plantas y criaturas relativamente conocidas como las hormigas, las termitas y las lombrices de tierra, toda clase de organismos raros y maravillosos pueblan el suelo, a menudo agrupándose en torno a sistemas radiculares como animales de sabana alrededor de bebederos. Esta colección infravalorada de animales incluye a unos artrópodos diminutos, en ocasiones de colores espectaculares, llamados «colémbolos», que pueden catapultarse más de veinte veces la longitud de su propio cuerpo en una décima de segundo; ácaros oribátidos, cada uno del tamaño aproximado de una décima parte de una lenteja; masas cambiantes de amebas llamadas «moho de cieno»; nematodos transparentes que asemejan lazos, también conocidos como «ascárides»; y animales microscópicos denominados «tardígrados», que parecen ositos de goma con la boca con forma de tubo. Los protozoos, un grupo diverso de criaturas unicelulares, se mueven por las películas de agua situadas dentro de los poros del suelo, retorciendo su interior gelatinoso y agitando sus numerosos apéndices. Una cucharadita de tierra sana contiene una población mucho mayor que el número de humanos vivos en la actualidad. Un solo gramo de tierra fértil puede contener miles de millones de microbios y virus, millones de protozoos y algas, cientos de nematodos, decenas de ácaros y colémbolos y mil metros de hongos filamentosos.

Al igual que la vida, la tierra ha desbaratado todos los intentos de contenerla en una definición breve y precisa. La mayoría de los libros de texto y organizaciones científicas se basan en definiciones largas y enrevesadas de la tierra que enumeran sus múltiples propiedades y se refieran a ella como un material o medio. No obstante, en los círculos científicos dominantes parece existir un creciente reconocimiento de que el suelo puede comprenderse mejor no como un sustrato para la vida, sino más bien como un ente vivo en sí mismo. *Naturaleza y propiedades de los suelos*, uno de los libros de texto de ciencias del suelo más utilizados, afirma que, después de que las rocas de la superficie de la Tierra entraran en contacto con el aire, el agua y la vida, «se transformaron en algo nuevo, en muchos tipos distintos de suelos vivos» y añade que los suelos son «sistemas vivos» cuyos miembros, diversos, «trabajan juntos para funcionar de un modo que se perpetúa y regula a sí mismo».

De un modo similar, el geólogo Gregory Retallack, uno de los principales expertos del mundo en el origen y la evolución de los suelos, escribió: «Tanto el suelo como la vida son interfaces complejas que mantienen un equilibrio dinámico que se sostiene por sí mismo, tomando y devolviendo materiales a su entorno». «Los ritmos de la caída anual de las hojas —continúa—, de fluctuaciones de depredador y presa por décadas y de agotamiento y renovación de nutrientes milenarios son como la danza de músculo y nervio que crean el ritmo del latido de un corazón [...] En algunos sentidos, puede considerarse la vida como suelo que ha crecido».

A medida que adquiría conocimientos acerca de la verdadera naturaleza del suelo, empecé a ver nuestro jardín de un modo distinto. Siempre había pensado en el suelo como en un tipo de tejido terrestre (algo que condicionar) y como en un depósito de nutrientes (algo que reponer). Ahora comenzaba a percibir el suelo de nuestro patio como algo vivo por sí solo. No bastaría con limitarnos a mejorarlo para hacerlo más margoso.[10] Si Ryan y yo queríamos mantener un jardín floreciente en ese paisaje, tendríamos que cuidar de su salud a largo plazo. Debíamos revivir el ecosistema del suelo en el patio de atrás.

Con determinación renovada, nos pusimos a trabajar, centrándonos en intervenciones que nutrirían el suelo con materia orgánica, lo protegerían de la erosión e incrementarían la diversidad de criaturas vivas que contenía. Para conservar el agua y reducir las fugas, instalamos un sistema de riego por goteo. En el rincón sudoeste, Ryan construyó un contenedor de compost. Por todo el jardín, plantamos tantas especies distintas y variedades florales perennes que no podríamos llevar la cuenta sin un registro detallado. Añadimos una capa

10. El suelo margoso, en torno a un 40 por ciento arena, un 40 por ciento limo y un 20 por ciento arcilla, se considera ideal para la jardinería porque resulta fácil de cavar, está bien oxigenado y es permeable.

inaugural de mantillo a los parterres de flores, una práctica que teníamos intención de repetir al menos una o dos veces al año. Empezamos a dejar la vegetación exánime en paz, permitiendo que se pudriera en su sitio. Asimismo, rastrillamos la mayor parte de las hojas que caían en nuestra propiedad para que penetraran en el suelo. Tras la última cosecha, pero antes de la primera helada, sembramos los parterres elevados con una mezcla de legumbres resistentes al frío y hierbas como la arveja, el trébol italiano, los guisantes y la avena para que el suelo nunca estuviese desnudo. En primavera, las cortábamos y dejábamos que se descompusieran.

Basándonos en lo que había descubierto sobre la ciencia del suelo, el único cambio más importante que hicimos fue introducir un gran número de plantas sanas en un paisaje enfermizo. Si de algún modo hubiésemos sido capaces de echar un vistazo bajo la superficie de nuestro jardín y realizar una grabación subterránea de un lapso de tiempo, creo que habríamos sido testigos de un renacimiento extraordinario. A medida que las raíces de las plantas permeaban la tierra y ahuecaban el suelo compacto, se convirtieron en un refugio de microbios y hongos y despertaron procesos durmientes de transformación química y ciclo de nutrientes que llevaban mucho tiempo inactivos. Justo por debajo de nosotros, las micorrizas tejían nuevas redes a medida que las lombrices, las babosas y los artrópodos procesaban grandes cantidades de suelo que convertían en bolas fecales llenas de nutrientes. Los microbios, las algas y los hongos secretaban sustancias pegajosas que se unían a partículas diminutas de tierra en agregados más grandes y espaciados. A medida que se retorcían, se hundían y cavaban túneles, las lombrices, las hormigas y otros animales aireaban el suelo, mezclando las capas y creando amplias redes de canales que las raíces podían explorar. Quizá lo más importante fuera que los microbios y los hongos descomponían los restos de todas las formas de vida, incluidos otros microbios, de modo que enriquecían el suelo con materia orgánica y reponían su reserva de nutrientes esenciales. En primavera, un tapiz de follaje se desenrollaba por el jardín, protegiendo aún más el suelo con mantillo del viento y las condiciones meteorológicas. El carbono fluía de nuevo rápidamente desde el aire para aterrizar a través de pulmones solares. Con el tiempo, el suelo de nuestra propiedad sería más blando, más oscuro y más fértil. Poco a poco, nuestro suelo estaba volviendo a la vida.

De niña, Asmeret Asefaw Berhe rara vez pensaba en el suelo. Durante la mayor parte de su juventud, su país, Eritrea, estuvo en guerra por su independencia. Las primeras líneas del conflicto cambiaban constantemente y a veces se acercaban a la capital, Asmara, donde vivía con sus padres y varios de sus cinco hermanos. Berhe recuerda que las bombas sacudían todos los edificios y resquebrajaban ventanas en la región. No había muchas oportunidades de salir a pasear o a jugar en la tierra. «De joven, no podías salir a vagar por la naturaleza sin más —dice Berhe—. La amenaza de minas terrestres y otros peligros era constante». Aunque su casa tenía un jardín grande, apenas ayudaba a cuidarlo y no veía el suelo más que como un medio para cultivar plantas.

En 1991, cuando Eritrea se independizó, Berhe empezó a estudiar en la Universidad de Asmara, entre los apenas mil universitarios que comenzaban ese año. Por aquel entonces, tenía pensado licenciarse en Química, pues había sido su asignatura favorita durante mucho tiempo, con el objetivo de convertirse en médico a largo plazo. Mientras exploraba sus opciones, sin embargo, quedó intrigada por un curso de introducción a la ciencia del suelo. Por primera vez se le ocurrió que había toda una dimensión del mundo que prácticamente había pasado por alto: el mismo suelo bajo sus pies. En las clases de ciencia del suelo, donde era una de las únicas tres mujeres, Berhe aprendió sobre la composición ecléctica y enigmática del suelo y la asombrosa abundancia de vida que albergaba. «El suelo es el biomaterial más complejo que conocemos en el sistema terrestre —afirma—. Sencillamente no hay nada igual».

Recordaba un trayecto en coche que solía hacer su familia desde Asmara hasta la ciudad portuaria de Massawa. En Eritrea, el viaje era conocido por revelar «tres estaciones en dos horas», según el dicho. El trayecto empezaba en el clima fresco y semiárido de la capital, situada en una meseta a 2.300 metros por encima del nivel del mar. Las carreteras serpenteantes de montaña descendían con rapidez para adentrarse en zonas subhúmedas con bosques frondosos y bancales de labranza, continuaban a través de bosques mucho más secos de acacias y finalmente llegaban a un desierto abrasador y casi sin hojas a lo largo de la costa del mar Rojo. El cambio dramático de paisaje del que había disfrutado durante aquellos viajes en familia, advirtió Berhe, no era un mero fruto de la altitud y la temperatura cambiantes, también se hallaba modelado por las relaciones de reciprocidad existentes entre las criaturas vivas y los suelos específicos de cada ecosistema. El entorno determinaba qué podía crecer, pero a lo largo del tiempo la vida cambiaba el entorno. Biología y geología, suelo y clima... estaban todos estrechamente ligados.

Después de la universidad, Berhe se mudó a Estados Unidos y, con el tiempo, hizo un doctorado en Biogeoquímica en la Universidad de California, Berkeley, donde investigó cómo altera la erosión del suelo el almacenamiento e intercambio del carbono. A medida que avanzaba su carrera, obtuvo un título prestigioso tras otro. En la Universidad de California, Merced, se convirtió en profesora de biogeoquímica del suelo y de la cátedra Falasco de Ciencias de la Tierra y Geología. También trabajó como presidenta del Comité Nacional de Estados Unidos sobre Ciencia del Suelo en las Academias Nacionales. En mayo de 2022, el Senado designó a Berhe como directora de la Oficina de Ciencia para el Departamento de Energía de Estados Unidos.

A lo largo de los años, la profunda conexión entre el suelo y el clima que Berhe había empezado a comprender en la universidad se convirtió en uno de los temas centrales de su investigación. «Históricamente, la velocidad a la que el carbono se ha absorbido de la atmósfera a través de la fotosíntesis y se ha almacenado en el suelo era aproximadamente igual que la velocidad a la que se descomponía y se liberaba de vuelta a la atmósfera —explica Berhe—. Pero las prácticas modernas del uso de la tierra como la deforestación, el cultivo extensivo y la aplicación excesiva de químicos han permitido que entre menos carbono en el suelo, al tiempo que se incrementa la velocidad a la que se libera el carbono. Cuanto más degradamos el suelo, más desajustamos ese equilibrio».

Aparte de eliminar el hábitat nativo y acelerar la pérdida de especies, la modificación de las superficies de tierra del planeta por parte del ser humano —que incluye la deforestación, la agricultura y la producción de alimentos de manera más general, entre otras formas de alteración— es responsable de alrededor de un tercio de las emisiones anuales de gases de efecto invernadero globales. Estas emisiones incluyen cientos de millones de toneladas de metano procedentes de rumiantes y arrozales además de millones de toneladas de óxido nitroso procedentes del estiércol y los fertilizantes sintéticos, los cuales incrementan la temperatura de la atmósfera mucho más que la misma masa de CO_2. A lo largo de los últimos doce mil años, la agricultura ha provocado la pérdida de 116.000 millones de toneladas métricas de carbono procedente de los suelos del planeta, lo que constituye cerca del 17 por ciento de todo el carbono que ha liberado la humanidad a la atmósfera.[11] En un bucle de retroalimentación autoamplificado, el cambio climático agrava la erosión del suelo y la degradación de la tierra, lo que aumenta el nivel del mar e incrementa la frecuencia e intensidad de la sequía y las precipitaciones extremas. «El clima y el suelo son pareja en una danza de milenios —escribe la bióloga Jo Handelsman en su libro *A World Without Soil*—. En su peor momento, el dúo es destructivo [...] En el mejor, el dúo es armonioso, mejora la salud del suelo y estabiliza el clima. En la actualidad, los humanos se hallan posicionados de manera única para restaurar la armonía del dúo».

Restaurar el equilibrio entre la piel, la respiración y los huesos de la tierra requiere transformaciones rápidas y de gran envergadura. Una parte importantísima de semejante empresa consiste en revivir y defender bosques, praderas, turberas, pantanos y otros ecosistemas, en especial aquellos con suelos profundos y vegetación densa.

11. En ciencia y políticas climáticas, los términos «toneladas de carbono» y «toneladas de dióxido de carbono» (CO_2) son utilizados de manera habitual, lo que en ocasiones lleva a confusión. He intentado mantener la mayor concordancia posible en un pasaje determinado del libro. Para convertirlas, recuerda que una tonelada de carbono equivale a 3,67 toneladas de CO_2. Por ejemplo, 116.000 millones de toneladas de carbono equivalen a unos 425.000 millones de toneladas de CO_2, el 17 por ciento de los 2,5 billones de toneladas de CO_2 que ha liberado la humanidad a la atmósfera a lo largo de la historia.

Otra es cambiar la forma en que el mundo produce, transporta y consume comida. Al igual que las infraestructuras energéticas existentes, la agricultura moderna y los sistemas alimentarios requieren una revolución.

Numerosas organizaciones científicas, agronómicas y gubernamentales han propuesto estrategias para llevar a cabo esta reforma, desde frenar el consumo de carne y el desperdicio de alimentos a los supercultivos mediante ingeniería genética. Muchas de las estrategias centradas en el suelo son aplicaciones modernas de métodos agrícolas antiguos. A lo largo de las décadas, estas prácticas se han incluido en distintos enfoques alternativos de la agricultura convencional, como la agricultura de conservación, la agricultura inteligente con respecto al clima y la agricultura regenerativa. Aunque algunos de estos enfoques se definen con más claridad que otros, suelen tener más elementos en común que dispares, pues se basan en los tres mismos principios fundamentales: minimizar la alteración del suelo, maximizar la protección del suelo y enfatizar la diversidad. La idea es agitar el suelo lo menos posible al tiempo que se alimenta una cubierta semipermanente de vegetación viva diversa. Comparados con el monocultivo con arado, estos principios ayudan a mantener la estructura del suelo, incrementar la materia orgánica, conservar el agua, mejorar la resistencia de los cultivos y mantener la vida silvestre.

Reducir la alteración del suelo normalmente significa dejar la tierra de labranza sin cultivar a lo largo de grandes extensiones o eliminar la labranza por completo. Los agricultores que practican la agricultura de labranza cero o de labranza mínima a menudo dependen de herbicidas selectivos para matar las malas hierbas sin arrancarlas de raíz. También siembran con sembradoras, que practican finas muescas en el suelo, a veces a través de los restos de cultivos quemados, y dejan caer semillas en ellas. Una de las formas más efectivas de proteger el suelo agrícola de la erosión es plantar cultivos de cobertura, por lo general legumbres y hierbas que se siegan en otoño, a las que se permite madurar en verano y a principios de primavera, luego se cortan y se dejan descomponer, con lo que se reponen las reservas de carbono, nitrógeno, fósforo y otros nutrientes esenciales. Capas de compost y mantillo funcionan también tanto como armadura física como fuentes complementarias de materia orgánica. La práctica de cultivar una gran variedad de especies de plantas y rotar entre cultivos diferentes estación tras estación preserva los nutrientes del suelo, impide que las poblaciones de plagas y malas hierbas crezcan demasiado y reduce las posibilidades de perder toda una cosecha por un solo patógeno.

El Panel Intergubernamental sobre el Cambio Climático (IPCC, según sus siglas en inglés) calcula que una combinación de la restauración del ecosistema y la agricultura de conservación, entre otras intervenciones basadas en la tierra, podría secuestrar entre 2 y 4 mil millones de toneladas de carbono al año. De un modo similar, Rattan Lal, reconocido científico del suelo, ha calculado que la gestión mejorada de los ecosistemas terrestres de todo el planeta, incluidos los prados y las tierras de cultivo, tiene el potencial de capturar y almacenar 333.000 millones toneladas de carbono para el año 2100, lo que devolvería a la atmósfera a niveles preindustriales de dióxido de carbono. En muchas partes del mundo, los agricultores aplican cada vez más los principios fundamentales de la agricultura de conservación. En cuanto a 2017, en el 37 por ciento de las tierras de cultivo de Estados Unidos se utilizan métodos de labranza cero, lo que supone un incremento de alrededor del 8 por ciento desde 2012. Durante el mismo periodo, el uso de cultivos de cobertura en Estados Unidos se incrementó un 50 por ciento, desde los 4,1 millones de hectáreas hasta los 6,2 millones, aunque no constituye más que el 5 por ciento de las tierras de labranza nacionales. A nivel global, la superficie de cultivo de agricultura de conservación se triplicó entre 2000 y 2019, de unos 65 millones de hectáreas a más de 500 millones, comprendiendo el 14,7 por ciento de las tierras de labranza del mundo.

Aunque existe un amplio consenso en la comunidad científica en que la labranza mínima, los cultivos de cobertura, la biodiversidad mejorada y otros principios de la agricultura de conservación tienen numerosos beneficios para el suelo, la gente y la fauna, las afirmaciones de que estas prácticas pueden secuestrar suficiente carbono para mitigar el cambio climático son más controvertidas. Cuantificar de manera fiable el almacenamiento de carbono en el suelo a lo largo de periodos prolongados es un reto, en parte porque las composiciones moleculares precisas del humus y otras formas de materia orgánica estable son difíciles de distinguir.[12] Algunos expertos sostienen que, debido a varios problemas metodológicos, los estudios del suelo a menudo no logran simular las condiciones de las distintas granjas del mundo y a la larga infravaloran el potencial del suelo para almacenar carbono. Hallazgos recientes apuntan, sin embargo, a que a medida que aumenta la temperatura del planeta, algunos tipos de suelo pueden perder aún más capacidad para almacenar carbono de lo que se había calculado previamente.

También hay realidades económicas que afrontar. La agricultura de conservación puede resultar rentable a largo plazo porque mejora la productividad de una granja y reduce la necesidad de adquirir grandes cantidades de fertilizantes, herbicidas y gasolina. Pero llegar a ese punto requiere una inversión de capital inicial considerable que muchos agricultores no tienen. Del mismo modo, los numerosos agricultores que alquilan la tierra no siempre están dispuestos a hacer tales inversiones, aunque puedan. Los márgenes de error en la agricultura son tan reducidos que el beneficio a corto plazo a menudo eclipsa todo lo demás. En las sucintas palabras de Emma Marris, escritora medioambiental, «los gobiernos deben pagar a los agricultores para que fortalezcan el suelo». Como explica Marris, algunos países «ya han empezado a avanzar hacia un modelo en el que los agricultores son menos comerciales independientes que cultivan y venden alimentos y más administradores de la tierra que, con apoyo del gobierno, logran una mezcla compleja de producción alimentaria, fertilidad del suelo, hábitat de la vida silvestre y más».

En África, una crisis de degradación de la tierra ya ha forzado cambios drásticos en los sistemas agrícolas. Para finales de 1970, la sequía prolongada y el suelo empobrecido habían resultado en una

12. Algunos estudios sugieren, por ejemplo, que la labranza reducida no siempre aumenta el carbono total, sino que mueve el carbono a capas más altas de suelo, donde es más fácil de medir. En determinadas situaciones, añadir materia orgánica al suelo puede fomentar la actividad de microbios que liberan CO_2 y óxido nitroso a la atmósfera. No obstante, otros experimentos han mostrado el efecto exactamente contrario.

hambruna grave en el Sáhel, una franja vasta semiárida de hierba, sabana y bosques situada justo por debajo del Sáhara y que se extiende desde Senegal, en el oeste, hasta Eritrea, en el este. Durante generaciones, los agricultores habían talado árboles y arbustos de manera regular en sus propiedades hasta reducirlos a meros tocones, lo que dejaba el suelo árido y vulnerable a los elementos. Desde principios hasta mediados de la década de 1980, con la orientación del agricultor y misionero Tony Rinaudo, pequeños agricultores de Níger empezaron a regenerar y cosechar de manera selectiva los bosques raquíticos de sus tierras. Al hacerlo, redescubrieron los numerosos beneficios de una forma antigua de agricultura: la agroforestería, la integración intencionada de árboles y arbustos en cultivos y pastos. Los árboles estabilizaban el suelo, protegían los cultivos de los fuertes vientos, ofrecían sombra en épocas de calor extremo y proporcionaban una fuente conveniente de leña y forraje para el ganado. Árboles leguminosos como la acacia y sus compañeros microbianos también convertían el nitrógeno atmosférico en formas más útiles biológicamente. Una especie, la *Faidherbia albida* o acacia blanca, era una compañera de cultivo particularmente buena debido a su estilo de vida peculiar: al inicio de la lluviosa época de cultivo, perdía las hojas y entraba en un estado durmiente, de modo que fertilizaba el suelo y permitía que llegara luz a los cultivos. Algunos estudios han descubierto que cuando el mijo crece junto a la acacia blanca, la producción prácticamente se duplica. Con el tiempo, este tipo de agroforestería en particular se dio a conocer como regeneración natural administrada por los agricultores.

Entre 1975 y 2004, el número de árboles en el valle Zinder de Níger se incrementó más de cincuenta veces. En cuanto a 2009, los agricultores del sur de Níger practicaban la agroforestería en 5 millones de hectáreas y producían 500.000 toneladas de cereales adicionales al año. Prácticas similares se han extendido ahora a Burkina Faso, Mali, Senegal, la India e Indonesia entre otros países. Chris Reij, especialista en gestión sostenible de la tierra, ha descrito la regeneración natural gestionada por los agricultores como «probablemente la transformación medioambiental positiva más grande en el Sáhel y, quizá, en toda África». De un modo similar, un análisis científico reciente de la agricultura regenerativa concluyó que, entre todas las prácticas asociadas, «la agroforestería en sus múltiples formas quizá tenga el mayor potencial de contribuir a mitigar el cambio climático a través de la captura [de carbono] tanto en la superficie como bajo tierra».

—La degradación de la tierra es una crisis grave a la que gran parte del mundo no ha despertado —me dijo Berhe—. Necesitamos el sistema del suelo para continuar proporcionando alimento, combustible y fibra y todos los servicios ecológicos que hacen que nuestro planeta continúe siendo habitable. Pero no podemos esperar que el suelo siga cumpliendo si no dejamos de exprimir sus recursos sin compensarlo. Sabemos que hay muchas formas de cultivar al tiempo que se preserva la salud del suelo e incluso se secuestra una cantidad significativa del carbono. Ahora necesitamos usarlas para alcanzar un consenso.

Mientras escribo esta frase, nuestro jardín de Portland se acerca a su tercer año de vida. Su metamorfosis nos ha asombrado.

A finales del otoño de 2020, esparcí una mezcla de semillas de flores silvestres en la mitad este del jardín delantero y las cubrí con paja y malla de alambre para protegerlas de los pájaros y las ardillas. En apenas unas semanas, las semillas estaban germinando y formaban un tapete denso de plantas jóvenes. Sobrevivieron al frío del invierno y crecieron con vigor cuando subieron las temperaturas. Hacia abril, el prado era un mar de ojos azules de bebé. Hacia mediados de mayo, cientos de amapolas rojas e hinchadas se veían empujadas por el viento junto con esbeltos acianos de color añil. En junio, montones de *Clarkias* rosas y *Coreopsis* amarillas iluminaron la paleta.

Antes de que pudiéramos plantar el jardín de atrás por completo, necesitábamos proporcionarle algo más de estructura. Aparte de construir los parterres elevados al fondo, Ryan, que tiempo atrás había trabajado para una empresa de paisajismo y había aprendido carpintería por su cuenta, diseñó y construyó una valla de cedro con una verja central y erigió un cenador de rosas, además de espalderas para parras, frambuesas y un manzano en espaldera con múltiples variedades injertadas en un solo tronco. También terminó el enorme rompecabezas que era nuestro serpenteante camino de baldosas.

Entretanto, yo había estado estudiando la construcción de estanques. Introdujimos un gran revestimiento de plástico en el agujero que había cavado Ted y finalmente lo llenamos con cerca de un metro de agua y macetas que contenían espigas de agua, sagitarias, apio de agua, nomeolvides, estrellas blancas y nenúfares de flores rojas. Siguiendo el consejo de «estanqueros» ávidos en un foro web al que me había unido, también me dispuse a hacer un filtro de pantano: una cubeta elevada más pequeña con una capa de rocas y llena de piedrecitas y plantas que crecen muy bien en condiciones pantanosas, como juncos, flores de cardenal y ajos silvestres. Con la ayuda de una bomba y tuberías subterráneas, el agua discurría bajo tierra desde el estanque hasta el filtro y regresaba al estanque a través de una pequeña cascada. La circulación constante aireaba el agua mientras la maraña de raíces de filtro la filtraba, absorbiendo la mayor parte de los nutrientes y, por consiguiente, limitando el crecimiento de las algas.

Al otro lado del sendero, colocamos piedras en torno a un peñasco central y las intercalamos con plantas adaptadas a condiciones de calor y sequedad incluidas suculentas, jaras, cardo marino, conizas y santolinas. Cerca de la parte delantera y central, plantamos un olivo de arbequina, una variedad que crece especialmente bien en nuestro clima y produce racimos de frutos oscuros y aromáticos. En un largo arco que trazaba la circunferencia del jardín de rocas, esparcí semillas de amapolas de California, como había hecho delante. Para el primer verano, las rocas eran un carnaval constante, atestado de colores y con un zumbido permanente de abejorros alborozados.

En los espacios abiertos que quedaban, plantamos sobre todo especies duras que toleraran la sequía como lavanda, *Penstemon*, *Agastache*, *Rudbeckia*, *Echinacea paradoxa*, *Geum*, *Scabiosa* y campánula. En algunas de las zonas más frescas y menos castigadas por el sol, no obstante, incluimos algunas favoritas que prefieren la humedad: aguileñas con flores de tallo dorado que hienden el aire como estrellas fugaces y peonías de fragancias intensas que florecen en los tonos más deliciosos del amanecer. Aunque trajimos algunas plantas más enraizadas de nuestra casa anterior, más de la mitad eran nuevas incorporaciones compradas en viveros locales en macetas de 4 litros o contenedores de 10 centímetros. Aun así, en tan solo dos años, la mayoría habían multiplicado con creces su tamaño. En lados opuestos del jardín, más o menos en línea con el olivo de arbequina, plantamos malvas gigantes con flores similares a las del hibisco y un crespón en el que a finales del verano bullen unas flores rosas que parecen de papel. Las malvas, de no más de 1 metro de altura cuando las plantamos en el suelo, miden ahora casi 3 y son el triple de anchas; asimismo, ambos árboles han sobrepasado los 2 metros.

Mientras que yo me he concentrado en cuidar del prado, el estanque, la rocalla y las perennes en flor, Ryan ha asumido la responsabilidad principal de la sección culinaria del jardín. Desde los parterres elevados del centro, ha mimado junglas de tomateras y bosques de maíz; fanegas de zanahorias, berenjenas y judías verdes; calabazas a montones; un suministro casi anual de kale y lechuga, y aproximadamente suficientes calabacines para abastecer a varias cadenas nacionales de supermercados. En macetas esparcidas por todo el jardín, además de en los parterres elevados y entre ellos, cultivamos romero, tomillo, perejil y otras hierbas.

Una de las mayores alegrías que nos ha dado el jardín es la fauna que atrae continuamente. Cuando compramos la casa, las únicas criaturas salvajes que vimos en el patio con cierta regularidad eran arañas que se arrastraban por la hierba. Los animales no tenían muchos motivos para visitarlo. Hacia mediados de verano ese primer año, el jardín hervía de actividad insectil. Algunos de los primeros insectos que advertí que llegaban fueron los tejedores que surcaban la superficie del estanque. Poco después, las libélulas acudían a calentarse en los juncos y volaban a toda velocidad por el jardín en arcos elásticos, con la luz del sol destellando en sus finas alas. Mariposas con alas grises de gasa, de la naba, bivoltinas y cometa empezaron a revolotear entre las flores. Los pájaros se bañan en el pequeño pantano de manera habitual y buscan comida en la maleza. En otoño, los jilgueros descienden hasta las cabezas de semillas de aciano, *Echinacea paradoxa* y *Rudbeckia* bicolor. En invierno, gorriones gorridorados, juncos pizarrosos y rascadores moteados saltan por el estanque medio helado para beber de la cascada. Los colibríes lo visitan todo el año y buscan alimento dulzón donde puedan encontrarlo, ya sea en las trompetas de un *Penstemon* de color azul eléctrico o en las pequeñas flores malvas que salpican un romero de floración tardía. También han aparecido mamíferos: ratones saltadores del Pacífico se han hecho un hogar en el rincón sudoeste del jardín, y una cámara de vigilancia que instalamos ha grabado a una familia de mapaches que retoza en el estanque por la noche y cuela las garras en todos los recovecos.

Le he tomado un cariño especial a las abejas. No solo las de la miel, que son una especie europea domesticada, sino también la multitud de especies singulares, y a menudo pasadas por alto, nativas de Norteamérica: las abejas silvestres de coraza esmeralda iridiscente, los megaquílidos que nidifican bajo tierra con círculos pulcros cortados en el follaje y las abejas cardadoras macho que vigilan sin descanso la flor escogida como drones centinelas.

Donde tiempo atrás no había ni una hormiga, ahora resulta difícil cavar incluso un hoyo superficial para un bulbo de crocus sin descubrir un capullo, un filamento fúngico o varias lombrices largas y rechonchas. Sin embargo, no podemos llevarnos el mérito de la revitalización de nuestra tierra. Nosotros iniciamos el proceso, pero otras formas de vida han desarrollado la mayor parte del trabajo.

No obstante, no son imaginaciones nuestras que el suelo se haya transformado por completo en menos de tres años. Sigue habiendo zonas de arcilla con gravilla, a un paso de tierra dura. Las pruebas de laboratorio indican que, pese a que nuestro suelo tiene niveles de potasio y fósforo sorprendentemente altos —importantes para la floración—, todavía presenta un déficit de nitrógeno. Mantener una base robusta de raíces vivas y un manto de vegetación constante, en combinación con cubrir con mantillo, hacer compost y plantar cultivos de cobertura, sin duda mejorarán la estructura y la fertilidad del suelo, pero el proceso tiene un límite de velocidad, incluso con nuestra ayuda. En nuestra experiencia con la jardinería tampoco han escaseado los retos, problemas y fracasos. Perdimos algunas de las plantas más delicadas debido al calor, la sequía, tormentas de hielo y heladas anormales para la época del año. Hierbas vigorosas empiezan a atestar el prado de flores silvestres. Y los mapaches han derribado y hecho pedazos las plantas de los márgenes del estanque tan a menudo que he decidido plantar solo especies para aguas profundas con el fin de que no las dañen con tanta facilidad.

Un jardín es una negociación perpetua. El que estamos ayudando a crear no es aquello hacia lo que avanzaría el paisaje sin nuestra intervención. Si dejásemos la tierra a su aire, no tardaría en verse poblada por una variedad de plantas nativas y las denominadas «malas hierbas» y, con tiempo suficiente, quizá se convirtiese en algo como las praderas y sabanas tachonadas de robles que cubrían esta región hace siglos. En lugar de eso, nuestro jardín se ha desviado de nuestra visión original de muchas maneras a medida que las idiosincrasias de nuestra propiedad, y las formas de vida que ahora la habitan, nos han empujado a comprometernos y adaptarnos. La horticultura constituye un compromiso con una forma de coevolución, no solo con plantas y polinizadores, sino también con raíces y hongos, microbios y microfauna, sol y suelo. Nuestro jardín no es solo nuestro: es una actuación colaborativa e improvisada por un conjunto variopinto de criaturas, a algunas de las cuales conocemos bien, a otras no las vemos nunca.

La idea de que la Tierra en sí es un jardín es una de las metáforas más antiguas de las que tenemos constancia, con numerosas iteraciones en culturas de todo el mundo. Sin embargo, la interpretación científica moderna de nuestro planeta como un sistema vivo vasto e interconectado replantea la metáfora de un modo importante. Históricamente, en especial en la cultura occidental, el mundo se ha retratado como un jardín pasivo: un lugar idílico preformado sobre el cual tenemos control absoluto o una tierra virgen peligrosa que debemos moldear y domar. Según el mito y la religión, el origen más remoto de la munificencia de la Tierra a menudo se atribuye a un poder superior, externo o pendiente de explorar. Pero, durante la mayor parte de su historia, la Tierra no fue nada parecido al paraíso relativo del que nuestra especie y tantas otras han disfrutado. Y, lejos de ser pasiva, la Tierra y las criaturas que la constituyen son agentes en su propia evolución.

La Tierra es un jardín que se ha sembrado solo, se ha nutrido solo y, a través de formas de vida sensibles, con el tiempo ha cobrado conciencia de sí mismo: un jardín comunitario en cuya creación y mantenimiento participan todos sus miembros, tanto de forma consciente como inconsciente. Como todos los jardines, la Tierra se ha visto sometida a catástrofes sobre las cuales no tenía ningún control; como todos los jardineros, las criaturas de la Tierra han socavado el mismo sistema del cual dependen, a veces empujándolo hasta el borde del colapso. En conjunto, la vida y el entorno —jardín y jardineros— han desarrollado relaciones que favorecen la subsistencia mutua. Estos vínculos recíprocos han hecho la Tierra sorprendentemente resistente a lo largo de periodos de tiempo tan vastos que no podemos comprenderlos en realidad.

Nuestra especie lleva cientos de miles de años aprendiendo a cuidar mejor no solo de nuestros jardines particulares, sino también del jardín planetario del que formamos parte. A pesar del don y la carga de nuestra autoconsciencia, nuestro progreso no ha sido en absoluto lineal. La sabiduría antigua se ha perdido, ignorado y redescubierto. La crisis ha impuesto tanto el error como la innovación. Hoy sabemos más que nunca de las intrincadas interdependencias ecológicas que mantienen nuestro planeta con vida. Nunca ha sido más importante aplicar ese conocimiento: rechazar la idea de que somos amos del planeta al tiempo que aceptamos nuestra enorme influencia en él, reconocer que nosotros y todas las criaturas vivas somos miembros del mismo jardín y aceptar nuestro papel como uno de sus numerosos administradores, darnos cuenta de que nuestra existencia continuada en este mundo no es una certeza absoluta. No somos más que uno de innumerables organismos que reptan por la piel de una roca viva, envuelta en una capa de aire que gira en el vacío del espacio a una velocidad insondable. El universo es indiferente a nosotros, se mueve inexorablemente hacia un estado de entropía máxima en el que planetas vivos como el nuestro —en el que la vida de cualquier tipo— serán imposibles. La tierra es una hermosa rebelión y un milagro precario: un jardín en el vacío.

Una mañana, tras una rara lluvia veraniega, salí al jardín. Pequeñas gotas de agua, lisas y luminosas como el cristal, se aferraban a cada hoja y cada ramita. Un delicado aroma a tierra, como de remolachas recién recogidas, permeaba el aire. Matas de musgo antes grises habían pasado a ser verdes y esponjosas. Cerca del estanque, bajo las malvas, un petirrojo lanzaba hojas al aire, buscando comida.

Cuando me arrodillé junto a la ciénaga para registrar el algodoncillo en busca de huevos de mariposa monarca, advertí el papel cebolla de una libélula que había mudado la piel recientemente pegada todavía al tallo de un junco. Justo debajo, donde la cascada impactaba en la superficie del estanque, se formaban y rompían burbujas. Cada una era un espejo diminuto redondeado en el que captaba atisbos de mi reflejo deformado, los contornos de los árboles y las flores y las nubes del cielo. En cada burbuja, una versión distinta del jardín; en cada una, uno de muchos mundos posibles.

SEGUNDA PARTE

AGUA

4

Células marinas

Cuando llegamos al puerto de Wickford, en North Kingstown, Rhode Island, una mañana de junio temprano, el mar estaba moderadamente en calma, con un velo metálico, como una hoja arrugada de papel de aluminio que hubieran intentado alisar. Vitul Agarwal, un joven oceanógrafo, me saludó desde el lado de un barco pesquero de arrastre con el nombre Cap'n Bert pintado en el casco. Vestido con vaqueros y un jersey con estampado de rombos, Agarwal me recibió a bordo y me presentó al capitán, Steve Barber, cuyo cabello gris se derramaba desde la parte posterior de una gorra de béisbol.

Unos minutos más tarde, avanzamos lentamente hasta la bahía de Narragansett mientras cogíamos velocidad al salir del puerto. El sol pendía bajo, oscilante, y dejaba caer pétalos de luz en el agua. Justo detrás del barco, el mar se agitaba en tonos de color pera y cocodrilo.

—Creo que hoy vamos a encontrar un montón ahí fuera —dijo Agarwal, con un gesto hacia la estela espumosa.

—¿Por el color? —pregunté. Asintió.

No tardamos en llegar a nuestro destino, una de las zonas de mayor profundidad de la región relativamente somera de la bahía por la que transitábamos, de apenas 6,5 metros. Todas las semanas desde 1957, en uno de los estudios más prolongados de su tipo en cualquier parte del mundo, los científicos han llegado a ese punto exacto para estudiar algunas de las formas de vida más abundantes e importantes: criaturas tan pequeñas que la vasta mayoría resultan invisibles a simple vista y, aun así, tan esenciales para los ecosistemas de la Tierra que nuestro planeta sería prácticamente estéril sin ellas, criaturas que llamamos plancton.

El plancton, del término griego *planktos* para «vagar» o «ir a la deriva», es un conjunto amplio y diverso de organismos que habitan el agua que tiende a fluir con las mareas y corrientes. Casi todos los entornos líquidos del planeta albergan plancton: el océano, por supuesto, pero también los ríos, lagos, pantanos, géiseres, estanques, charcos e incluso las gotas de lluvia. Aunque se define por su tendencia a ir a la deriva, el plancton no es del todo pasivo; muchos se mueven de forma local a una velocidad y con un vigor impresionantes, y algunos realizan épicas migraciones verticales diarias entre las profundidades y los bajíos, ajustando su capacidad para flotar. El número total de especies planctónicas, aunque desconocido, ronda, en un cálculo conservador, los cientos de miles. Aunque la mayoría miden menos de 3 centímetros de largo y a menudo son microscópicos, algunos animales de gran tamaño también se clasifican como plancton por el hecho de nadar con tanta languidez. Las bacterias y virus pueblan el extremo más reducido de la gama del plancton. Algunas medusas y sus parientes, entre los cuales los hay que miden más de 40 metros con los tentáculos completamente extendidos, habitan el otro. Entre sacudidas, un despliegue de criaturas extrañas y maravillosas, muchas de las cuales son poco conocidas y apenas se han estudiado, a pesar de su poder para cambiar el planeta.

Agarwal se puso unos guantes de goma de color verde claro y cogió lo que parecía una red de mariposas tan grande que resultaba cómica y tejida con una delicadeza increíble a la que le faltaba el mango. Un aro metálico abría la boca de la red, mientras que la estrecha malla concluía en un pequeño tarro de plástico conocido como «copo».

—Esta es una de las muestras que recogeremos, concentraremos y preservaremos para el futuro —me dijo Agarwal—. El objetivo es que el agua pase por la red y las cosas queden atrapadas en este pequeño copo. Antes de nada, queremos hacer que se hunda.

Bajó la red por el costado del barco con una cuerda y la introdujo en el agua repetidas veces, como mojaría una bolsita de té en una taza de agua caliente hasta que se hundiese por su propio peso. La red se hinchaba con obstinación cerca de la superficie.

—Lo ideal sería que cuando hay una corriente... —empezó a decir Agarwal, cuando la red se enderezó de repente—. Allá vamos. ¿Ves? Va a extenderse. —La parte más grande de la malla no tardó en hundirse y perderse de vista.

Agarwal preparó unas redes más, cada una de las cuales tenía poros de distinto tamaño que variaban de los 20 micrones, alrededor del diámetro de un glóbulo blanco, hasta los 1.000 micrones, apenas el tamaño de un grano de arena grande. Colectivamente, las redes atraparían un conjunto variado de organismos minúsculos, algunos de los cuales Agarwal llevaría de vuelta al laboratorio. Tras esperar durante un cuarto de hora más o menos, tiró de una de las redes hasta el barco de nuevo, retiró el copo y volcó el contenido a través de un filtro hasta otro receptáculo de plástico. A primera vista parecía poco más que agua salpimentada con polvo. Al observarlo de cerca, sin embargo, me quedó claro que el agua tenía vida. Las manchas oscuras que había tomado por polvo no se limitaban a flotar, se retorcían. Además, las partículas diminutas giraban y chisporroteaban. Varias medusas del tamaño de una moneda de diez centavos palpitaban cerca de la superficie del contenedor, tan diáfanas que parecían cobrar vida y abandonarla con la luz cambiante.

—Ahora voy a concentrar todo esto ahí dentro —dijo Agarwal, señalando un contenedor de cristal que parecía un tarrito de mermelada. Vertió cuidadosamente la muestra de un recipiente al otro, pasándola por una serie de filtros. Mientras trabajaba, dejó a un lado la mayor parte del agua clara que pasaba con facilidad por los filtros y se centró en el fluido más turbio que quedaba atrás. El proceso me recordó, una vez más, a la preparación del té —en este caso, de hoja suelta—, salvo porque el objetivo era saborear los posos y descartar todo lo demás.

Para cuando Agarwal terminó de concentrar la muestra en el tarrito de cristal, había desarrollado la tonalidad melosa de la sidra de manzana. Miles de criaturas diminutas —con forma de discos, botes de remos y bumeranes— se movían por voluntad propia. Algunas saltaban a través del agua, como pulgas, casi como si se teletransportaran de una posición a otra. Otras se deslizaban con un aire tan líquido como mantarrayas o hacían ademán de perforar como si excavasen un túnel. Es probable que muchas de aquellas motas activas fuesen crustáceos diminutos conocidos como «copépodos», me contó Agarwal, y constituían una pequeña parte de la vida que contenía el vial. El líquido, ámbar y turbio, estaba lleno de seres vivos demasiado pequeños para distinguirlos sin microscopio.

—Por cada plancton que ves, hay al menos diez, quizá cien, que no ves —me dijo Agarwal—. Y esto es solo una muestra. —Me miró con los ojos muy abiertos, luego miró el mar—. Ahora piensa en la cantidad de vida que contiene el agua.

En los primeros quinientos millones de años aproximadamente, a medida que las lluvias torrenciales sumergían las incipientes masas continentales, la Tierra era un auténtico mundo acuático, completamente cubierto por el primer océano, salvo por algunas islas volcánicas. Hoy los océanos siguen cubriendo más del 70 por ciento de la superficie del planeta y contiene más del 96 por ciento de toda el agua de la Tierra. Al principio, el océano puede que no fuese especialmente salado. Con el tiempo, la lluvia, el viento, el hielo y la turba erosionaban la corteza continental, cada vez más gruesa, liberando minerales y sales como iones de sodio y cloruro, que fluyeron al mar. Cuando el agua del mar se evaporaba, la sal quedaba atrás y se acumulaba de forma constante.[13] El océano, entonces, es una infusión híbrida, en parte atmosférica y en parte terrestre en su composición. El océano es el gran caldero de la Tierra, su recipiente de mezclas, donde las tres esferas principales del planeta convergen y sus elementos se unen.

Esta posible escasez de sal es solo uno de los múltiples aspectos en que el océano antiguo nos habría parecido extraño. Al igual que los continentes y la atmósfera son en cierta medida constructos bio-

13. La salinidad media del océano ha cambiado a lo largo de la historia de la Tierra y varía según la geografía, aunque por motivos que aún no se han aclarado por completo, los numerosos procesos que suman y restan iones al océano hoy en día se hallan más o menos equilibrados, lo cual mantiene el océano en su nivel actual de salinidad.

lógicos, muchos de los rasgos que han definido el océano a lo largo de la historia de la Tierra fueron el resultado de la vida que albergaba. Aunque los organismos marinos unicelulares evolucionaron relativamente pronto después de la formación del planeta, las criaturas mucho más grandes y complejas tardaron varios miles de millones de años en surgir. En el ínterin, es posible que distintos grupos de microbios que se multiplicaban hayan, en varios momentos, teñido partes del mar de verde, rojo óxido, púrpura rosáceo, negro o de un blanco lechoso cuando ellos y sus subproductos metabólicos reaccionaron con la química primordial del océano. Hace unos quinientos treinta millones de años, durante la explosión cámbrica, el primer pez empezó a poblar el mar, lo que revolucionó las redes tróficas marinas. Pero la vida tardaría aún más en ayudar a establecer lo que reconocemos como química oceánica moderna, una transición fundamental de la cual acabaría dependiendo toda la vida terrestre. Los participantes vivos más importantes en esta transformación global no fueron los peces ni otras criaturas oceánicas relativamente grandes e icónicas, sino las más pequeñas y humildes entre ellas: el plancton.

Antes de trasladarme a Rhode Island, en un esfuerzo por familiarizarme con los habitantes más diminutos del océano, disfruté de muchas horas observando fotos de plancton, cautivado por su belleza. Al igual que las criaturas marinas más grandes y conocidas, el plancton a menudo depende de conchas y esqueletos para apoyarse y protegerse. La diversidad y la complejidad escultural de estas estructuras resultan sorprendentes, superando a cualquier galleta de mar, vieira o caracol. Visto de cerca, parte del plancton parecen candelabros, cestos de mimbre o dulces de azúcar hilado. Otros parecen las aspas de un molino de viento, rodajas de cítricos o cintas de caramelo. Aún los hay que recuerdan a piñas, arpones, agujas de tejer, *tees* de golf serpenteantes, setas invertidas, tajadas de arcoíris y fuegos artificiales congelados en pleno estallido. Inspirados por esta belleza caleidoscópica, algunos naturalistas del siglo XIX crearon mosaicos y mandalas exquisitos al disponer plancton como joyas sobre portaobjetos de cristal, cada uno con un solo pelo de caballo u oso. Estas maravillas en miniatura se vendieron por altos precios a coleccionistas y deleitaron a los invitados de salones victorianos. Aunque las fotografías modernas de alta resolución que examiné con detenimiento eran impresionantes, yo también quería experimentar la fantasmagoría del plancton de primera mano, lo que significaba que necesitaría acceso a un microscopio bastante potente y a alguien que supiera usarlo.

La tarde después de tomar las muestras de plancton en la bahía de Narragansett, conocí a Agarwal en la Escuela de Oceanografía de la Universidad de Rhode Island, que estaba a apenas unos pasos de la orilla. Lo encontré encorvado sobre un microscopio en el laboratorio en el que pasaba muchas horas largas cada semana contando e identificando plancton. Junto a él había varias guías de campo desgastadas con dibujos detallados de botones de plástico enormes, cada uno etiquetado con una especie diferente, lo que le ayudaba a comprender cómo la composición de la población de plancton de la bahía cambiaba con el tiempo. A nuestra espalda se encontraba parte del archivo de plancton, de seis décadas, de la universidad. Agarwal abrió una de las cajas y extrajo algunos viales de cristal, cuyo contenido líquido variaba desde el azafrán hasta la nuez y el musgo verde. Cada vial contenía una muestra de plancton suspendida en yodo, que preservaba sus estructuras celulares para que pudieran examinarse en el futuro.

Agarwal me invitó a sentarme delante del microscopio y a observar parte del plancton que habíamos recogido ese mismo día temprano. Un monitor cercano conectado al microscopio exhibía las imágenes magnificadas, lo cual nos permitía ver la misma simultáneamente. Mientras ajustaba los mandos para enfocar, apareció una criatura larga y segmentada cubierta de espinas que me recordó de inmediato a un ciempiés.

—Es un *Chaetoceros* —dijo Agarwal.

Cada segmento, me explicó, era un plancton fotosintético unicelular con un caparazón de sílice cubierto de púas que se había unido a esta colonia similar a una cadena. Otros ejemplares de plancton en los portaobjetos que inspeccionamos parecían pequeñas almendras cortadas, mancuernas, estrellas de árbol de navidad deslucidas y aceitunas de Martini pinchadas en un palillo. Con el tiempo, encontramos uno que se parecía a un carámbano sumamente delicado.

—Esta cosa alargada parecida a una aguja es fitoplancton, es probable que otra diatomea —dijo Agarwal mientras pasaba las páginas de un folleto amarillento titulado «Guía al fitoplancton de la bahía de Narragansett, Rhode Island», mientras intentaba encontrar una coincidencia con la especie—. La vida es... —hizo una pausa— complicada.

Debido a que el término «plancton» engloba todo un conjunto bastante diverso de organismos que flotan por el árbol de la vida, en lugar de un conjunto discreto de especies estrechamente emparentadas, los científicos los han clasificado en numerosos sistemas que se superponen. En términos generales, el plancton se clasifica en dos grandes categorías —el fitoplancton, similar a una planta, y el zooplancton, similar a un animal—, aunque existen bastantes con características de ambos. Las cianobacterias y otro fitoplancton microbiano que habita en los océanos son los fotosintetizadores originales de la Tierra. En la actualidad, cerca de la mitad de todas las fotosíntesis del planeta ocurren dentro de sus células. A pesar de su ubicuidad, el fitoplancton sigue guardando muchos misterios. No fue hasta la década de 1980 cuando los oceanógrafos Sallie «Penny» Chisholm, Robert Olson y sus colegas llevaron un contador celular equipado con láser al mar y descubrieron una especie de cianobacteria llamada *Prochlorococcus*, que resultó ser la criatura fotosintética más pequeña y abundante del planeta. Se calcula que existen unas veinte mil células de *Prochlorococcus* en una gota de agua de mar —y tres mil cuatrillones en la Tierra—, aunque son tan diminutas que nadie las había visto antes.

Las algas unicelulares conocidas como «diatomeas» comprenden otro grupo extendido de fitoplancton. Estas tienen un exoesqueleto de cristal: se revisten de cápsulas rígidas, perforadas y a menudo iridiscentes, de sílice, el componente principal del cristal, que encajan entre sí con la misma precisión que dos trozos en una caja de galletas. Otro grupo de microalgas, los cocolitóforos, también se enfundan una armadura, hecha no de cristal, sino de caliza. Construyen caparazones superponiendo escamas de carbonato de calcio, el mineral del cual se componen la caliza y el mármol, y que tiempo atrás se utilizaba para escribir en las pizarras.[14]

14. La tiza moderna utilizada en las aulas y las aceras normalmente está hecha de yeso.

Al igual que las plantas forman la base de la cadena trófica en la tierra, el fitoplancton nutre los mares. El zooplancton se come a sus primos verdes además de entre sí. Los radiolarios son zooplancton unicelulares que, como las diatomeas, producen esqueletos de cristal a partir del sílice. Su armadura suele ser cónica o esférica, en espaldera, adornada con curiosas puntas y proyecciones que evocan a dedales barrocos y Sputniks etéreos. Los foraminíferos utilizan arena, sedimentos, carbonato de calcio e incluso los restos de otro plancton para construir caparazones divididos en una variedad de formas: tubos de punta abierta, verticilos como nautilos, racimos de lo que parecen lichis. A diferencia de la mayor parte del plancton unicelular, los foraminíferos pueden crecer de manera sorprendente, a veces más de quince centímetros. Los tintínidos, un nombre derivado de la palabra latina para «tintinear», viven en caparazones acampanados y utilizan una corona de cerdas para atrapar microbios más pequeños. Los dinoflagelados, que a menudo parecen peonzas, giran en el agua utilizando apéndices similares a lazos y látigos y se protegen mediante placas de celulosa, el mismo compuesto orgánico que proporciona a las paredes de las células de las plantas su rigidez. Cerca de la mitad de todas las especies de dinoflagelados se alimentan de otros organismos, mientras la otra mitad son fotosintéticos. Al empujarlos, algunos brillan con un azul como de otro mundo, iluminando olas que caen en picado, los flancos de ballenas y submarinos, y las huellas recientes en la arena.

El plancton más pequeño lo consume plancton más grande, incluidas las larvas de peces y crustáceos, que a su vez alimentan a una sucesión de criaturas marinas más grandes, desde arenques y calamares a focas y delfines, de modo que el plancton en última instancia sustenta toda la vida marina. Algunas ballenas barbadas, los animales más grandes que han vivido nunca, sobreviven exclusivamente a base de peces pequeños, camarones antárticos y plancton, testimonio de la abundancia y significancia de lo minúsculo. Una sola gota de agua de mar podría contener decenas de miles de plancton de media, pero a veces albergará muchos más. Cuando las tormentas o los vientos cambiantes y las corrientes transfieren un exceso de agua profunda y rica en nutrientes a la superficie o los ríos arrojan fertilizantes agrícolas o residenciales por la costa, determinados tipos de plancton —en concreto dinoflagelados y diatomeas— se multiplican mucho más rápido de lo habitual, potencialmente atestando la quinta parte de una cucharadita de agua con millones de células. Esta proliferación de plancton, que a veces resulta visible desde la estratosfera, puede alcanzar la sorprendente extensión de 2 millones de kilómetros cuadrados, una zona del tamaño aproximado de México. El plancton es tan pequeño y omnipresente que a veces parece no tanto criaturas en el océano como átomos del océano en sí. Sin plancton, el ecosistema oceánico moderno —la idea misma del océano como lo entendemos— se vendría abajo.

Al otro lado del pasillo del laboratorio en el que Agarwal cuenta plancton, se encuentra el despacho de su tutora de posgrado, Susanne Menden-Deuer, ecóloga del plancton y profesora de oceanografía. El primer día de mi visita, Menden-Deuer se reunió conmigo en el aparcamiento, vestida con pantalones de pana granates y una chaqueta de punto gris con el pelo rubio recogido en una pulcra trenza. Me guio hasta su despacho, que estaba decorado con una ilustración de copépodos de Ernst Haeckel, mapas del estrecho de Puget —donde había trabajado y vivido— y un par de suculentas de hojas trenzadas que caían en cascada desde su escritorio y recordaban a Rapunzel.

Ya de niña, Menden-Deuer demostró una gran curiosidad por el mundo vivo.

—Mis hermanas mayores me cuentan que no me comía un guisante sin abrirlo porque tenía que ver lo que contenía —recordaba.

Mientras estudiaba Biología en la Universidad de Bonn, en Alemania, en los años noventa, recibió una beca para visitar la Universidad de Gales del Sur, en Sídney, Australia, y estudiar ciencias marinas, que siempre le habían fascinado. En Sídney vivía a apenas un paseo de la playa, donde practicaba esnórquel con frecuencia y observaba la congregación ocasional de babosas marinas hipnóticamente coloridas conocidas como «nudibranquios». Encontró trabajo como buza de investigación, daba de comer a erizos de mar como parte de un experimento y se unió al club de submarinismo estudiantil, a través de cual conoció a su futura esposa, Tatiana Rynearson.

—Nos enamoramos buceando —me contó Menden-Deuer. En un solo año alegre, cálido y soleado, toda su vida dio la impresión de fusionarse con el mar.

Tras obtener el doctorado en Oceanografía, la pareja se esforzó en encontrar trabajo en la misma universidad o incluso un empleo que les permitiese compartir beneficios. Con el tiempo, las dos obtuvieron una cátedra en la Universidad de Rhode Island, donde han trabajado desde entonces. Sus despachos están a apenas unas puertas de distancia.

A lo largo de su carrera, el interés de Menden-Deuer por las conexiones entre lo diminuto y lo colosal —entre el aleteo de una sola célula y los ritmos de todo un planeta— fue en aumento.

—Mi enfoque consiste en reconocer que las especies de plancton individual y las interacciones a pequeña escala importan —me dijo Menden-Deuer en una de nuestras conversaciones—. Pero lo que es relevante al final del día es la escala global. Lo que impulsa mi investigación es: ¿cómo medimos estos procesos a pequeña escala y cómo los vinculamos con la visión general? El planeta Tierra es un sistema en el que todo se halla interconectado. El plancton es la pieza clave en cómo se mueven y siguen moviéndose los elementos por ella. Son literalmente los motores que hacen que los ciclos bioquímicos funcionen. El plancton hace habitable la Tierra. Ha estado haciendo habitable el planeta durante miles de millones de años.

A menudo oímos que el plancton hace lo contrario: aparte de ser comida para ballenas, uno de los hechos más conocidos es que en grandes cantidades puede envenenar el mar. La proliferación de plancton, también conocida como «proliferación de algas» o «mareas rojas» —aunque también pueden volver el mar naranja, amarillo, marrón o rosa— a veces inunda el aire de toxinas que enferman y matan a los peces, los crustáceos, pájaros y mamíferos, incluidos los humanos. A medida que las prolíficas microalgas empiezan a morir, los microbios que descomponen sus células consumen gran parte del oxígeno disponible en la región, lo que sofoca a otras criaturas y crea lo que se conoce como una zona muerta. En muchos casos, sin embargo, una modesta proliferación de plancton ni produce toxinas ni crece lo bastante rápido para privar a otros organismos de oxígeno; en lugar de eso, se convierte en un bufet bien recibido. Por dramático que resulte, el papel dual del plancton como plaga y recompensa apunta a apenas un ápice de su importancia. A través de su crecimiento y su comportamiento, su vida y su muerte —su perseverancia misma—, el plancton modula la química de los mares y, en última instancia, del planeta como un todo.

En la década de 1930, el oceanógrafo estadounidense Alfred Redfield observó que la razón media de nitrógeno y fósforo en muestras de agua recogidas de las profundidades del océano por todo el mundo era la misma que la de estos elementos en las células del fitoplancton: dieciséis a una. Basándose en décadas de investigación, Redfield acabó defendiendo que el plancton «no solo reflejaba la composición química de las profundidades del océano, sino que la creaba», como ha expuesto el oceanógrafo biológico Paul Falkowski. A medida que el plancton muerto se hundía en las profundidades, propuso Redfield, las bacterias lo descomponían en sus componentes químicos y enriquecían las profundidades del océano con las mismas proporciones exactas de nitrógeno y fósforo. El plancton, explicó, también mantenía la proporción de estos elementos al convertir continuamente el nitrógeno en diferentes formas químicas como parte de bucles de retroalimentación ecológica, similares a aquellos que organizan los microbios en la tierra.

Cuando la reserva marina de nitrógeno se reduce en cuanto al fósforo y muchos organismos privados de nutrientes empiezan a tener dificultades, prosperan los microbios especializados en fijar el nitrógeno, ya que añaden amoniaco y otras formas biológicamente útiles de nitrógeno al mar y, finalmente, reabastecen la reserva. Si los niveles de nitrógeno ascienden demasiado, otros tipos de plancton, que disfrutan de la superabundancia, superan a los microbios que fijan el nitrógeno. Al mismo tiempo, el número creciente de plancton transporta más carbono a las profundidades privadas de oxígeno cuando muere y se hunde, lo que estimula el crecimiento de microbios que convierten el amoniaco de nuevo en nitrógeno gaseoso como parte de su respiración, que estabiliza además la proporción de nitrógeno y fósforo.

Desde la época de Redfield, los científicos han descubierto que los mecanismos detrás de esta homeostasis oceánica son mucho más complejos de lo que él imaginó inicialmente y que las proporciones de elementos en el océano varían en más formas matizadas de lo que habría sabido, en especial a nivel local. No obstante, numerosos estudios han confirmado las visiones primarias de Redfield y la existencia de lo que ahora se denomina «relación de Redfield», aunque puede decirse que los procesos concretos responsables de este equilibrio químico son de los misterios más relevantes de la oceanografía.

El plancton es asimismo un componente crucial tanto de procesos a corto como a largo plazo que secuestran carbono y regulan el clima global. A lo largo de la historia, la Tierra ha pasado por repetidos periodos de glaciación generalizada que llevaron a muchas especies a la extinción e inhibieron gravemente la vida en general. Aun así, nuestro planeta no solo se recuperó cada vez, sino que al final prosperó. ¿Cómo? El inicio y deshielo de las edades de hielo están controlados en parte por las posiciones cambiantes de los continentes y la variación de las corrientes oceánicas, lo que redistribuye el calor por el globo, además de por cambios en la órbita terrestre, precesión y oblicuidad, que alteran la cantidad de luz solar que recibe. En algunos casos, sin embargo, entran en juego los propios procesos autoestabilizadores de nuestro planeta vivo. Esta resistencia depende en parte de la versatilidad excepcional de ese elemento abundante y gregario del que está hecha toda la Tierra: el carbono. El viaje circular del carbono por el aire, la tierra y el mar —su traspaso perpetuo entre organismo y entorno— acaba actuando como un termostato planetario.

El dióxido de carbono en la atmósfera se disuelve continuamente en la superficie del océano, donde el fitoplancton, amante del sol, lo incorpora a sus células durante la fotosíntesis. Gran parte de este carbono se libera en aguas poco profundas cuando el zooplancton y los microbios ingieren y descomponen el fitoplancton, consumen oxígeno y exhalan dióxido de carbono en el proceso. El fitoplancton que elude el consumo normalmente vive durante días o semanas a lo sumo. Cuando mueren, estos organismos microscópicos chocan entre ellos, forman pequeñas masas y empiezan a hundirse junto con los detritos fecales del zooplancton; así se transporta el carbono a aguas profundas, frías y densas, donde es posible que permanezca miles de años.[15] Parte de esta precipitación subacuática perpetua, conocida como «nieve marina», alimenta a las criaturas que habitan en las profundidades, pero otra parte continúa hundiéndose y se deposita en el lecho marino, donde se acumula en capas que acaban petrificándose y atrapan carbono durante millones de años.

En paralelo, el dióxido de carbono que arrojan los volcanes se combina con el vapor de agua en la atmósfera; esto forma ácido carbónico, que cae a la tierra en la lluvia. Debido a esta ligera acidez natural, el agua de lluvia reacciona y disuelve la corteza del planeta. Las reacciones químicas implicadas en este desgaste producen distintos minerales, sales y otras moléculas que fluyen hacia el océano por los ríos y nutren la vida marina. Algunos tipos de cianobacterias, plancton, corales y moluscos utilizan el calcio y los iones de bicarbonato producidos por el desgaste para construir caparazones, vainas, esqueletos, arrecifes y tapetes microbianos estratificados llamados «estromatolitos». Cuando dichas criaturas mueren, sus restos, ricos en carbono, poco a poco se acumulan en capas de sedimentos de piedra caliza compactada en el lecho marino. A lo largo de grandes periodos de tiempo, la actividad tectónica incorpora y transforma los sedimentos al devolver el carbono que contienen a la superficie del planeta en forma de montañas nuevas o volcanes en erupción, lo que completa de ese modo el ciclo.

Si la Tierra entra en un estado de invernadero torrencial, las lluvias intensas y frecuentes erosionan la roca más rápido de lo habitual, inundan el océano de minerales, nutren la vida en el mar y retiran el carbono de la atmósfera más rápido de lo que los volcanes pueden volver a llenarla. A lo largo de cientos de miles de años, este bucle de retroalimentación enfría la Tierra. A la inversa, si el hielo cubre la mayor parte del mar y la tierra, el ciclo del agua efectivamente se detiene, la productividad del plancton y otras formas de vida oceánica cae y el dióxido de carbono se acumula en la atmósfera, con lo que al final calienta el planeta. «Todo este proceso se halla por lo

15. Sí, hasta el plancton hace caca.

tanto controlado en gran parte por la vida y en última instancia permite que esta exista en la Tierra», escriben el paleontólogo Peter Ward y el geobiólogo Joe Kirschvink. Aunque algunos de los procesos autoestabilizadores de la Tierra pueden llevarse a cabo abióticamente, la vida ha estado implicada en el ciclo del carbono y el termostato planetario desde que surgió hace más de tres mil quinientos millones de años.

Los científicos han calculado que, si el fitoplancton desapareciese, la cantidad de dióxido de carbono en la atmósfera se duplicaría y alcanzaría niveles que el planeta no ha experimentado desde principios del Eoceno, hace cincuenta millones de años, cuando la temperatura global media era cerca de unos 8 °C más que hoy y los cocodrilos nadaban en el Ártico. A la inversa, si todas las regiones del océano pobladas por el plancton y ricas en nutrientes del océano alcanzaran el nivel máximo de productividad, el CO_2 atmosférico se reduciría a la mitad y caería más allá de los niveles preindustriales hasta una nueva edad de hielo.

Actualmente, la mezcla planctónica y otras formas de nieve marina se acumulan en alrededor del 60 por ciento del lecho marino. Las capas superiores de estos sedimentos son como el barro, de textura casi esponjosa, explica el micropaleontólogo Paul Bown, del University College de Londres; un metro más abajo, a medida que se incrementa la presión, escurren el agua y desarrollan la consistencia de la pasta de dientes. Al final, se hallan comprimidas, forman roca y o se derriten en el interior de la Tierra o son devueltos a la superficie por, digamos, placas continentales que chocan o mares que retroceden.

Si extraes una lasca de los acantilados de Dover y la examinas bajo un microscopio sumamente potente, verás un revoltijo de detritos granulosos. Observa con atención y empecerán a surgir formas claras: arcos y discos hechos de cuñas diminutas semejantes a huesos unidos de manera tan pulcra como las dovelas de un arco de piedra. Con mucha suerte, podrías incluso encontrar una esfera relativamente intacta de discos estriados todavía aferrados unos a otros, como un fardo de tapetes petrificados. Verías estas cosas porque los acantilados de Dover son más que solo roca, también son fósiles. Los bloques minerales que construyen los acantilados —esos arcos intricados, discos y esferas visibles solo bajo un microscopio— son los caparazones de cocolitóforos unicelulares que vivieron durante el Cretáceo entre hace ciento cuarenta y cinco y sesenta y seis millones de años.

De hecho, la gran mayoría de las formaciones de caliza de la Tierra, incluidas grandes áreas de los Alpes, son los restos de plancton, corales, moluscos y otras criaturas marinas calcáreas. Todos los edificios imponentes que han construido los humanos con piedra caliza, incluida la Gran Pirámide de Giza, el Coliseo, Notre Dame y el Empire State Building, son un monumento secreto a la antigua vida oceánica. Y los cocolitóforos tampoco son el único plancton que se convierte en piedra. Hace millones de años, los primeros humanos que fabricaron herramientas descubrieron los beneficios de trabajar con sílex y pedernal, los cuales, a diferencia de la mayoría de las rocas, son simultáneamente duros, afilados y tallables. Aunque no tenían forma de saberlo, estaban elaborando flechas y hachas a partir de los caparazones compactados —los fantasmas de cristal— de diatomeas y radiolarios. Las herramientas de piedra revolucionaron las dietas, las culturas y las tecnologías de nuestros ancestros, lo que viene a decir que los meros restos de plancton definieron el curso de la evolución humana.

Al igual que el plancton, muchas otras criaturas marinas construyen esqueletos y caparazones a partir del carbonato de calcio, incluidos los moluscos, caracoles, nautilos, erizos y corales, que son organismos coloniales compuestos de microbios simbióticos, algas y pequeños animales gelatinosos llamados «pólipos». De todos estos organismos calcificadores, el plancton, que nada en libertad, tiene de lejos la mayor influencia en el planeta. Antes de la evolución de los cocolitóforos y otro plancton cubierto de caliza, el movimiento del carbono y el calcio por el océano era muy diferente. Los depósitos de piedra caliza eran mucho más pequeños y se restringían a plataformas continentales poco profundas donde prosperan los corales. Entre doscientos y ciento cincuenta millones de años atrás, sin embargo, el plancton calcificador evolucionó, llenó el océano abierto y se convirtió en un vínculo crítico en el ciclo del carbono a largo plazo que acaba dictando el clima global. En paralelo, creó lechos de piedra caliza nuevos y enormes en el fondo oceánico profundo, que han estabilizado la química oceánica durante épocas de crisis. A lo largo de la historia de la Tierra, la intensa actividad volcánica ha arrojado ocasionalmente cantidades ingentes de dióxido de carbono a la atmósfera, que luego se han disuelto en el océano, han acidificado el agua de forma dramática y han contribuido a algunas de las peores extinciones masivas registradas. Los lechos de piedra caliza formados a partir de plancton muerto han contrarrestado hasta cierto punto este proceso al disolverse en aguas acidificadas, liberar iones carbonato y elevar el pH, con lo que protegían la vida oceánica.

No obstante, el ritmo sin precedentes al que nuestra especie ha inundado de carbono la atmósfera en los últimos siglos es posible que perjudique a este parachoques natural. Los océanos ya son un 30 por ciento más ácidos de media de lo que eran en 1850; hacia finales del siglo, cabe que su acidez se duplique, con consecuencias devastadoras para la ecología global.

La acidificación del océano afecta a una amplia gama de procesos biológicos en numerosas especies, incluidos el metabolismo, la reproducción, el desarrollo embrionario y la detección de depredadores. La acidificación incluso parece alterar las propiedades acústicas del agua del mar, lo que interfiere en la ecolocalización de los delfines y las ballenas. Las criaturas que sufren de forma más directa son las que forman la base de las redes tróficas oceánicas. Las reacciones químicas entre el dióxido de carbono y el agua del mar disminuyen los niveles de carbonato de calcio, haciendo mucho más difícil que el plancton y otras criaturas calcificadoras construyan sus caparazones y esqueletos. Cuando el pH cae demasiado, estos organismos empiezan a disolverse literalmente. El plancton nutre a todo el resto de la vida marina; solo los corales sustentan el 25 por ciento de la biodiversidad marina. Si el calentamiento global y la acidificación oceánica continúan al ritmo actual, las poblaciones de plancton calcificador de todo el mundo se deteriorarán y desaparecerán; los arrecifes de coral tropicales como los conocemos es probable que se desmoronen antes de final de siglo, reemplazados en algunas regiones por mantos mucilaginosos de algas y esponjas; las reservas internacionales de salmón, atún, caballa, bacalao, arenque, cangrejo, langosta, gamba, ostra, mejillón, vieira y almeja descenderán; y es posible que el ecosistema oceánico global se arrugue hasta convertirse en una versión delgada y enfermiza de su antiguo yo, una expansión en comparación desolada, distinta de cualquier cosa que haya existido en los últimos sesenta millones de años. Incluso si todas las emisiones de carbono cesaran en 2100, es probable que llevase entre decenas y cientos de miles de años que la química oceánica se estabilizase y la vida se recuperase.

El plancton también cambia el mar por encima de nuestras cabezas. Algunas especies producen un compuesto sulfuroso en sus células llamado «dimetilsulfoniopropionato» (DMSP), que puede protegerlos de temperaturas bajo cero, radiación ultravioleta y fluctuaciones en la salinidad. Cuando el plancton muere, el DMSP se filtra en el mar, donde los microbios lo descomponen y producen el gas dimetilsulfuro (DMS). Cuando el DMS se eleva a la atmósfera, reacciona con el oxígeno para formar aerosoles de sulfato que siembran las nubes de lluvia. Esta interacción es de especial importancia en extensiones remotas de océano lejos de tierra, donde escasean el hollín, el polvo y otras partículas terrestres que siembran las nubes.

En 1987, James Lovelock y varios científicos más publicaron un trabajo en el que defendían que la conexión entre el plancton oceánico y las nubes podría moderar el clima global. La hipótesis CLAW, bautizada con las siglas de los científicos que la formularon (Robert Charlson, James Lovelock, Meinrat Andreae y Stephen Warren), propone el siguiente bucle de retroalimentación: cuando la temperatura de la superficie del mar o la cantidad de luz solar que la alcanza se incrementa, el plancton prospera y produce más DMS, que estimula la formación de nubes, lo cual tiene el efecto de reflejar más luz solar, enfriar el planeta y ralentizar el crecimiento del plancton. Años después, Lovelock amplió el concepto para incluir otra posibilidad: si la temperatura del océano sube demasiado, los procesos físicos que llevan el agua profunda y rica en nutrientes a la superficie podrían fallar, lo que restringiría el crecimiento del plancton, reduciría la cobertura de las nubes y al final exacerbaría el calentamiento global. Aunque estos modelos bastante simplificados siguen siendo controvertidos y sin duda pasan por alto muchos matices del sistema ecológico que describen, estudios más o menos recientes han confirmado que son al menos parcialmente correctos. Sigue bajo investigación activa la explicación exhaustiva de la relación entre el plancton, las nubes y la temperatura y el grado en que afecta al cambio climático.

El plancton es también el componente secreto de los rasgos más seductores de la costa, como la arena, la espuma de mar y el olor del aire del mar. Algunas de las playas más encantadoras del mundo, incluidas las arenas rosas de Horsheshoe Bay, en las Bermudas, deben gran parte de su aspecto a las conchas coloridas y esqueletos del plancton. Cuando los afloramientos de este se reducen y mueren, el viento y las olas a menudo mezclan sus proteínas y grasas en descomposición con otros pedacitos de detritos orgánicos, como fragmentos de coral, algas marinas y escamas de pez. Esta mezcla en descomposición actúa como agente espumante, lo cual genera numerosas burbujas de aire que se hinchan hasta convertirse en una espuma densa, una especie de merengue de plancton, que baña la orilla. Entretanto, los aerosoles de sulfato generados por el plancton que muere y se descompone —los mismos que siembran las nubes— dan al aire marino gran parte de su olor característico, que recuerda al de la remolacha hervida. Ese aroma se mezcla con bromofenoles salinos, producidos en grandes cantidades por algas y gusanos de mar, y el fuerte «olor a océano» de feromonas sexuales de determinadas algas. En un planeta estéril, la orilla del mar no olería como el mar, al menos no como lo conocemos. Quizá no oliera a nada. Cuando inhalas el aire del mar, estás inhalando literalmente la vida marina.

Debido a su omnipresencia, a su reducido tamaño y a que se dispersa con facilidad, la órbita de influencia del plancton se extiende mucho más allá del océano y las costas. Cada año, el viento transporta inmensas cantidades de polvo sahariano por el océano Atlántico y deposita 27,7 millones de toneladas —lo suficiente para llenar más de cien mil tráileres— en la selva amazónica, donde proporciona hierro, fósforo y otros nutrientes esenciales a billones de plantas. Este polvo fertilizante no se reduce a granitos de tierra y roca; está compuesto en gran medida por los esqueletos de diatomeas antiguas. Una gran parte de este procede de la depresión Bodele, un cuenco de arena abrasado por el sol que tiempo atrás fue el fondo de un largo enorme, más grande que todos los lagos de Norteamérica juntos. Mucho después de morir, el plancton sigue modelando y sustentando el planeta, haciendo circular elementos vitales a través del océano, el desierto y la selva. En su metamorfosis de eones de duración —su transformación desde célula flotante hasta roca sepultada, polvo llevado por el viento y vuelta a empezar— encarna la reciprocidad de la vida y el entorno y la reencarnación perpetua de la Tierra.

Hacia el final de mi visita a Rhode Island, le pedí a Menden-Deuer que me enseñara parte del plancton más singular y hermoso que hubiera recogido a lo largo de los años. Abrió una carpeta de su ordenador con cientos de fotos impresionantes, algunas de las cuales han embellecido las portadas de distintas revistas de investigación. Nos maravillamos ante las imágenes de diatomeas y dinoflagelados que parecían diapasones, inflorescencias de dientes de león, sartas de cuentas de jade y esculturas cinéticas de Alexander Calder. A Menden-Deuer le gustaba especialmente un plancton que parecía una circunferencia segmentada de la esfera ornamentada de un reloj.

—Es una especie curiosa —dijo—. Se llama *Eucampia zodiacus*, *zodiacus* por el zodiaco. Es en realidad una espiral en 3D, pero cuando la observaron por primera vez bajo el microscopio, solo vieron una forma plana, así que le atribuyeron esa circularidad.

—O sea ¿que en realidad es un muelle helicoidal? —pregunté.

—Sí. Exacto.

Menden-Deuer me mostró una instalación artística en la cual había colaborado con la artista de nuevos medios Cynthia Beth Rubin. En 2016, como parte de la Open Sky Gallery, se proyectaron películas creadas por decenas de artistas de todo el mundo en la pantalla LED de 77.000 metros cuadrados del rascacielos más alto de Hong Kong, el International Commerce Centre, de 108 plantas. El vídeo que presentaron Beth Rubin y Menden-Deuer, que recibió una mención de honor por parte de los jueces, era un pastiche magnífico en blanco y negro de camarones antárticos, medusas y plancton microscópico, la mayor parte de los cuales se habían documentado durante expediciones de investigación de la Antártida. Durante varios minutos una noche de mayo, las siluetas de estas criaturas oceánicas diminutas se dejaban arrastrar, saltaban y palpitaban por la superficie de una de las estructuras más altas jamás construida por los humanos, atrayendo miradas en una ciudad de más de siete millones de habitantes.

La exhibición me recordó un hecho sorprendente que había descubierto hacía poco acerca de la Exposición Universal de París (Exposition Universelle) de 1900, de siete meses de duración, que pretendía mostrar y celebrar el ingenio de la civilización moderna. Más de cincuenta millones de personas visitaron la exposición, donde montaron en una noria, un pasillo rodante y unas escaleras mecánicas, vieron películas con sonido y admiraron los generadores descomunales impulsados por vapor tras el incandescente Palacio de la Electricidad.

París encargó a un arquitecto relativamente desconocido llamado René Binet que diseñara la Puerta Monumental (Porte Monumentale), que demarcaría la entrada a la exposición y albergaría las taquillas en una de las plazas públicas principales de la ciudad. La puerta de Binet consistía en una cúpula gigante que recuerda a una colmena suspendida en lo alto de varios arcos imponentes, el más destacado de los cuales culminaba en un capitel lobulado en el cual se alzaba la estatua de una mujer, vestida a la moda contemporánea de París, con el brazo extendido para dar la bienvenida a los visitantes de la feria. Construida principalmente de hierro y yeso, la puerta estaba cubierta de piedra decorativa, motivos bizantinos y cabujones de cristal de colores. Miles de luces azules y amarillas iluminaban la estructura desde el interior.

La arquitectura exudaba majestuosidad y opulencia y evocaba una muestra formal de joyas de la corona, aunque también era delicada, espaciosa e inequívocamente orgánica. Un escritor de la época vio «las vértebras del dinosaurio en el porche, las celdas de la colmena en la cúpula y corales en las cúspides». Pero ninguna de estas criaturas fue la principal inspiración de Binet. Su verdadera musa era mucho más oscura. Mientras diseñaba la Porte Monumentale, Binet visitaba de forma rutinaria las bibliotecas de París para estudiar las ilustraciones del científico alemán Ernst Haeckel. En la actualidad, Haeckel es más conocido por sus dibujos, vívidos y fascinantes, de animales, plantas y hongos, en especial los recogidos en su libro *Kunstformen der Natur* («Formas artísticas en la naturaleza»), de enorme éxito. Sus ilustraciones, estudiadas a conciencia y dispuestas con ojo de artista para favorecer la simetría, se han reproducido innumerables veces en todas las formas imaginables, desde murales, papel de empapelado y láminas enmarcadas hasta camisetas, bolsos y cortinas de ducha.[16]

Haeckel estaba prendado de criaturas marinas como las esponjas, las medusas y sus parientes, que fueron el centro de sus primeras monografías. Le gustaba especialmente la geometría elaborada y a un tiempo precisa de los radiolarios, que apelaban a su rigurosa estética. A menudo recogía plancton él mismo y esbozaba su anatomía durante horas, con el ojo izquierdo enfocado en el microscopio mientras el ojo derecho le guiaba la mano. Esas eran las imágenes que obsesionaban a Binet. «En el presente, estoy construyendo la Entrada Monumental para la Exposición de 1900 —escribió a Haeckel en 1899—, y todo, desde la composición general hasta los detalles menores, se ha inspirado en sus estudios».

Si las fachadas de piedra caliza de las Grandes Pirámides y Notre Dame eran monumentos secretos al plancton, ese era uno explícito. La escultura orgánica de Binet de piedra, metal y cristal era un tributo a la evolución, en particular, a su poder para producir estructuras que rivalizaban con el diseño humano, al que a menudo superaban. Teniendo en cuenta lo que sabemos sobre la importancia del plancton para la ecología global, estos arcos imponentes —una entrada literal a una celebración de los logros humanos— adquieren un nuevo significado. Un plancton expandido hasta convertirse en una catedral permite que lo que normalmente no se ve fascine, que lo que normalmente es silencioso reverbere. «Sin mí —parece decir—, no estarías aquí. Sin mí, nada de esto sería posible».

16. En su época, Haeckel fue igual de famoso por promocionar algunos aspectos de la investigación de Charles Darwin y desarrollar sus propias e influyentes teorías de la evolución, algunas de las cuales presentaban fallos y en la actualidad han quedado obsoletas. Acuñó varios términos científicos en uso aún hoy en día, entre ellos «ecología» y «filogenia». También defendió la eugenesia, y algunos historiadores sostienen que sus escritos contribuyeron a la ideología nazi y fascista.

Si el plancton no hubiese introducido oxígeno en el mar y el aire, hubiese modulado la química del océano y se hubiese convertido en regulador clave del cambio climático, nunca habría habido bosques, praderas o flores silvestres, ni dinosaurios, mamuts y ballenas, mucho menos monos bípedos boquiabiertos ante los pasillos rodantes y las bombillas de luz incandescente a principios del siglo XX. Si el plancton no existiese, la Tierra no albergaría vida compleja de ninguna clase. Sin los innumerables virus, bacterias, organismos unicelulares y misterios aún por clasificar que llamamos plancton, el océano sería completamente irreconocible: no un vasto sistema repleto de hábitats por explorar y especies por descubrir de una maravilla inconcebible —no el supuesto lugar de nacimiento y fundamento de la biosfera—, sino un volumen enorme de agua aislada, lleno únicamente del silencio de todo lo que podría haber sido.

5

Esos grandes bosques acuáticos

La isla de Santa Catalina no parece un lugar donde cabría encontrar bosques frondosos. Ubicada a unos 35 kilómetros de la costa meridional de California, Catalina tiene un clima mediterráneo, con veranos cálidos y secos e inviernos templados. En su terreno rocoso crecen algunas arboledas y ejemplares dispersos —robles, árboles del hierro, cerezos, palmeras importadas y eucaliptos—, pero abundan arbustos aromáticos resistentes a la sequía mucho más diversos, entremezclados con hierba y cactus: plantas como la gayuba, la salvia, el toyón, el saladito, el trigo sarraceno y la chumbera. Aun así, Catalina y sus islas hermanas también albergan algunos de los bosques más vigorosos del mundo. Aunque poseen doseles forestales, sotobosques y mantillos propios, estos bosques no requieren tierra ni contienen madera. Pueden superar los 36 metros, pero no los verás en las laderas de la isla ni en el horizonte. Para encontrarlos, hay que alejarse de las colinas y las playas, dejar atrás tierra y cielo y sumergirse en un líquido que parece cristal hacia un mundo paralelo.

Lorraine Sadler conoce en detalle los bosques subacuáticos de Catalina. Mujer vivaz y morena que enardece su discurso con los gestos rápidos de unas manos inquietas, lleva más de treinta años practicando el esnórquel y el submarinismo en las islas del Canal. Después de la universidad, trabajó en un laboratorio marítimo en Marina del Rey que proporcionaba al neurocientífico Eric Kandel las babosas de mar moteadas cuyas neuronas, insólitamente grandes y accesibles, fueron esenciales para realizar la investigación sobre aprendizaje y memoria que le valió el Premio Nobel. A finales de la década de 1980, Sadler se mudó a Catalina, donde empezó a trabajar como instructora de submarinismo y técnica de cámara hiperbárica. Es cofundadora de la Women's Scuba Association, miembro del Women Divers Hall of Fame y, desde hace muchos años, una educadora en ciencias marinas cuya infatigable pasión por el mar y sus habitantes alaban sus alumnos.

Una tranquila mañana de verano, me reuní con Sadler en Two Harbors, una colonia que tiene unos doscientos residentes permanentes y una única tienda situada en un istmo de la región noroccidental de Catalina. Recorrimos pistas estrechas de tierra hacia una cueva conocida como Howland's Landing, donde nos pusimos el traje de neopreno y la máscara de esnórquel, nos colocamos el cinturón de lastre y cargamos con las aletas a lo largo de un sendero empinado hasta una playa de guijarros grises y rosas. Hacía varios años que no nadaba en el mar y tardé un rato en aclimatarme. Mientras me internaba en la fría agua y me afanaba en ajustar las correas de la máscara, se me cayó el cuaderno subacuático, un dispositivo que ansiaba probar por primera vez. Sadler se sumergió con soltura y lo recuperó.

—Muchísimas gracias —le dije, con la sensación de ser tan grácil en el agua como una patata.

Iniciamos el esnórquel sin alejarnos del extremo de las rocas. Con la mirada fija en el fondo, empecé a adaptarme a aquel mundo submarino, una comunidad tan rebosante de vida como cualquier arrecife tropical de cuantos había visto. Más que una ciudadela prismática de coral, el arrecife rocoso que se extendía bajo nosotros era un tapiz afelpado de algas y hierbas de vívidos tonos esmeralda, sepia y verde amarillento. La profusión y la variedad de aquella vegetación sumergida me hicieron recordar excursiones que había hecho a principios de primavera en regiones protegidas del noroeste del Pacífico, donde helechos, acederas y zarzas crecen en manojos, y los árboles rezuman musgo y líquenes como bajo la lluvia. Garibaldis brillantes como mandarinas llevaban a cabo sus danzas de cortejo serpenteantes y desplegaban sus nidos de algas rojas, cargadas con miles de huevos.

Bancos de pejerreyes plateados pasaban raudos cerca de la superficie mientras los quelpos camuflados, finos y rayados, se bamboleaban adelante y atrás con las corrientes. En un momento dado, encontramos un pulpo planeando por el lecho marino y emulaba a la perfección el color y la textura de las rocas que le rodeaban, una estampa fascinante en pleno día de una criatura típicamente nocturna y esquiva.

Pese a la emoción que experimentaba con estos encuentros, en un principio me preocupó que los bosques submarinos de Catalina no fueran tan impresionantes como había oído. La mayor parte de la vegetación que había visto por el momento, si bien hermosa, era bastante reducida.

—Alejémonos un poco más para ver qué hay allí —propuso Sadler, y me precedió hacia mar abierto.

Mientras nadábamos por aguas más profundas, empecé a observar ramilletes achaparrados de kelp que crecían entre las rocas como si fueran kale y salpicados por alguna que otra rama que se alzaba en busca del sol. Un par de minutos después, con sorprendente brusquedad, estábamos completamente rodeados de trenzas gruesas de kelp que se extendían desde el lecho marino hasta la superficie, barrida por el viento, como imponentes tallos de judía de cuento de hadas. Aquello era lo que habíamos ido a ver: el kelp gigante (*Macrocystis pyrifera*), la más voluminosa de todas las algas marinas y uno de los organismos fotosintéticos de crecimiento más rápido del planeta. En condiciones idóneas, el kelp gigante es capaz de crecer más de medio metro al día.

—En una cueva comprobamos que crecía un metro entero al día —me contó Sadler.

Con un poco de ayuda de los cinturones de lastre, Sadler y yo nos internamos en el bosque y exploramos todos los niveles. En el linde, donde aún alcanzábamos a ver el lecho, Sadler me explicó que el kelp se aferra a las rocas con unas estructuras similares a las raíces llamadas «discos de adhesión». Numerosas vesículas aeríferas ayudan a los tallos, técnicamente conocidos como «estipes», a crecer hacia el sol. En el agua, el color de las «hojas» fruncidas del kelp —cuya denominación formal es «láminas» o «frondas»— oscilaba del oliva al mostaza; en la superficie, se derramaban unas sobre otras en grandes montones y parecían mucho más oscuras, en ocasiones casi marrón chocolate. Las láminas más tiernas y pequeñas eran finas como el papel al tacto, mientras que las de mayor tamaño tenían una textura entre el cuero y el caucho. Al ondear a merced de las corrientes, dejaban a la vista cabrillas sargaceras moteadas y percas azules o medialunas, que con toda probabilidad se ocultaban de los predadores. Solo alrededor de Catalina, más de ciento cincuenta especies de peces dependen del kelp en cuanto a hábitat y alimento. Los leones marinos y las focas comunes cazan en los lechos de kelp. Muchas aves y mamíferos, entre ellos las ballenas, se cobijan en él junto con sus crías durante las tempestades. Las nutrias incluso lo utilizan como correa para sus crías, a las que envuelven en algas para impedir que la corriente las arrastre mientras ellas buscan alimento.

Sadler peinaba la vegetación y señalaba pequeños caracoles marinos, gusanos, crustáceos y otros invertebrados que habitan hasta el último rincón del kelp, desde los discos de adhesión nudosos hasta los tapetes flotantes.

—Es fantástico —dijo—. Mira todas las especies que hay solo en esta lámina. Es su hábitat, su ecosistema.

Respondiendo al estímulo de Sadler, intenté alzar en el aire parte del kelp, pero aquel mero puñado, para mi sorpresa, pesaba tanto que apenas logré sostenerlo unos instantes por encima de mi cabeza.

—Tienes que probar algo —dijo Sadler—. Se llama «gatear sobre kelp», una buena manera de moverse por el dosel.

Me mostró cómo hacerlo, se impulsó sobre la frondosa maraña de la superficie a una velocidad y con una agilidad que daban fe de sus años de experiencia. Mientras me esforzaba por imitarla, me sentí como un guisante que rodara por un cuenco de pappardelle cremosos.

Antes de esa salida de esnórquel, mi relación con las algas marinas había sido limitada. Cuando vivíamos en el norte de California, donde mi familia frecuentaba la costa, mis hermanos y yo a veces las integrábamos en nuestros juegos de playa: la utilizábamos para decorar castillos de arena, hacíamos estallar las vejigas aeríferas como si fueran plástico de burbujas y saltábamos por encima de montones acres de algas en descomposición. Cuando explorábamos las charcas naturales que se formaban entre mareas, sin duda pasaba por alto infinidad de algas pequeñas, centrado como estaba en el destello escarlata de un cangrejo que se escabullía o en el retroceso eléctrico de una anémona. De adolescente, una vez navegué en kayak entre masas de kelp en la bahía de Monterrey, pero lo que más recuerdo son las nutrias marinas que rompían almejas contra las piedras en equilibrio sobre sus vientres. Nada me había preparado para la emoción de ver el kelp gigante en su hábitat natural. Solo después de instalarme cómodamente sobre miles de hojas ondulantes y subacuáticas —solo después de balancearme entre tallos enormes de un verde dorado de los que brotaban hojas que escalaban hasta la cima de su frondosidad embrollada— comprendí de verdad por qué los llamamos «bosques» de kelp.

El kelp es una especie de alga marina, que es a su vez un subconjunto de la gran familia de las algas. Al igual que «plancton» y «microbio», «alga» es uno de esos cajones de sastre biológicos que engloba a un gran grupo de organismos con mucho en común pese a haber evolucionado en ramas del árbol de la vida alejadas entre sí. El término «alga» hace referencia a más de cincuenta mil especies fotosintéticas que abarcan desde organismos microscópicos y unicelulares (diatomeas, cocolitóforos y dinoflagelados) hasta entes pluricelulares inmensos (kelp gigante y kelp cola de toro) y que viven en hábitats tan diversos como los ríos, los icebergs, la corteza de los árboles y el pelo de los perezosos. Aunque el kelp y otras algas se parecen mucho a las plantas y se comportan en gran medida como ellas, no todo el mundo conviene en que lo sean.[17] En comparación con la mayoría de

17. Los científicos discrepan a la hora de establecer la clasificación idónea de las algas, las plantas y otros organismos fotosintéticos. La mayoría de los expertos reconocen tres grupos principales de algas, cada uno de los cuales contiene numerosas especies: las algas verdes, que suelen habitar aguas someras, como la lechuga de mar y la *spirogyra*; las algas rojas, con frecuencia plumosas, entre ellas las especies que se prensan y se deshidratan para elaborar láminas de nori y se emplean para envolver el sushi, y el alga marrón, en ocasiones inmensa, el grupo al que pertenecen

las plantas terrestres, la anatomía de las algas es más simple: no tienen verdaderas raíces que busquen y absorban agua y nutrientes; por el contrario, sus células absorben directamente lo que necesitan; suelen carecer del complejo sistema de «cañerías» interno que las plantas utilizan para transportar fluidos por su cuerpo. Y no producen flores ni semillas.

Los bosques de kelp, que prosperan en las costas rocosas y en el agua fría y rica en nutrientes, crecen de forma extensiva en el 25 por ciento de las costas del mundo, y flanquea todos los continentes, incluida la Antártida. Las algas como conjunto están incluso más extendidas, ya que habitan regiones tanto templadas como tropicales. Los océanos y los litorales del planeta están además poblados por muchas otras clases de vegetación acuática: manglares vastos, marismas saladas y pastos marinos, por mencionar varios, algunos de los cuales podrían tener cientos de miles de años de antigüedad.[18]

Aunque los científicos llevan siglos estudiando la vegetación marina, solo en fechas relativamente recientes han desarrollado las herramientas necesarias para demostrar y cuantificar la importancia de estos organismos en la regulación del clima global y en la calibración de la química del mar. Al igual que la vida terrestre, las plantas que habitan los océanos y las macroalgas se beneficiaron de los cambios ecológicos propiciados por los microbios que las precedieron. En muchos casos, la vegetación marina hizo que el mar fuera incluso más habitable, sustentando en último término una comunidad mucho más compleja y diversa de criaturas vivas. Una de las pruebas más

el kelp y el sargazo. En esta clasificación estricta, las plantas de tierra son las únicas plantas de verdad. Un sistema más inclusivo expande el reino de las plantas e incluye en él las algas verdes, los ancestros evolutivos de las plantas terrestres. El marco más generoso extiende la denominación «planta» a la mayor parte de las algas marinas y sus subgéneros. Clasificar o no las algas como plantas es, por tanto, una opción sorprendentemente personal.

18. La historia evolutiva de la hierba marina, que indiscutiblemente es una planta, es equivalente a la de las ballenas y los delfines: fueron plantas terrestres que regresaron al mar hace unos cien millones de años, cambiaron su estructura celular y perdieron los poros de las hojas, pero conservaron las raíces, el sistema de «cañerías» interno y las flores, que siguen polinizando crustáceos diminutos y gusanos marinos.

destacables de esta capacidad pudo haber tenido lugar hace cincuenta millones de años en un escenario hipotético conocido como el Evento Azolla. En aquel entonces, la Tierra era un invernadero húmedo y caluroso, y el Ártico estaba poblado por cocodrilos, tortugas y palmeras. Testigos sedimentarios de mares profundos indican que un helecho marino pequeño, pero especialmente vigoroso conocido como «azolla», que podía duplicar su biomasa en menos de dos días, formó sin cesar mantos gruesos por todo el océano Ártico. En el proceso de fotosíntesis, estos mantos absorbieron cantidades enormes de carbono de la atmósfera, gran parte del cual quedó secuestrado en el lecho marino por el hundimiento y el soterramiento de vegetación muerta. Algunos científicos han sugerido que, a lo largo de un periodo de ochocientos mil años, la azolla desplazó tanto carbono desde el aire hasta el fondo del mar que contribuyó a que la Tierra abandonara su antiguo estado de invernadero y adoptara un clima más fresco en el que los polos quedaron envueltos por hielo y grandes glaciares.

En los océanos modernos, los bosques de kelp generan climas y hábitats submarinos únicos, lo que modifica la distribución de la luz solar bajo la superficie del agua, la velocidad y la dirección de las corrientes y el ritmo al que la nieve marina desciende por la columna de agua. Dentro de un bosque de kelp, determinadas corrientes discurren hasta diez veces más despacio, y los remolinos pueden llegar a ser entre un 25 y un 50 por ciento más débiles en comparación con los de zonas próximas sin kelp. Al igual que los arrecifes de coral y los manglares, los bosques de kelp protegen las comunidades costeras de la virulencia de las tormentas, ya que reducen la altura de las olas hasta en un 60 por ciento. Las aguas en comparación calmas de estos bosques subacuáticos son guarderías ideales para las esporas, los huevos y las larvas de numerosas criaturas.

Las algas son capaces incluso de remodelar el lecho marino y reubicar a algunos de sus habitantes más obstinados. Cuando las corrientes turbulentas y mareas fuertes arrancan las algas de sus amarres, los discos de adhesión, similares a raíces, en ocasiones se llevan consigo pedazos de roca del lecho. Si las algas arrancadas conservan suficientes vejigas aeríferas para tener una capacidad de flotación considerable, pueden alzar fragmentos de roca —incluso guijarros grandes— por la columna de agua, como un ramillete de globos meteorológicos que izaran un elefante. Se han observado algas que hacían levitar mejillones, almejas, ostras y vieiras vivas. Después de recorrer entre un metro y miles de kilómetros, estas algas pueden verse arrastradas a la orilla o bien hundirse en el fondo del mar junto con su cargamento de roca, conchas y sedimentos.

Aunque hace mucho tiempo que los científicos reconocieron que los bosques terrestres son un componente clave del ciclo global del carbono, hasta hace poco se subestimó la importancia de la vegetación marina. Los investigadores han demostrado ahora que las marismas, los manglares y los pastos marinos secuestran carbono durante entre décadas y milenios en tejidos leñosos con su sistema de raíces subterráneas en permanente crecimiento y en las capas de sedimentos estabilizados por estas, que pueden superar los 11 metros de grosor. Lo que no está tan claro aún es cómo las algas sin raíz, blandas y sabrosas, pueden capturar carbono durante largos periodos. Muchos científicos conjeturan que la inmensa mayoría de las algas acabaron ingeridas y rápidamente descompuestas y que liberaron así su carbono de vuelta al mar y la atmósfera. Incluso los científicos que estudian el carbono almacenado en ecosistemas marinos y costeros, conocido como «carbono azul», han descartado las algas como un sumidero significativo de carbono. Pruebas más recientes, sin embargo, sugieren que diversas algas han constituido un componente principal en el ciclo global del carbono durante al menos quinientos millones de años y tal vez hasta dos mil millones de años.

Carlos Duarte, ecólogo marino de la Universidad de Ciencia y Tecnología King Abdullah, en Thuwal, Arabia Saudí, y sus colegas sostienen que las algas constituyen la forma de vegetación costera más extensiva y productiva, y que son un sumidero de carbono extremadamente infravalorado. Aunque muchas clases de algas crecen en zonas rocosas cerca de la costa, no siempre permanecen en ellas. El viento y las olas transportan fragmentos de kelp y balsas de algas del tamaño de Chicago (cerca de 600 kilómetros cuadrados) lejos de sus lugares de origen, donde acaban fragmentándose en partículas minúsculas. Por medio de inspecciones oceánicas globales, apunta Duarte, se ha detectado una «presencia ubicua» de ADN de alga a hasta 4.860 kilómetros de la costa. También se han encontrado pedacitos de algas hundidas a una profundidad de 6,4 kilómetros y se han extraído de las entrañas de los isópodos abisales, primos gigantes de las cochinillas que viven a gran profundidad. Las fuertes corrientes que circulan por cañones submarinos acarrean grandes cantidades de algas hasta el lecho marino: según una estimación, solo el cañón adyacente a la península de Monterrey transfiere 130.000 toneladas anuales de kelp a mar abierto. Las tempestades del Atlántico Norte pueden transportar hasta 7.000 millones de toneladas de kelp al año al lecho marino situado a unos 1.800 metros de profundidad frente a la plataforma de las Bahamas. Cuando las algas se hunden a más de 1.500 metros, fuera del alcance de la mayoría de los depredadores y agentes descomponedores, su carbono queda secuestrado en «una escala de tiempo casi permanente».

Al igual que los árboles y otras plantas terrestres, las algas emiten de forma constante una variedad de compuestos ricos en carbono, entre ellos azúcares, terpenos y sulfuro de dimetilo; no siempre está claro por qué, pero es probable que algunas de estas moléculas participen en la señalización química, las defensas inmunitarias y el cultivo de abundantes microbiomas. Una parte de esos azúcares y otros compuestos exudados acaba enterrada en sedimentos del lecho marino, junto con fragmentos de algas. Algunas de estas son sumamente resistentes a la descomposición. El fucus, por ejemplo, acumula hasta una cuarta parte de su masa seca en azúcares resilientes que solo bacterias altamente especializadas pueden consumir, empleando «una de las vías de degradación bioquímica de materia natural más complejas de las que tenemos constancia», como la describió en una ocasión el biólogo Jan-Hendrik Hehemann.

Dadas estas revelaciones, muchos ecólogos marinos piensan ahora que las algas secuestran mucho más carbono del que se creía. Los cálculos sugieren que cerca de 610 millones de toneladas métricas de dióxido de carbono procedente de algas se asientan todos los años en sedimentos costeros y en mar abierto. En conjunto, los manglares, las marismas saladas y los pastos marinos, así como los bosques de kelp, tienen la capacidad de almacenar veinte veces más carbono por metro cuadrado que los bosques terrestres y es posible que ya han retenido hasta 3.100 millones de toneladas métricas anuales de dióxido de carbono, cerca de un tercio del carbono que absorben los océanos. Un panel de expertos convocado por la Energy Futures Initiative concluyó que el cultivo de kelp y otras algas tiene el potencial de capturar más de 5.000 millones de toneladas de CO_2 atmosférico al año.

Estos datos empiezan a aflorar en un momento en el que la amenaza de la actividad humana para muchas clases de vegetación marina está en su punto máximo. A principios del siglo xxi, el mundo había perdido cerca del 30 por ciento de los pastos marinos y entre un tercio y la mitad de los manglares. Los lechos de kelp son ecosistemas muy dinámicos que crecen y menguan drásticamente de una estación a la siguiente, y suelen recuperarse con rapidez tras una catástrofe. Sin embargo, de promedio, los bosques de kelp mundiales se han reducido en los últimos cincuenta años debido a diversos factores tensionales, entre ellos el calentamiento global, la mayor incidencia de tempestades, la sobrepesca y la contaminación. En algunos lugares, como Tasmania y el norte de California, las corrientes cambiantes, sumadas a la reducción de la población de nutrias y otros depredadores relevantes, han permitido que legiones de erizos de mar devoren lechos enteros de kelp y los sustituyan por una corteza yerma que reduce la calidad del agua y obstaculiza los ciclos de nutrientes.

A medida que aumenta el conocimiento de la vegetación marina, también lo hace el interés de los científicos y acuicultores de todo el mundo por comprobar si una combinación de conservación, restauración y cultivo podría contribuir a conservar la biodiversidad de los bosques y las praderas oceánicos y, de forma simultánea, mitigar algunos aspectos de la crisis climática. Debido en parte a que su cultivo para el mercado alimentario y la medicina ya está generalizado y a su rápido crecimiento, las algas se han erigido en el eje de distintas iniciativas orientadas al clima, entre ellas granjas marinas, empresas emergentes de captura de carbono y proyectos de restauración con «superkelps» creados en laboratorios. Aunque muchos expertos contemplan estos proyectos con entusiasmo, a algunos les preocupa que las algas se conviertan en una cabeza de turco más para la industria del combustible fósil y otro falso salvador para los activistas climáticos. El poder ecológico de los bosques marinos es innegable, pero los humanos tienen tras de sí un largo historial de intentos de domeñar y subyugar a otras especies en lugar de trabajar con ellas, a menudo con repercusiones graves. Romper esta tendencia nunca había sido más urgente.

Cuando Marty Odlin cursaba el primer año de instituto, su profesora de Historia, la señora Lee, planteó una pregunta a la clase:

—¿Cuál será el acontecimiento más relevante de vuestras vidas?

—La caída de la Unión Soviética —propuso Odlin.

—¡Incorrecto! —replicó la señora Lee—. Será la lucha contra el cambio climático.

Odlin recuerda que la señora Lee tenía especial interés en la importancia de preservar y restaurar bosques como forma de secuestrar carbono. Odlin, que creció en el seno de una familia de Maine consagrada a la pesca desde hacía muchas generaciones, se aplicó el verano siguiente a lo que dedicaría gran parte de su juventud: trabajar en barcos. Mientras pescaban langostas frente a la bahía Casco, los compañeros de Odlin arrastraban kelp. Uno de los tripulantes comentó que este podía crecer varios metros al día y formar bosques submarinos. Odlin se quedó atónito.

—Recuerdo que estuve un buen rato pensando en eso —me contó, y al final lo asoció a lo que había dicho la señora Lee. Con los años, empezó a preguntarse si las algas marinas podrían tener también alguna función en la gestión de la crisis climática.

En la universidad, Odlin estudió arte, arquitectura e ingeniería mecánica. Tiempo después trabajó en el ámbito del diseño y la fabricación de productos, y fue codirector del Centro de Educación para la Ingeniería Sostenible de la Universidad de Columbia. En 2011 regresó a Maine para ayudar a sus padres a administrar su flota pesquera. Durante los seis años siguientes, Odlin se consagró a las actividades cotidianas del negocio de la pesca comercial, fascinado por su funcionamiento interno. En paralelo, estudió la historia, economía y ecología de la pesca. En una visita a varios centros pesqueros de Islandia y Dinamarca, comprendió la importancia de la explotación sostenible de los recursos del mar y el potencial de la innovación tecnológica para alcanzar ese objetivo.

Cuando sus padres vendieron la flota y se jubilaron, Odlin contempló la posibilidad de hacerse con un pesquero, pero al final decidió probar algo totalmente distinto. En 2017 fundó Running Tide, una empresa de acuicultura centrada en el desarrollo de nuevas tecnologías para «potenciar los beneficios ecológicos del cultivo de crustáceos y algas». Desde el principio, Odlin sabía que el empleo del kelp para secuestrar carbono sería una de las principales misiones de su empresa. Empezó a indagar en métodos para conseguirlo en su patio trasero «construyendo prototipos con restos de madera, generando programas con Arduino para los controles y yendo a Radio Shack en busca de los componentes». En el momento en que escribo estas líneas, Running Tide cuenta con más de treinta empleados y ha recibido más de quince millones de dólares de manos de promotores como el inversionista de riesgo Chris Sacca y clientes como la empresa de comercio digital Shopify y la Chan Zuckerberg Initiative.

Las oficinas centrales de Running Tide, en Portland, Maine, tienen un aire de *hackerspace* de Silicon Valley adosado a una especie de lonja. Cuando llamé a sus puertas una mañana de primavera, un hombre de mandíbula cuadrada y ligeramente pecoso llamado Adam Baske, el entonces director de desarrollo empresarial de la firma, me saludó y me presentó a varios compañeros que conversaban junto a unos ordenadores y una pizarra blanca repleta de gráficas del ciclo reproductivo del kelp. Seguí a Baske por una zona de carga a la que se accedía a través de una cortina de tiras de plástico transparente y llegamos a una choza que albergaba varios tanques de plástico azul conectados a todo un despliegue de tubos y sensores.

—Este es el criadero de kelp de mayor tamaño del país —me informó, sonriente—. La mayoría de los criaderos de kelp de Estados Unidos utilizan acuarios de setenta y cinco litros. Este se acerca a los novecientos cincuenta. Intentamos que todo lo que hacemos sea lo más grande posible.

Levantó la tapa de uno de los tanques y dejó a la vista unos fluorescentes largos sujetos con bridas. Decenas de tuberías de PVC flotaban en el agua verde, todas ellas atadas fuertemente con cuerda blanca.

Baske me explicó que sus colegas y él inoculaban en la cuerda esporas de kelp y las cultivaban en el criadero durante alrededor de treinta días antes de transferir la soga a boyas ancladas en el mar, donde el kelp puede crecer 4,5 metros en apenas unos meses. Aunque han experimentado con varias especies, se han centrado principalmente en un primo del kelp gigante de color ámbar, el kelp de azúcar.

—Queremos encontrar lo que absorba la mayor cantidad posible de carbono lo más deprisa posible —me dijo—. Podría tratarse de diferentes especies en distintas regiones marítimas.

Running Tide también ha estado desarrollando nuevas formas de criar con eficacia cantidades ingentes de ostras, empleando para ello tanto criaderos en tierra como sistemas de crecimiento submarino que pueden aumentarse o reducirse a lo largo del año según la necesidad. Además de ser un alimento apetecible con una huella de carbono mínima, las ostras mejoran la calidad del agua y previenen la proliferación perniciosa de algas al absorber el exceso de fertilizantes y productos de desecho que llegan al océano.

Algo más tarde ese mismo día, Baske, Odlin y yo fuimos en barca a la bahía Casco junto con la responsable de estrategia, Claire Fauquier, para ver algunos de los prototipos de microgranjas de kelp de Running Tide. Aunque el día anterior había hecho un calor nada propio de la época, la temperatura había descendido de forma significativa y en lo alto empezaban a formarse nubes de tormenta. Odlin —prácticamente calvo, con barba recortada y bigote, y ataviado con una gorra gris, un impermeable y pantalones cortos— se envolvió con varias toallas para abrigarse y se excusó de vez en cuando para atender llamadas de trabajo. Al llegar cerca de la orilla de Cliff Island, Odlin se inclinó sobre la borda y agarró una boya amarilla para sacarla del agua, no sin gran esfuerzo. Mientras tiraba de ella, un largo manojo de kelp ondulante emergió como si fueran los tentáculos de una medusa vegetal enorme. Aunque las láminas tenían un color similar a las del kelp gigante, eran mucho más delgadas y estaban más enmarañadas. Curiosamente, carecían de vesículas aeríferas.

—Ese es el aspecto que tienen —dijo Odlin al tiempo que se volvía hacia mí con una amplia sonrisa—. Máquinas succionadoras de carbono. Y tienen una capacidad de flotación mínima, lo cual es fantástico. En esa boya debe de haber unos ciento ochenta kilos de kelp, y mira lo poco que la arrastran las algas. Se podría capturar mucho carbono sin añadir demasiada flotación, lo que es crucial para el modelo. Es preciso desmaterializarlo todo.

Con el tiempo, Running Tide tiene previsto soltar en mar abierto miles de boyas cargadas de kelp para que las corrientes las guíen hacia regiones extremadamente profundas y planas conocidas como «llanuras abisales». Las boyas, que se confeccionarán con un material biodegradable aún por determinar —posiblemente madera de desecho y piedra caliza—, se irán desintegrando paulatinamente, lo que permitirá que el kelp se hunda después de entre tres y nueve meses de crecimiento. Cuando llegue a una profundidad igual o superior a los mil metros, el carbono debería permanecer en esas honduras submarinas durante miles de años, tal vez millones. Por medio de este sistema, Odlin y sus colegas tienen el ambicioso objetivo de secuestrar miles de millones de toneladas de dióxido de carbono atmosférico. Es probable que grandes corporaciones paguen a Running Tide por este servicio en compensación por las emisiones pasadas y presentes. La empresa espera reducir el coste a entre cincuenta y cien dólares por tonelada.

Numerosos expertos climáticos sostienen que, aunque las iniciativas para la captura de carbono nunca deberían eclipsar la tarea esencial de reemplazar los combustibles fósiles por energía renovable, tendrán una función complementaria notable en el manejo de la crisis climática. Varios científicos especializados en algas a los que entrevisté expresaron un optimismo cauto ante el uso del kelp para el secuestro de carbono y, seguidamente, una ristra de advertencias e inquietudes. Si Running Tide o alguna compañía similar, como Pull to Refresh y Phykos, despliega en los océanos legiones de granjas flotantes de kelp o viveros robotizados con energía solar, ¿cómo los rastrearán y confirmarán su eficacia? ¿Y qué ocurrirá si chocan contra embarcaciones, se enredan en las hélices, ponen en peligro la vida marina, se hunden demasiado pronto o no llegan a hundirse nunca, convirtiéndose al final en más desechos flotantes contaminantes? ¿Conseguirá el kelp adaptado a entornos costeros prosperar y adquirir un tamaño adecuado en mar abierto, por lo general pobre en nutrientes? En caso afirmativo, ¿se impondrá a comunidades de plancton esenciales y alterará así ciclos ecológicos fundamentales de maneras todavía impredecibles? Nadie ha intentado nunca cultivar y hundir kelp de forma deliberada a una escala que marque una diferencia en el clima global. Aunque esas iniciativas resulten efectivas en el secuestro de carbono atmosférico, es posible que una afluencia tan prolífica de materia orgánica en hábitats abisales desconocidos tenga consecuencias imprevistas.

«No queremos ecoblanquear lo que pueden hacer las algas —sostiene Nichole Price, ecóloga marina del Bigelow Laboratory for Ocean Sciences, que ha estudiado exhaustivamente las algas—. Hay muchas dudas sobre dónde acabarán si alguien las hunde. Cuando el kelp llegue al lecho marino, ¿creará un área anóxica que aniquilará un conjunto de vida marina? ¿Quedará algo envuelto por el camino? Es un trabajo emocionante y sin duda debe ser estudiado, pero yo preferiría disponer de pruebas irrefutables que demuestren que serán un sumidero de carbono limpio, teniendo en cuenta todas las aportaciones y el coste. Antes habría que realizar un montón de pruebas de modelización que nos proporcionarían mucha información».

Odlin es muy consciente de los numerosos desafíos y de las inquietudes comprensibles que sus colegas y él deben afrontar, y afirma que está trabajando mano a mano con científicos para despejarlos. Aun así, sigue tan entusiasmado con la iniciativa como antes.

—Soy ingeniero y lo cuestionaré todo, pero sé que esto funciona —me dijo en una de nuestras conversaciones—. Sé que hundir kelp es una forma de secuestrar carbono de forma permanente. Cada millón de toneladas de carbono contará. Debemos intentar secuestrar hasta el último átomo. Las dos grandes preguntas son: ¿en qué medida podemos llevar esto a cabo, a qué escala? y ¿cuánto costará? Siempre surge este componente irónico cuando intentamos salvar cosas que no tienen precio. No se puede poner precio a detener el calentamiento global. Es una amenaza existencial para la humanidad. No existe garantía de que lleguemos al punto en que el mundo pueda permitirse hacer esto a gran escala, pero tiene que hacer algo, ¿no?

Los criaderos de kelp en miniatura a la deriva serían sin duda una novedad, pero la atracción humana por las algas no lo es. Pruebas arqueológicas indican que los humanos han cosechado algas como alimento y remedio medicinal durante al menos catorce mil años. Algunos investigadores han sugerido que los humanos migraron de Asia a las Américas hace decenas de miles de años a bordo de canoas por la «autopista de kelp», muy rica en recursos, que se extiende desde las costas del actual Japón hasta Alaska y, hacia el sur, por la costa del Pacífico hasta Chile. Los pueblos indígenas del litoral del Pacífico elaboraban esteras de algas silvestres como si fueran jardines. En el noroeste del Pacífico, los pueblos nativos comían brotes de kelp crudo, deshidrataban algas en cajas de cedro, secaban y tejían tallos largos de kelp cola de toro para usarlos como hilo de pescar y confeccionar redes y sogas, y utilizaban las partes huecas a modo de embudos, tubos y recipientes de almacenaje. En ambas costas, los pueblos indígenas forraban con algas los hoyos en los que cocinaban para retener la humedad, añadir sabor a los alimentos y abrir al vapor almejas, langostas y otros crustáceos.

Documentos y tablillas muy antiguos registran la cosecha y el consumo de algas en Asia desde el siglo v, aunque la práctica sin duda comenzó mucho antes. El código Taihō, establecido en Japón alrededor del año 700 d. C., imponía un impuesto que las provincias debían pagar al gobierno central, a menudo en forma de bienes valiosos, entre ellos seda, laca y algas. En el siglo xvi, los pescadores japoneses advirtieron que las algas crecían deprisa en los rediles de bambú que construían para retener a los peces. Bajo las órdenes del *shōgun* reinante, empezaron a cultivar algas arrojando a los estuarios fardos de bambú y ramas de camelia, y los métodos fueron refinándose con el tiempo. En el siglo xviii, los japoneses ya utilizaban técnicas de elaboración de papel para producir pulcras láminas de nori en cantidades enormes. Entretanto, los chinos habían aprendido a convertir las algas rojas en «gelatina helada», que se vendía como refresco estival.

En la antigua Grecia, el filósofo y botánico Teofrasto describió grandes bosques de algas en el fondo del Atlántico; en particular, kelp de azúcar de un «tamaño sorprendente» cerca de las Columnas de Hércules. Plinio el Viejo escribió sobre la prescripción de algas para la gota y la inflamación de las articulaciones; el poeta griego Nicandro afirmó que era un remedio para la mordedura de serpiente. Marineros árabes de la antigüedad estaban «familiarizados con muchas clases de algas marinas y las empleaban como asistente en la navegación, reconociendo así que las algas podían proporcionar información sobre los vientos, las mareas, la profundidad y las condiciones del lecho marino», según escribe Kaori O'Connor en *Seaweed: A Global History*. Según algunas crónicas, las algas incluso salvaron a navíos árabes de los horrores del fuego griego, un arma similar a un lanzallamas que arrojaba un misterioso combustible que seguía ardiendo en la superficie del agua. Al parecer, Abderramán, patrón de los astilleros de Alejandría, recubrió los buques de guerra con una sustancia retardante del fuego extraída del alga parda. El compuesto clave, el ácido algínico, sigue utilizándose en la actualidad en la elaboración de tela ignífuga.

Hace muchos milenios, en Irlanda, Gales y Escocia, cazadores-recolectores de la costa cosechaban algas marinas, junto con frutos secos, bayas y líquenes. El libro de leyes más antiguo que se conserva en Islandia, escrito en el siglo XII, aborda el derecho legal de recolectar en propiedades ajenas un alga roja conocida como «dulse». Los primeros agricultores esparcían algas por los campos a modo de fertilizante y alimentaban con ellas al ganado. En varias islas escocesas remotas, una raza de ovejas confinada en el litoral se adaptó a una dieta compuesta casi por entero de algas, el único animal terrestre que lo ha hecho, aparte de las iguanas marinas. En el siglo XVII, en algunas regiones de Europa la gente quemaba algas en grandes hornos y utilizaba las cenizas, ricas en sodio y potasio, para elaborar jabón y cristal.

En la actualidad, en el mundo se cultivan más de 30 millones de toneladas métricas de algas marinas al año. Asia posee muchas de las granjas más antiguas, grandes e intensivas, siendo China, Indonesia, Corea, Japón y Filipinas los responsables del más del 97 por ciento de su producción. Una sola bahía en China, la de Sang-gou, de unos 130 kilómetros cuadrados, produce más de 240.000 toneladas de algas al año, entre ellas, 80.000 toneladas de kelp deshidratado (alrededor de un tercio del kelp que se produce en todo el país). Como alimento, las algas se disfrutan de un sinfín de maneras: crudas y enteras; cortadas en trozos, rodajas y tiras; al vapor, hervidas, estofadas y tostadas; ahumadas, salpimentadas, en conserva, fermentadas, concentradas y en gelatina. Algunos entendidos en algas hablan de sus predilectas como si fueran vinos excelsos. Harold McGee, autor de gastronomía, explica que, en función de su química y de cómo se prepare, un alga puede tener un aroma marino, floral o especiado con notas de beicon, maíz tostado, té negro o heno. Compuestos extraídos de diversas algas marinas se utilizan ampliamente para engrosar, emulsionar y estabilizar alimentos tan dispares como el ponche de huevo, la lasaña, el pescado rebozado, la ensalada de col, el kétchup y la tarta de queso helada. Las algas son también fuente de agar, el gel que emplean los científicos para cultivar microbios en placas de Petri, además de como agente aglutinante en los comprimidos medicinales, vendas y prótesis dentales de impresión.

Aunque Asia sigue siendo, con diferencia, la industria acuicultora de algas más robusta, esta se está volviendo cada vez más popular en otras partes del mundo. Entre 2014 y 2016, las zonas costeras de Noruega dedicadas al cultivo de algas se triplicaron. Científicos noruegos han estimado que si el país siguiera expandiendo estos criaderos a lo largo de su extenso litoral, cosecharía veinte millones de toneladas para 2050. En las islas Thimble del estrecho de Long Island, Bren Smith ha establecido una de las primeras granjas oceánicas en «3D» de Estados Unidos, que utiliza una especie de andamio construido con sogas, boyas y anclas para cultivar numerosas especies distintas en un área relativamente compacta. En función de la estación del año, largas serpentinas verticales de kelp, vieiras y mejillones cuelgan de cuerdas suspendidas en horizontal cerca de la superficie mientras debajo de ellas, en el lecho marino, prosperan ostras y almejas. Su granja, de 8 hectáreas, absorbe agentes contaminantes y exceso de nutrientes al tiempo que produce unas 100 toneladas de kelp de azúcar y doscientos cincuenta mil ejemplares de crustáceos al año, todo sin necesidad de disponer de tierra cultivable, agua potable ni fertilizantes.

En la actualidad, los criaderos de algas tienen la capacidad de capturar solo 2,5 millones de toneladas de CO_2 al año, una porción ínfima de los más de 36.000 millones de toneladas de dióxido de carbono que los humanos emitimos a la atmósfera anualmente. Pero los criaderos de algas del mundo ocupan hoy apenas 1.500 kilómetros cuadrados, lo que supone solo el 0,04 por ciento del área poblada por algas marinas silvestres que, debido a la polución, el calentamiento del mar, los voraces erizos y las cascadas ecológicas provocadas por la actividad humana, es en sí mucho más pequeña que las poblaciones de algas de los últimos siglos. Antoine de Ramon N'Yeurt, botánico marino de la Universidad del Pacífico Sur, y sus colegas calculan que si los criaderos de algas cubrieran el 9 por ciento de los océanos del mundo, podrían secuestrar al menos 19.000 millones de toneladas de dióxido de carbono al año, más de la mitad de las emisiones globales. El 9 por ciento de los océanos del mundo es una extensión gigantesca, aproximadamente el doble del tamaño de Rusia... Un objetivo descabelladamente ambicioso. Pero estos datos extremos subrayan el inmenso potencial de las algas marinas. Si hundir kelp para secuestrar carbono finalmente resulta demasiado costoso, pernicioso para el medio ambiente o inviable, existen muchas otras formas de implementar los beneficios ecológicos de las algas marinas. Incluso una expansión moderada de criaderos de algas por todo el mundo, combinada con la restauración de comunidades nativas de algas, podría suponer una contribución enorme a la reducción de las emisiones de carbono.

Naturalmente, si se recogiera y consumiera hasta el último ápice de alga cultivada, todo el carbono retenido regresaría enseguida a la atmósfera. Pero, tal como ha demostrado un estudio reciente, allí donde crecen algas silvestres y cultivadas, sus tejidos en permanente degradación y los azúcares que exudan suelen hundirse en aguas profundas y depositarse en el lecho marino, secuestrando mucho más carbono a largo plazo de lo que se había creído hasta ahora. Los criaderos de algas podrían incluso potenciar la captura de carbono al ralentizar las corrientes y permitir que más partículas orgánicas se hundan, se depositen y vayan formando gruesas capas de sedimentos. Duarte, Price y decenas de colaboradores han lanzado un proyecto internacional de investigación para estudiar justo esto: están recabando testigos sedimentarios de criaderos de algas en Norteamérica, Europa y Asia —incluyendo uno de trescientos años de antigüedad en Japón y otro inmenso en China, tanto que se ve desde el espacio— y midiendo su contenido en carbono, entre otras características. Los resultados preliminares son alentadores.

Más allá de capturar carbono y mejorar la calidad del agua, las algas y otras formas de vegetación marina también minimizan y en ocasiones incluso revierten la acidificación del mar, al menos a escala local. Varios estudios llevados a cabo en los últimos años han demostrado que mientras absorben dióxido de carbono del agua, las algas y el pasto marino crean a lo largo de la costa refugios de pH elevado que protegen a cangrejos, ostras, mejillones y otras especies cultivadas y silvestres de aguas cada vez más ácidas que disuelven sus conchas. Gran parte de esta investigación se ha llevado a cabo en el litoral del Pacífico, donde el viento y las corrientes marinas transportan agua desde el fondo, rica en nutrientes pero muy ácida, hasta la superficie, agua que había absorbido carbono que los humanos emitieron a la atmósfera hace décadas. Cuando un equipo de científicos y acuicultores cultivó kelp de azúcar y kelp rabo de toro en una estructura de sogas en mar abierto al noroeste de Seattle, observó un deterioro mucho menor en las conchas de las ostras, los mejillones y los caracoles dentro del criadero de kelp en comparación con aquellos que habitaban más allá de sus límites. Estudios de campo efectuados en Oregón y en el estado de Washington han demostrado que las ostras del Pacífico y Olimpia jóvenes crecen un 20 por ciento más deprisa y tienen más probabilidades de sobrevivir cuando habitan en lechos de zostera. Investigadores de California estimaron que un bosque de kelp restaurado situado frente a la península de Palos Verdes elevó de forma temporal el pH local incluso hasta 0,4 puntos, lo que se correspondió con una reducción de la acidez de hasta el 60 por ciento.

En los últimos años, algunos científicos, acuicultores y empresarios han mostrado un interés progresivo en un sorprendente uso de las algas marinas que podría reducir de forma drástica las emisiones de gases de efecto invernadero de la agricultura terrestre. Cuando los microbios que habitan en los tractos digestivos de las vacas, ovejas, cabras y otros rumiantes descomponen los tejidos de las plantas, producen metano, que los animales expulsan en forma de copiosos eructos. Aunque el metano no permanece en la atmósfera tanto tiempo como el dióxido de carbono, es unas ochenta veces más eficaz atrapando el calor en las primeras dos décadas después de ser liberado. A nivel global, la ganadería contribuye en aproximadamente un 15 por ciento a las emisiones de gases de efecto invernadero de la humanidad. Un corpus de investigación modesto pero en aumento ha demostrado que proporcionar al ganado pequeñas cantidades de algas marinas —es decir, algas rojas ligeras del género *Asparagopsis*— reduce sus emisiones de metano en hasta un 80 por ciento sin alterar el gusto de la leche ni la carne. Tales algas contienen compuestos como el bromoformo, que parecen inhibir la producción de metano por parte de los microbios intestinales.

En cuanto al uso de kelp para secuestrar carbono, sin embargo, el entusiasmo fácilmente podría no estar en consonancia con las pruebas. La *Asparagopsis* es difícil de cultivar, y nadie ha averiguado cómo hacerlo a gran escala, no digamos ya en cantidad suficiente para los cerca de mil quinientos millones de cabezas de ganado del planeta. Aún se desconocen los posibles efectos a largo plazo de incluir algas en su alimentación —entre ellos, la toxicidad o las malformaciones congénitas—, y tampoco está claro cómo afectaría tal exposición a la evolución de los microbios en sus intestinos. Los estudios en curso ayudarán a determinar si la suplementación de algas en la alimentación del ganado restringiría de forma significativa las emisiones de metano o si sería tan inútil como un adorno.

El día siguiente a nuestra salida de esnórquel por los bosques de kelp de Catalina, por la tarde, Lorraine Sadler y yo nos dirigimos justo en la dirección opuesta hacia una cueva conocida como Little Harbor. La cueva era pequeña y corriente, uno de los numerosos paréntesis del Pacífico. Una decena de personas disfrutaban del plácido tiempo practicando kayak, jugando a las palas y descansando en hamacas.

No estaba muy seguro de por qué me había llevado allí Sadler; no teníamos previsto hacer esnórquel en esa parte de la costa. Sin embargo, me había comentado que a menudo encontraba grandes cantidades de algas atascadas en esa zona. En efecto, una cortina marrón de kelp ribeteaba toda la orilla, mecida por el oleaje. La arena estaba tapizada por toda clase de miembros amputados de la anatomía algal: láminas flácidas de kelp, vesículas aeríferas rotas, marañas de fuco ennegrecido y montones de lo que parecían, extrañamente, fideos gigantes de ramen o soba. Sadler, ataviada con una camisa estampada con peces de colores y zapatillas turquesa con cordones rosa fluorescente, exploró la playa con avidez y la mirada clavada en la arena, y cada poco se detenía para inspeccionar un gurruño de algas o algo semienterrado en la arena.

En un momento dado, divisó un kelp gigante prácticamente intacto que rodaba con las olas: disco de adhesión, estipe, láminas..., todo. Lo más probable era que alguna tempestad lo hubiera arrancado del lecho marino. Cuando el mar se retiró, ambos agarramos el estipe y arrastramos el kelp entero hasta la orilla. Sadler se arrodilló y empezó a explorar el disco, que tenía el tamaño aproximado de una sandía pero la forma de un embudo semiaplanado. El exterior parecía una estera de raíces de color marrón dorado, densa y nudosa, como si hubiera pasado demasiado tiempo en una maceta, mientras la base cóncava que había estado aferrada a la roca se asemejaba a un gran nido de ave.

Sadler, extasiada ante la oportunidad de estudiar de cerca un ejemplar de primera, empezó a hurgar entre las ramas enmarañadas de la base del disco.

—¡Es increíble! —exclamó—. ¡Siempre hay tanto que ver!

Me arrodillé a su lado y, observando más de cerca, empecé a advertir que el kelp era mucho más que kelp. Todas las superficies disponibles, me explicó Sadler, estaban habitadas por microbios invisibles y ribeteadas con una costra blanca formada por invertebrados acuáticos diminutos conocidos como «briozoos» o «animales de musgo». Hasta el último recodo estaba repleto de vida o de la impronta de seres vivos: una pluma, una concha, otra alga más pequeña. Sadler siguió diseccionando el disco y enumerando lo que encontraba. Había un alga roja con flecos delicados como la pluma de un pájaro cantor en miniatura, tubos calcáreos de siboglínidos fantasmagóricos, estrellas de mar jóvenes, caracoles, gambas y almejas pequeñas y tímidas.

Cuando en 1934 Charles Darwin encontró bosques de kelp alrededor de Tierra del Fuego, quedó fascinado ante la variada congregación de vida que vio en su seno: «La cantidad de criaturas vivas de todos los órdenes, cuya existencia depende estrechamente del kelp, es maravillosa —escribió en su diario—. Al sacudir las raíces, grandes y enmarañadas, cayeron a la vez un sinfín de peces pequeños, conchas, sepias, cangrejos de toda clase, erizos blancos, estrellas de mar [...] y reptantes nereídidos de multitud de formas [...]. Solo puedo comparar estos grandes bosques acuáticos del hemisferio sur con los terrestres de las regiones intertropicales».

Cuanto más pensaba en esas «grandes raíces enmarañadas», más significado cobraban. Ahí teníamos una jungla dentro de una jungla, formada por un organismo cuya mera presencia volvía el mar más habitable y cuyo crecimiento o muerte determinaba el sino de los ecosistemas litorales de todo el mundo. Aquello era el amarradero de una forma de vida de la que los humanos hemos dependido durante decenas de miles de años y cuyo poder nuestra especie está ahora tratando de explotar de nuevas maneras. El disco de adhesión que Sadler y yo examinábamos en la playa era, como nuestro planeta, intrincado, fecundo y misterioso, aparentemente infinito en su oculta complejidad. Cuanto más lo escrutábamos, más había por ver.

En el Antropoceno, una y otra vez, descubrimos que nos hemos metido en el mismo aprieto trágico: por medio de una ciencia cada vez más sofisticada, por fin estamos descifrando algunos de los ritmos planetarios que la coevolución de la vida y el entorno ha modelado a lo largo de periodos extensos, y del mismo modo nuestra destrucción generalizada de los ecosistemas de la Tierra y nuestro consumo irresponsable de combustibles fósiles amenazan con alterar o acabar con esos mismos ritmos. Estamos aprendiendo deprisa a valorar las numerosas formas en que la vida tiende a estabilizar y regular la Tierra mientras al fin admitimos que, con demasiada frecuencia, nuestra especie ha hecho justo lo contrario, empujando al planeta a un estado de crisis. En la búsqueda de soluciones, vemos que sabemos lo suficiente para reconocer e incluso cuantificar la importancia de los ecosistemas pasmosamente complejos que habitamos, pero no siempre lo bastante para intervenir con seguridad cuando empiezan a desmoronarse.

Aun así, la mera complejidad y la asombrosa diversidad de nuestro planeta vivo son también razones para la esperanza, el coraje y la perseverancia, porque es precisamente esa complejidad lo que hace que la Tierra sea tan resiliente. Tal como revela el registro geológico, los ecosistemas del mundo rebosan posibilidades, incluso cuando están al borde del precipicio de la destrucción. Si nuestra especie aprende al fin a trabajar con los ecosistemas de la Tierra, como parte de ellos, en lugar de intentar someterlos —si abordamos el origen de la crisis actual cambiando fundamentalmente nuestra relación con el planeta más que aferrándonos a sistemas industriales y económicos que nunca han sido sostenibles—, evitaremos el desastre absoluto en las próximas décadas, minimizaremos el sufrimiento y en último término crearemos un mundo mejor. No será exactamente como la Tierra que conocíamos hasta ahora, pero será uno donde la primavera seguirá llena de cantos, la nieve derretida seguirá alimentando los arroyos de las montañas y los bosques seguirán prosperando en el mar.

6

Planeta de plástico

Kamilo Beach ha sido siempre un lugar donde el océano atesora sus pecios y maravillas. Una confluencia de vientos alisios, corrientes y geografía concentra restos flotantes y desechos a la deriva en esta remota medialuna de roca y arena virgen, cerca del extremo sudoriental de la isla de Hawái. Cuando los indígenas hawaianos buscaban madera para labrar canoas, en ocasiones viajaban hasta Kamilo, donde encontraban leños gigantes que habían llegado a la isla flotando desde bosques de coníferas situados en el noroeste del Pacífico. Los cuerpos que se perdían en el mar con frecuencia acababan llegando allí. Y según algunos relatos populares, la gente utilizaba las fiables corrientes que rodeaban Kamilo para hacer llegar mensajes a sus seres queridos.

En la historia más reciente, Kamilo adquirió una infame reputación por acumular volúmenes atroces de un material que hace un siglo no existía en una cantidad apreciable pero que ahora es omnipresente en el sistema terrestre. Entre la década de 1970 y finales de siglo, raqueros, campistas y otros visitantes de Kamilo encontraron la arena tapizada por completo con desechos y montones de plástico que al parecer alcanzaban entre 2,5 y 3 metros de altura. Varios medios de comunicación la apodaron «la Playa de Plástico» y la describieron como una de las costas más «sucias» del mundo.

A mediados de la década de 2000, Charles Moore, un marinero y ambientalista experimentado, tuvo ocasión de ver en persona los montículos de basura de Kamilo. Varios años antes había empezado a escribir artículos de investigación sobre la contaminación plástica en el océano Pacífico, un tema que estaba convirtiéndose rápidamente en el centro de su vida y su trabajo. En 1997, durante una travesía de Hawái al sur de California, Moore navegó por el Giro del Pacífico Norte, un remolino gigantesco de corrientes que giran en el sentido de las agujas del reloj alrededor del archipiélago hawaiano. Durante varios días seguidos, no atisbó ninguna otra embarcación. «Aunque desde la borda miraba la superficie de lo que debía ser un mar prístino, lo único que veía, hasta donde me alcanzaba la mirada, era plástico —escribió Moore después—. Parecía inverosímil, pero no veía un solo claro [...]; daba igual la hora del día a la que mirase, por todas partes flotaban restos de plástico».

Moore se había internado en lo que acabó conociéndose como la Gran Isla de Plástico del Pacífico, una de las, al menos, dos concentraciones de desechos flotantes que existen en el Giro del Pacífico Norte. Aunque popularmente se denominan «islas», no son tanto acumulaciones cohesivas de basura como remolinos invadidos de confeti plástico difuso, marañas de pertrechos de pesca y otros residuos plásticos. El tamaño de la Gran Isla de Plástico del Pacífico no se ha determinado con exactitud, pero los investigadores calculan que ocupa alrededor de 1,6 millones de kilómetros cuadrados —más de tres veces la superficie de España— y que contiene 1,8 billones de piezas de plástico, lo que equivale a más de doscientas piezas por cada habitante de la Tierra. En un estudio de referencia, Moore y sus colegas estimaron que, en el área de la isla, la presencia de plástico supera a la de plancton en seis partes a una.

Para llegar a Kamilo, Moore emprendió «una hora de caminata desafiante y agotadora por una pista de tierra llena de socavones y lava dentada», según la describió en su libro *Plastic Ocean*, de 2011. La playa presumía de «los atributos de un destino turístico de talla mundial: montañas brumosas como telón de fondo, bahía con forma de medialuna, piscinas naturales excavadas por la marea en la lava, el murmullo del oleaje y lo que parecía una superficie de arena», afirma Moore en sus páginas; pero también «un vertedero, literalmente». Al inspeccionar la playa, encontró en ella un sinfín de productos de plástico: «pulverizadores, botellines, restos de calzado, tapas de vasos de café de Nestlé, cepillos de dientes, encendedores de gas butano» y toneladas de redes de pesca. Por todas partes había fragmentos diminutos de plástico, no solo en la arena, sino también debajo de ella, enterrados. Al escarbar encontró «bolitas brillantes», que identificó al instante como granza, pellets de plástico fundidos y modelados en forma de productos comerciales de toda clase.

También en la playa halló otros materiales que le resultaron, para su sorpresa, desconocidos: su naturaleza no era ni geológica ni del todo artificial. Parecían quimeras extrañas de roca y plástico, tal vez fusionadas por el calor de las coladas de lava. Una de ellas se asemejaba a una boya de plástico que se hubiese transformado en basalto. Otro ejemplo, de un colorido pasmoso, daba la impresión de consistir, al menos en parte, en redes de pesca semidisueltas y encoladas entre sí. Varios años después, durante una charla pública en la Universidad de Ontario Occidental, Moore mostró fotografías de amalgamas sin identificar y anunció que buscaba a algún geólogo que quisiera ir a Kamilo para examinarlas en detalle. Patricia Corcoran, la profesora de ciencias de la Tierra que había organizado la charla, aprovechó la oportunidad sin pensarlo. Kelly Jazvac, una artista que se encontraba entre el público y estaba interesada en la contaminación ambiental, se ofreció a viajar con ella.

En el verano de 2013, Corcoran y Jazvac, guiadas por unos lugareños que conocían bien la zona, fueron en un jeep a Kamilo por la misma pista de polvo, tierra y lava por la que había llegado Moore. En cuanto se apearon del vehículo y accedieron a la playa, encontraron ejemplos de los conglomerados que Moore había documentado. Algunos eran pequeños como uvas; otros, tan grandes como un microondas. Varios parecían rocas volcánicas en cuyas grietas y recovecos se hubiese embutido goma de mascar o cera derretida. Otros eran batiburrillos caóticos de madera, piedra, conchas, coral y plástico, como montones de residuos regurgitados por un compactador de residuos averiado. Algunos estaban pulidos y redondeados, lo que delataba que las olas los habían hecho rodar repetidamente. En una zona encontraron plástico derretido y adherido a la piedra y arena a unos 15 centímetros de profundidad.

Corcoran y Jazvac buscaron pruebas que respaldasen la corazonada de Moore de que la actividad volcánica había fundido diferentes materiales, pero enseguida supieron que hacía más de un siglo que no había habido lava incandescente en la región. Sin embargo, a partir de sus propias observaciones y conversaciones con habitantes del lugar, averiguaron que de cuando en cuando la gente acampaba y prendía hogueras en Kamilo. La cantidad de plástico que abarrotaba la playa era tal que resultaba imposible encontrar un hueco donde el calor de un fuego no derritiera residuos. El plástico fundido se había convertido en una matriz que unía lo geológico, lo biológico y lo tecnológico. Al prender hogueras en una región con sustratos tan diversos —una parte del planeta donde la tierra y el mar se fusionan, donde el océano mezcla lo humano y lo no humano, lo animado y lo inanimado—, nuestra especie había forjado, sin ser consciente de ello, un material hasta entonces inexistente. Los extraños conglomerados que Corcoran había recogido eran en esencia una nueva clase de roca, y ella era la primera geóloga que la examinaba de cerca. En un artículo científico publicado en la revista mensual de la Sociedad Geológica de Estados Unidos, Corcoran, Jazvac y Moore propusieron formalmente un nombre para este hallazgo: «plastiglomerado», la primera clase de roca de la historia de la Tierra compuesta parcialmente por plástico.[19]

Desde los tiempos en que los primeros humanos empezaron a tallar huesos para confeccionar anzuelos, pasando por las travesías transatlánticas propulsadas a vela hasta la era moderna de cruceros colosales y sumergibles robóticos, nuestra especie ha alterado el mar de formas muy diversas y duraderas. Hemos devastado los arrecifes tropicales del planeta y empujado a numerosas poblaciones de criaturas marinas al borde de la extinción por su carne, piel, aceite y

19. En persona, Corcoran es más partidaria de describir el plastiglomerado como una piedra y no tanto como una roca porque, según su definición formal, la roca es un agregado mineral producto exclusivamente de procesos geológicos sin intervención humana. No obstante, algunos investigadores, como el geólogo James Underwood, han propuesto que a las tres clases principales de roca —ígnea, metamórfica y sedimentaria— se les sume una cuarta: la antrópica.

sangre. Hemos permitido que un exceso de fertilizantes acabe en el mar y provoque un aumento tóxico de plancton y hemos contaminado tanto las costas como altamar con cantidades ingentes de petróleo. Hemos saturado el paisaje sonoro del océano con una cacofonía de sónares, prospecciones sísmicas y tráfico marino. Hemos abierto nuevos conductos entre océanos, hemos excavado túneles submarinos, hemos entramado el lecho marino con cables de comunicación y hemos experimentado con nuevos métodos de extracción de metales preciosos en ecosistemas vulnerables de las profundidades marinas. Y hemos provocado que el mar sea más cálido y ácido de lo que lo ha sido en millones de años.

La pasmosa afluencia de polución plástica al mar ejemplifica la velocidad sin precedentes a la que nuestra especie ha transformado muchas regiones del planeta a un tiempo. A lo largo de la historia, la vida ha introducido repetidamente sustancias nuevas en el sistema terrestre, algunas de las cuales —como el oxígeno libre (O2), altamente reactivo, y la lignina y otros tejidos vegetales indigeribles— resultaron en un principio problemáticas o incluso letales para numerosas especies. Pero estas introducciones se produjeron sin excepción a lo largo de miles de años o más, lo cual concedía a los ecosistemas un tiempo considerable y la oportunidad de adaptarse. En contraste, nosotros hemos inundado el planeta de plástico en un instante geológico y apenas estamos empezando a advertir las repercusiones. Si el plancton es un conjunto de átomos de océano, que definen la química líquida del planeta, y las algas son el tejido de los grandes bosques acuáticos de la Tierra, que forman enormes hábitats subacuáticos y comunidades costeras que sirven de refugio a otras especies, la contaminación plástica es una corrupción insidiosa de ambos, hecha literalmente con restos de plancton y algas ancestrales, pero revirtiendo de forma persistente su función ecológica de maneras tan evidentes como turbias.

Los materiales específicos más conocidos para nosotros como «plástico» son inventos relativamente recientes, pero la clase de materiales a la que pertenecen —los polímeros— es muy antigua. Un polímero, término que proviene del término griego que significaba «muchas partes», es una sustancia compuesta por moléculas gigantes conformadas a su vez por numerosas subunidades moleculares repetitivas encadenadas entre sí. Los polímeros abundan en la naturaleza: algunos ejemplos son el ADN, el tejido muscular, el cabello y las uñas, la seda, el algodón, la lana y muchas otras fibras y resinas producidas por plantas y animales, y formas muy viscosas de petróleo, como el betún.

Los humanos empezaron a utilizar los polímeros mucho antes de los tiempos de los que datan nuestros primeros registros. Hace al menos setenta mil años, los humanos recolectaban betún allí donde brotaba en la superficie de la tierra y lo empleaban con fines ornamentales y también pragmáticos. Con el tiempo, la gente aprendió a usarlo para ensamblar mangos de herramientas de sílex y para impermeabilizar cestas, jarras, tejados y barcas. Entre cuarenta mil y cincuenta y cinco mil años atrás, los humanos emplearon asimismo resina de pino y brea negra de abedul como adhesivo. Más tarde, en la antigua Roma, se desarrolló toda una industria alrededor de la resina de conífera. Hace unos cuatro mil años, los mesoamericanos inventaron lo que es posible que fuera el primer plástico parcialmente sintético. Al combinar el látex blanco lechoso de determinados árboles con el jugo del fruto de las campanillas, crearon goma, que moldeaban para elaborar sandalias, cinta para empuñaduras y pelotas que utilizaban en juegos y rituales. Cuando los europeos se encontraron ante la goma por primera vez en las Américas, nunca habían visto nada parecido: un material a un tiempo robusto y elástico, un sólido con capacidad de botar.

Durante milenios, la gente utilizó el marfil, el cuerno, el carey y otros polímeros de origen animal para confeccionar desde peines, botones y cubiertos hasta teclas de piano y bolas de billar. Pero los polímeros de origen animal no siempre resultaban idóneos para las funciones que se les asignaban o aptos para la producción masiva. A principios del siglo xx, el químico belga Leo Baekeland empezó a buscar un sustituto sintético para la laca, una resina extraída de insectos por medio de un proceso lento y laborioso, y apreciado como aislante eléctrico. Tras combinar determinadas proporciones de fenol y formaldehído bajo presión, produjo un material ligero pero resistente que constituía un aislante magnífico y conservaba la forma una vez modelado, incluso sometido a calor posterior. Lo denominó «baquelita» y contribuyó a popularizar el uso del término «plástico», derivado del griego *plastikos*, que significa «moldeable». Pronto la baquelita se produjo de forma masiva como componente para teléfonos, planchas, cepillos de dientes, radios, coches y lavadoras. No mucho después, investigadores de la compañía química norteamericana DuPont inventaron el neopreno, el teflón y el nailon. Las medias de nailon causaron sensación a escala internacional. Las existencias se agotaban en horas y los vendedores se peleaban por las provisiones limitadas.

Durante la Segunda Guerra Mundial, en Estados Unidos la producción anual de plástico casi se cuadriplicó, pasando de 96.600 toneladas métricas en 1939 a 371.000 en 1945. El ejército utilizaba plástico para fabricar componentes de aviones, antenas, espoletas de mortero y cilindros de bazucas. Con nailon se confeccionaban paracaídas, sogas, forros de casco y chalecos antibalas. Con plexiglás se hacían las ventanillas de los aviones. El teflón aislaba los gases volátiles. Por la misma época, las innovaciones en el moldeado por inyección facilitaron la producción masiva, precisa y eficiente de plástico. Después de la guerra, sus usos comerciales proliferaron. Barato, versátil, ligero, impermeable y duradero, el plástico se transformó en tápers, bolsas de la compra, botellas, envases y un sinfín de alternativas a numerosos usos tradicionales de la madera, el papel, el vidrio y el acero. Desde entonces, su producción global se ha disparado. El mundo ha producido un total acumulado de 8.300 millones de toneladas métricas de plástico desde 1950. La producción global anual es en la actualidad de 360 millones de toneladas. En las dos últimas décadas se ha fabricado más plástico que en toda la segunda mitad del siglo xx.

En la conversación cotidiana, solemos meter todo el plástico en el mismo saco y hablar de él en singular, pero los materiales a los que estamos refiriéndonos se conocen más formalmente como plásticos porque son muy numerosos y diversos. Hoy en día existen centenares de materiales plásticos con composiciones químicas y utilidades diferentes. Dos de los más fabricados y conocidos son el polietileno y el polipropileno, que se emplean principalmente en la confección de películas flexibles y materiales similares para embalajes, así como componentes de coches, cañerías y artículos de uso doméstico. El PVC y el poliuretano se emplean ante todo en la construcción y en la industria automotriz. Se prefiere el tereftalato de polietileno (PET) para la elaboración de botellas y tejidos. El poliestireno se utiliza a menudo en el embalaje protector y el aislamiento, tanto sólido como en forma de espuma. Y el policarbonato se transforma con frecuencia en productos rígidos y transparentes, como las lentes de las gafas y los invernaderos. La inmensa mayoría de los plásticos modernos se fabrican con petróleo y gas, que previamente se someten a un calor y una presión elevados para reducirlos a componentes moleculares ricos en carbono e hidrógeno, como el etileno y el propileno. Estas moléculas relativamente pequeñas se unen después químicamente a moléculas nuevas y más grandes, lo que da como resultado resinas viscosas que pueden a su vez procesarse en los polvos y los pellets que se emplean en el moldeado por inyección. Así, la mayoría de los plásticos que utilizamos son una forma más de combustible fósil.

El plástico contamina el mar por numerosas vías diferentes, entre ellas los vertidos deliberados y los accidentales, pero el 80 por ciento de los desechos plásticos marinos se originan en tierra firme. Todos los años se vierten entre 8 y 12 millones de toneladas de basura plástica al mar, sobre todo a través de más de un millar de ríos asiáticos de pequeña y mediana envergadura, donde poblaciones muy densas utilizan grandes cantidades de plástico desechable, pero en muy raras ocasiones disponen de sistemas adecuados de gestión de residuos, un problema agravado por un torrente de plástico procedente de Estados Unidos y otros países ricos que intentan externalizar sus propias necesidades de gestión de residuos.[20] Las redes fluviales próximas a la costa que acumulan grandes cantidades de basura humana y reciben lluvia abundante son las que más probabilidades tienen de contaminar el mar. Según algunos cálculos, si se mantiene la tendencia

20. Durante muchos años, Estados Unidos exportó gran parte de sus desechos plásticos a China, donde su destino final no estaba claro. En 2018, China dejó de aceptar la gran mayoría de las importaciones de basura plástica. En consecuencia, el nivel estimado de reciclado de plástico en Estados Unidos descendió de un ya bajo 9,5 por ciento a un abismal 5 por ciento.

actual, en 2050 la humanidad habrá producido 33.000 millones de toneladas acumuladas de plástico, y el volumen de desechos plásticos que amenazan con contaminar el mar aumentará a 150 millones de toneladas al año, casi el doble del peso del pescado que se pesca anualmente.

La mayor parte del plástico que llega al mar flota, al menos al principio. La luz del sol, el oxígeno y las olas empiezan a degradar los desechos flotantes y los vuelven quebradizos. Ciertos microbios, hongos, algas, crustáceos y otras criaturas marinas pueblan estos desechos plásticos y reducen su flotabilidad. Cuando el plástico se quiebra y se hunde en el mar, organismos más grandes, como peces y tortugas, suelen consumirlo. Otros pedazos de plástico ascienden y descienden sin cesar a medida que su flotabilidad varía o se ven arrastrados a la orilla con las mareas. Se cree que el plástico que permanece en altamar se fragmenta en trozos cada vez más pequeños —conocidos como «microplásticos» y «nanoplásticos»— y acaba depositándose en el lecho marino, pero su destino final sigue siendo un misterio. Dada la cantidad de plástico que los humanos hemos producido en el último medio siglo, debería haber centenares de millones de toneladas en el mar, gran parte de las cuales deberían estar flotando en la superficie. Sin embargo, las inspecciones llevadas a cabo solo han encontrado una pequeña cantidad en la superficie. Al menos parte de ese plástico podría estar enterrado en las orillas o en el fondo del océano, o bien haber acabado ingerido por la vida; o tal vez le haya sucedido algo que ignoramos por completo. En el momento presente solo podemos decir que la gran mayoría del plástico que ha llegado al mar curiosamente ha desaparecido.

El plástico ha contaminado mucho más que el mar. Los científicos han hallado partículas plásticas diminutas en la totalidad del sistema terrestre: en ríos, lagos y estanques; en selvas, sabanas y cordilleras montañosas; en el hielo polar y en la nieve; en la tierra, la atmósfera y la lluvia, en la sangre y los pulmones humanos. No obstante, es en el océano y a través de él donde, de todo el planeta, los objetos de plástico dejan la huella más perdurable. Aún se desconoce la longevidad concreta de los objetos de plástico que contaminan el mar y otras partes del planeta, pero los científicos creen que podría abarcar entre siglos y milenios. Sepultado a gran profundidad en tierra firme o en el lecho marino, podría sobrevivir incluso mucho más tiempo. Los investigadores han encontrado contaminación plástica en testigos sedimentarios de cotas muy profundas del Mediterráneo, el Atlántico Norte y el Índico, además de a casi 5.000 metros de profundidad en la fosa de las Kuriles, en el noroeste del Pacífico, con concentraciones que alcanzan incluso las doscientas piezas de microplástico por metro cuadrado. De manera muy parecida a como las conchas y los esqueletos de plancton se acumulan en los sedimentos del fondo marino, este plástico acabará comprimido en forma de roca y posteriormente fundido en el interior líquido del planeta o elevado como capas de nuevas montañas y acantilados.

Cuando el plástico queda enterrado en sedimentos, ya sea en tierra o en el mar, también tiene el potencial de fosilizarse. El plástico elaborado a partir de combustibles fósiles es, en último término, de origen biológico. Muchas estructuras y residuos orgánicos recalcitrantes han sobrevivido en el registro fósil durante miles y millones de años: madera, esporas, granos de polen, resinas y los intrincados caparazones de plancton, por ejemplo. «Al parecer, muchos plásticos se comportarán de forma similar a lo largo de escalas de tiempo geológico», escriben Patricia Corcoran, Jan Zalasiewicz y sus colegas en un artículo científico. Los desechos de plástico, explican, «podrían fosilizarse en forma de "molde" o de "grabado", aunque el material original se haya perdido por medio de la biodegradación». Así, el contorno de bolígrafos, botellas de plástico y cedés «podría encontrarse en el futuro como fósiles en roca sedimentaria, aunque el plástico en sí mismo se haya degradado o haya sido reemplazado por materiales diferentes». Otros objetos de plástico podrían fosilizarse más o menos como un hueso de dinosaurio, con la estructura 3D conservada.

Desde la primera visita de Corcoran a Kamilo, los investigadores han documentado formalmente varios tipos diferentes de plastiglomerado y materiales híbridos similares en playas de todo el mundo. Los piroplásticos, por ejemplo, se caracterizan por una matriz amorfa y de color desvaído de plástico fundido. Algunos se asemejan tanto en tono y textura a los guijarros corrientes de las playas que es imposible distinguirlos a simple vista; solo los delata su insólita ligereza al cogerlos. Cuando el plástico se fusiona con roca, se vuelve incluso más longevo. Algunos científicos han sugerido que el plástico y el plastiglomerado serán una parte significativa del registro geológico, una impronta única de nuestro momento en la historia de la Tierra.

Dado que el plástico moderno se sintetiza en laboratorios y fábricas, suele considerarse un material «antinatural». Sin embargo, este concepto solo adquiere sentido en contraposición a la idea de lo natural, que depende a su vez de la falsa premisa de que los seres y los artefactos humanos estamos en cierto modo separados de la naturaleza en general. En realidad, los humanos formamos parte de ella en la misma medida que cualquier otra criatura viviente. Somos animales de carne y hueso con cuerpos y comportamientos moldeados por la evolución. No somos los únicos que tenemos conciencia, cultura y sistemas de comunicación. Nuestras tecnologías son, en esencia, versiones mucho más elaboradas de una telaraña, un nido de ave y el martillo de piedra de un mono. Y distamos mucho de ser los únicos seres que modifican de forma radical su entorno inmediato, crean infraestructuras perdurables y cambian el conjunto del planeta. La combinación de velocidad, magnitud y diversidad de los cambios que hemos efectuado es excepcional, pero se trata de una diferencia de grado, no de clase.

Todo cuanto nuestra especie fabrica es una modificación de lo que la naturaleza ya ha suministrado. El plástico es una forma más de reorganizar moléculas existentes. Se podría argüir que los plásticos sintéticos modernos constituyen configuraciones moleculares que la evolución nunca habría descubierto por sí misma. Otra manera de verlo es que la evolución descubrió el plástico a través de nosotros. Lo preocupante no es que sea antinatural, sino que es, como el oxígeno y la lignina antes que él, totalmente desconocido para el sistema terrestre y sus antiquísimos ritmos. El problema es que, en su forma actual, el plástico es omnipresente, muy resistente a la degradación y perjudicial para muchas formas de vida.

Darrell Blatchley sabe qué aspecto tiene la muerte causada por el plástico. También sabe a qué huele y qué sensación produce. Ambientalista y conservador museístico en Dávao, Filipinas, lleva a cabo de manera regular necropsias de mamíferos marinos para determinar la causa de la muerte y conserva sus huesos con fines educativos. Una mañana de marzo de 2019, temprano, recibió una llamada de la Oficina de Pesca y Recursos Acuáticos nacional referente a una ballena enferma en el golfo de Dávao. Los lugareños la habían avistado, ladeada y vomitando sangre. A pesar de sus denodados esfuerzos por salvar al animal, cuando Blatchley llegó al lugar, ya había muerto; flotaba en el agua sobre un costado y las costillas le sobresalían en el cuerpo escuálido.

Con la ayuda de los presentes, Blatchley y sus colegas cargaron la ballena en un gran remolque y la llevaron al museo, donde determinaron que el animal era un macho joven de la especie de ballena picuda de Cuvier, de unos 4,5 metros de largo y 500 kilos. Tenía la piel moteada de gris y negro, la cabeza ligeramente encorvada y dos colmillos subdesarrollados en la mandíbula. Mientras que la mayoría de los miembros de su especie eran como gotas de agua esbeltas y alargadas, este tenía el cuerpo hundido en algunas partes y distendido en otras. Su abdomen estaba tan hinchado y rígido que en un primer momento Blatchley pensó que podría tratarse de una hembra preñada.

En cuanto sajó el estómago de la ballena, se quedó horrorizado ante la visión de su contenido: la mole compacta de residuos plásticos más grande que jamás había encontrado en un solo animal. Arrancó y desplegó un jirón de una bolsa de plástico amarillo, procedente quizá de una plantación bananera, seguido de una bolsa de basura de plástico negro y otra amarilla. Blatchley negó con la cabeza. No paraba de salir plástico. Parte de él llevaba tanto tiempo comprimido en el estómago de la ballena que había empezado a calcificarse y formaba grumos duros como la piedra. «Había masas que ni siquiera conseguí separar —recuerda Blatchley—. Era como algo que se hubiese derretido y mezclado». En total, extrajo 40 kilos de desechos plásticos del cuerpo del animal, entre ellos dieciséis sacos de 25 kilos de arroz, cuatro bolsas de plantación bananera, numerosas bolsas de la compra y marañas de cuerda de nailon. Toda esa basura suponía el 8 por ciento del peso total de la ballena y le bloqueaba por completo el acceso del estómago a los intestinos, lo que le impedía asimilar el agua o el alimento. En algunos puntos, el ácido del estómago, incapaz de digerir el plástico, había descompuesto y horadado el tejido.

Las ballenas picudas de Cuvier se alimentan principalmente de calamares y peces, que encuentran sirviéndose de su sistema de ecolocación. Así, no es de extrañar que confundan con comida bolsas ondulantes y otros objetos plásticos flotantes. Cuanto más plástico consumen, más se debilitan; privadas de la energía que precisan para sumergirse en aguas profundas, se ven obligadas a alimentarse más cerca de la superficie, donde es más probable que encuentren desechos grandes. Solo desde 2022, Blatchley ha llevado a cabo setenta y cinco necropsias de ballenas y delfines, de los cuales calcula que el plástico mató a cincuenta y cinco.

Los plásticos perjudican la vida de diferentes maneras. La ingestión y el enredo son dos de las más comunes. Los investigadores han documentado más de trescientas cuarenta especies enredadas en sedales y redes abandonadas, así como en otros residuos plásticos; de ellas, el 26 por ciento eran aves marinas; el 46 por ciento, mamíferos marinos e incluían a todas las tortugas marinas. Muchos animales atrapados mueren ahogados o sufren deformidades espantosas: el plástico puede convertirse en un garrote permanente que penetra en el cuello de las focas o en una faja que obliga a las tortugas a crecer con forma de ocho. Los científicos han documentado asimismo casos de indigestión de plástico en más de dos mil doscientas especies marinas, desde zooplancton hasta depredadores ápice, incluidas todas las variedades de tortugas marinas; de ellas, cerca del 60 por ciento eran ballenas y aves; más de un tercio, de foca y numerosas clases de peces. Algunos animales parecen mostrar cierta atracción hacia los desechos plásticos, en parte porque este absorbe aromas generalmente asociados a su alimento. Las tortugas y las aves marinas a menudo consumen krill y otros crustáceos, que se nutren de plancton y algas, que a su vez secretan un sulfuro de dimetilo acre, sobre todo cuando se agitan. Los pájaros y las tortugas han aprendido a rastrear ese olor para encontrar a sus presas. El plástico empapado en agua salada y cubierto de plancton y algas confunde sus sentidos.

El consumo de plásticos resulta aún más problemático porque suelen contener y acumular sustancias tóxicas. Muchos son insolubles en agua e inertes en cuanto a su composición química, por lo que no resultan particularmente tóxicos, pero sus componentes moleculares sí lo son, lo que supone un riesgo cuando empiezan a degradarse. Los fabricantes suelen mezclar plásticos con diversas sustancias tóxicas o perniciosas para mejorar su apariencia y su rendimiento, entre ellas colorantes, lubricantes, retardantes de fuego, antimicrobianos, masillas para reforzar la estructura y reducir el coste del material, fibras de carbono para potenciar la fuerza tensil y plastificantes para mejorar la flexibilidad y la durabilidad. Los desechos plásticos pueden reunir y concentrar contaminantes ambientales hasta un millón de veces más que el mar que los rodea. Los nanoplásticos, que ni siquiera se descubrieron hasta 2017, son esponjas particularmente eficaces de compuestos tóxicos debido a su elevada proporción superficie-volumen: suelen tener un tamaño inferior a una micra, o ser ocho veces más pequeño que un glóbulo rojo. Los nanoplásticos también destacan por su capacidad para penetrar en los intestinos y burlar las defensas del organismo, y se infiltra en los vasos sanguíneos, el cerebro y el sistema inmunitario.

Las partículas de plástico diminutas, junto con los agentes contaminantes que acarrean, se acumulan también en los tejidos tanto de las personas como de los animales salvajes. Los científicos han calculado que, de media, los adultos estadounidenses ingieren e inhalan entre noventa y cuatro mil y ciento catorce mil partículas plásticas ínfimas al año, pero estas cifras se han considerado una «grave subestimación» debido a la limitación de los datos. Los investigadores han encontrado concentraciones alarmantes de aditivos tóxicos procedentes de los desechos plásticos en las entrañas de crustáceos que habitan las grandes profundidades de la fosa de las Marianas, a unos 10 kilómetros por debajo de la superficie. Numerosos estudios han demostrado que el plástico ingerido perjudica la salud del zooplancton, los mejillones, los cangrejos, los peces, las aves marinas y otros organismos al interferir en los procesos de alimentación y reproducción, inhibir el crecimiento, dañar células, provocar inflamación y modificar la expresión genética. Cuando los investigadores expusieron huevos de perca a concentraciones de microplásticos típicas de las costas del mar Báltico, por ejemplo, las larvas que brotaban de ellos sufrían un subdesarrollo evolutivo, no mostraban el comportamiento típico de evitación de depredadores y sufrían una tasa de mortalidad insólitamente elevada.

Una de las formas más inquietantes en que los plásticos afectan a la vida marina, y a la vida del planeta en general, es su tendencia a alterar la ecología del plancton. Alfombras de plásticos flotantes impiden que la luz del sol llegue al plancton fotosintético, inhibiendo su metabolismo y su reproducción. El fitoplancton que se adhiere a los desechos plásticos, o que se ve expuesto a ellos, puede absorber sus componentes tóxicos. Cuando el plástico poblado de plancton, algas y crustáceos se vuelve demasiado pesado y empieza a hundirse, el fitoplancton se ve arrastrado a la oscuridad. Entretanto, el zooplancton consume microplásticos tóxicos de manera rutinaria, lo que reduce su crecimiento y fertilidad.

Los plásticos también obstaculizan la capacidad del plancton para transferir carbono a las aguas profundas, socavando así los ciclos biogeoquímicos que ayudan a regular la temperatura y el clima del planeta. La mayor parte de los residuos flotan porque la inmensa mayoría de los plásticos modernos son menos densos que el agua. Cuando el zooplancton ingiere plástico, sus pellets fecales se hunden más despacio y se disuelven más deprisa de lo normal, lo que merma el flujo de carbono a las aguas profundas. A la inversa, el aporte continuo de microplásticos al lecho marino es un eco inquietante de la nieve marina que agrega a los sedimentos una fuente de carbono significativa y completamente nueva con consecuencias aún imprevisibles. «La investigación de estos impactos sigue en pañales, pero los primeros indicios de que la contaminación plástica podría interferir con el sumidero natural de carbono en el planeta deberían bastar para atraer la atención de inmediato y despertar una inquietud considerable», concluyó el Centro de Derecho Ambiental Internacional en un informe de 2019. La mayor parte del plástico se fabrica con petróleo, que está compuesto por restos de plancton y otras formas de vida marina. Los microplásticos, pues, constituyen una especie de nigromancia: plancton muerto desde hace mucho tiempo, resucitado, explotado y por último desechado en su antiguo hogar, donde está condenado a ser un impostor ecológico, martirizando a sus descendientes vivos y perturbando los ritmos vitales del planeta.

En los últimos tres mil millones de años, el sistema terrestre ha afrontado y asimilado productos de desecho problemáticos en numerosas ocasiones. ¿Podría hacer lo mismo ahora? ¿Se adaptarán los organismos vivos y los ecosistemas que comparten al alud de plástico producido por la humanidad?

En cierta medida, ya lo han hecho. Cientos de especies, si no miles, pasan al menos parte de sus ciclos vitales flotando en la superficie del mar o a la deriva justo por debajo de ella. De forma muy parecida a los desechos plásticos, tales organismos están a merced de las corrientes y a menudo se concentran en las mismas zonas del océano. Para estas criaturas, los plásticos se han convertido tanto en una carga como en una oportunidad. Cuando los científicos utilizaron redes para filtrar agua del mar recogida en toda la Gran Isla de Plástico del Pacífico, descubrieron un ecosistema flotante masivo compuesto por peces, caracoles marinos, babosas de mar, crustáceos y varios organismos gelatinosos en algunas de las mayores densidades nunca registradas. Para muchos de estos organismos, el plástico es un obstáculo físico y un contaminante tóxico, pero para algunos también puede constituir un bote salvavidas o incluso un hogar.

El aflujo de plástico flotante perdurable en el mar es equivalente a la introducción repentina de un hábitat nuevo e inmenso donde las especies típicamente costeras pueden formar comunidades autosuficientes en altamar. Hace siglos que los científicos saben que las criaturas vivas, en ocasiones, llegan a un territorio nuevo del océano a bordo de materiales a la deriva como madera, algas, piedra pómez o pecios. El terremoto y el tsunami de 2011 en Tōhoku provocaron el mayor acontecimiento de este tipo del que se tiene registro. Tras la catástrofe, los investigadores descubrieron que centenares de especies —entre ellas, anémonas, esponjas y crustáceos— viajaron desde las costas de Japón más de 6.000 kilómetros por el Pacífico, principalmente sobre restos plásticos. Muchas de esas criaturas sobrevivieron y se reprodujeron durante años en mar abierto y al final llegaron a orillas de las islas hawaianas y a la costa oeste de Norteamérica.

Los microorganismos que viven en alfombras de plástico flotante también podrían encontrarse en desventaja frente a aquellos congéneres que nadan en libertad, ya que pueden alimentarse con más facilidad los unos de los otros y de los subproductos ajenos. Las películas biológicas que prosperan en plástico atrapan partículas potencialmente nutritivas, y los plásticos en sí pueden ser una fuente de sustento para microbios que consiguen romper sus firmes enlaces moleculares. Ciertas pruebas sugieren que, en los últimos setenta años, numerosas especies han evolucionado para hacer justo eso. Ya en la década de 1970, varios científicos descubrieron hongos capaces de descomponer el poliéster y bacterias que podían digerir algunos de los componentes moleculares del nailon. En 2020, los investigadores documentaron más de cuatrocientas treinta especies con capacidad de asimilar diversas formas de plástico. La mayoría son bacterias y hongos, pero también hay larvas de insectos en este creciente grupo de plastívoros.

A mediados de la década de 2010, un equipo de científicos japoneses liderados por el microbiólogo Kohei Oda recopiló doscientas cincuenta muestras de sedimentos, tierra, aguas residuales y lodos activados en un centro de reciclaje de botellas de plástico de Osaka. Todas las muestras ambientales procedían de zonas altamente contaminadas con tereftalato de polietileno (PET), el principal plástico empleado en la fabricación de botellas de agua y refrescos. En una de las muestras de sedimentos, los investigadores aislaron una especie de bacteria hasta entonces desconocida capaz de digerir PET con dos enzimas distintas y utilizar sus subunidades moleculares como principal fuente de energía. La llamaron *Ideonella sakaiensis*. Desde entonces, otros investigadores han mejorado la eficiencia de las enzimas modificando sus estructuras y vinculándolas entre sí «como dos comecocos unidos por una cuerda», según describió en una ocasión John McGeehan, biólogo estructural de la Universidad de Portsmouth.

Esta clase de hallazgos han suscitado interés por la posibilidad de utilizar microbios comedores de plástico para revolucionar la industria de los plásticos. La compañía bioquímica francesa Carbios es una de las diversas empresas emergentes que intentan crear un sistema nuevo y de circuito cerrado de reciclaje de plástico. El reciclaje mecánico convencional suele consistir en triturar en escamas el plástico viejo, fundirlo y remodelarlo en productos nuevos. El proceso, que da lugar a un plástico de peor calidad, puede repetirse solo varias veces antes de que el material deba acabar en un vertedero. En contraste, Carbios y empresas similares confían en utilizar enzimas microbianas para reducir el plástico a sus componentes moleculares y reensamblarlos para elaborar plástico virgen de alta calidad en un bucle infinito. Investigadores de Carbios, en colaboración con científicos europeos, han generado una enzima que, según aseguran, es capaz de descomponer el equivalente a cien mil botellas de plástico reducidas a escamas en el transcurso de diez horas.

Carbios ya se ha asociado con varias grandes corporaciones, entre ellas PepsiCo, L'Oréal y Nestlé, y tiene previsto abrir unas instalaciones comerciales de 44.000 toneladas de capacidad en los próximos años, pero el reciclaje enzimático debe superar unos cuantos obstáculos antes de convertirse en una industria viable. Aunque reciclar plástico con enzimas pueda requerir menos energía y emitir menos cantidad de gases de efecto invernadero que la producción de plástico virgen a partir de combustibles fósiles, esta última sigue costando alrededor de la mitad. El PET puede descomponerse con enzimas microbianas, pero es probable que el poliestireno extruido, el PVC y otros tipos de plástico con enlaces moleculares incluso más fuertes no lo sean. Y las enzimas suelen ser quisquillosas y requerir temperaturas y niveles de pH muy específicos para rendir de forma óptima. Si el reciclaje enzimático se vuelve más eficiente y menos caro, puede que llegue a ser una parte importante de un portfolio de herramientas empleadas en la gestión de los residuos plásticos. Sin embargo, algunos expertos argumentan que semejantes ambiciones no deberían distraer de lo que es posible en la actualidad. Ya existen métodos químicos para reducir el PET a sus componentes moleculares y reensamblarlos, por ejemplo. Y por medio de una combinación de impuestos ambientales a los fabricantes y sistemas de depósito que recompensen a los consumidores, varios países de Europa y Asia

—entre ellos, Noruega, Suecia, Finlandia, Alemania y Japón— ya reciclan entre el 86 y el 97 por ciento de las botellas de plástico.

Las pruebas que apuntan a que los microbios, los hongos y otros organismos ya están evolucionando para digerir el plástico incitan a adoptar una línea de pensamiento tal vez demasiado tentadora: que nuestro planeta viviente «resolverá» por sí mismo el problema de la contaminación plástica. Y no será así, al menos en un marco temporal relevante para la sociedad humana. Del mismo modo que no podemos permitirnos esperar ni de lejos el tiempo que se precisa para que la Tierra estabilice de nuevo el clima por sí misma, no podemos quedarnos de brazos cruzados y confiar en que el planeta limpie nuestro desastre. La mayor parte de las enzimas que comen plástico en la naturaleza trabajan mucho más despacio que sus homólogas creadas con ingeniería. Y cuando los microbios descomponen plásticos en el mar o en tierra firme, no necesariamente están beneficiando a sus ecosistemas de la misma manera que los procesos, más familiares, de descomposición que evolucionaron a lo largo de millones de años. En lugar de eso, especialmente en un futuro próximo, los microorganismos trituradores de plástico podrían acabar generando más nanoplásticos, liberando aditivos tóxicos al medio ambiente y añadiendo CO_2 a la atmósfera. Rociar los desechos plásticos con microbios artificiales para acelerar su descomposición podría resultar práctico en escenarios meticulosamente controlados, pero también podría resultar desastroso, como lo han sido tantos experimentos similares previos. En la novela de ciencia ficción *Mutant 59*, de 1971, el mundo empieza a desmoronarse, literalmente. El aislamiento eléctrico se derrite, las redes informáticas colapsan, las naves espaciales estallan y los aviones desaparecen en pleno vuelo. El problema parece exclusivo de los componentes de plástico en diversas tecnologías. Al principio, la gente sospecha que está fallando un polímero ampliamente utilizado. Al final se desvela la verdad: bacterias mutantes han escapado de un laboratorio y han invadido el planeta, bacterias modificadas artificialmente para comer plástico.[21]

21. El título completo de la novela es *Mutant 59: The Plastic-Eaters*, de Kit Pedler y Gerry Davis.

Cuando Nattapong Nithi-Uthai era niño, todos sus juegos giraban en torno al plástico. No nos referimos solo a los juguetes y las figuritas, sino también a los materiales mismos empleados en su fabricación. Nithi-Uthai, conocido por el apodo Arm, creció en Pattani, Tailandia, cerca de la playa, donde su familia regentaba un negocio de procesamiento de látex. A menudo jugueteaba con restos de caucho y otros polímeros, pues sentía curiosidad por su forma y sus funciones. Al mismo tiempo se enamoró del mar. «Me siento muy conectado a él: el olor, el sonido, el tiempo atmosférico —afirma Arm—. En Tailandia hay dos grupos de personas: aquellos a quienes les gusta ir a la playa y aquellos a quienes les gusta ir a la montaña. Yo nunca fui a la montaña, por los mosquitos y todo eso. Soy una persona de playa».

En la década de 1990, después de completar su educación universitaria en Bangkok, Arm fue a Cleveland, Ohio, para cursar un doctorado en Ciencias Macromoleculares en la Universidad Case de la Reserva Occidental, que cuenta con el departamento independiente de ciencias de los polímeros más antiguo del país. Cuando regresó a Pattani, ya en la treintena, encontró algunas zonas diferentes de como las recordaba, sobre todo la costa. «Perdí la conexión con el mar cuando me fui a estudiar al extranjero —afirma Arm—. Al volver, empecé a ver basura en las playas, por todas partes». Daba la impresión de que, en su ausencia, la cultura tailandesa de usar y tirar se había intensificado. La polución era más galopante que nunca.

En su nuevo puesto como investigador y profesor en el departamento de tecnología de los polímeros y el caucho de la Universidad Prince of Songkla, Arm se interesó cada vez más en cómo procesar el caucho y el plástico desechados para convertirlos en algo valioso. Las chanclas usadas eran particularmente habituales en las playas de Pattani; Arm calculaba que comprendían entre el 10 y el 15 por ciento del peso de los desperdicios. La mayor parte de esas chanclas estaban confeccionadas con gomaespuma y correas de plástico que no podían fundirse y remodelarse como las botellas. Junto con varios estudiantes, experimentó con diferentes formas de triturarlas en trozos pequeños, prensarlas, confeccionar láminas y moldearlas en nuevos productos, como baldosas y esterillas para hacer ejercicio. Tuvieron cierto éxito, pero eran muy pocos, de modo que solo podían recolectar pequeñas cantidades de basura.

Un día, en 2015, Arm vio una publicación en Facebook sobre una organización sin ánimo de lucro denominada Trash Hero, que estaba organizando grupos de voluntarios para limpiar semanalmente playas de toda Asia. Enseguida vio la oportunidad. En tres meses, Trash Hero había proporcionado a Arm cien mil chanclas, que almacenó en el patio trasero de su casa: la pila de desechos le llegaba a la cintura y medía casi 25 metros de largo. Al principio, Arm y sus alumnos se esforzaron por convertirlas en un producto comercial viable. Algunas de las chanclas destrozadas y desparejadas pasaron tantos meses en el patio de Arm que las serpientes empezaron a anidar entre ellas. Hacia el final del año, sin embargo, probaron con algo diferente: un renacimiento más literal. En lugar de tratar de confeccionar productos totalmente distintos a partir de chanclas viejas, empezaron a estampar suelas para chanclas nuevas con las láminas de caucho que producían. Denominaron el proyecto Tlejourn, término tailandés que significa «travesía marítima». Los medios de comunicación locales se hicieron eco de su trabajo, que atrajo el interés de unos grandes almacenes, lo cual derivó en centenares de pedidos.

No mucho después, Arm ayudó a fundar un nuevo capítulo de Trash Hero en su comunidad que sigue activo hoy en día. Las limpiezas voluntarias continúan proporcionando a Arm y a sus colegas montañas de chanclas desechadas. A finales de 2022, Tlejourn había fabricado y vendido unas cincuenta mil piezas de calzado reciclado de varios tipos. De ellas, treinta mil las produjo de la mano de Nayang, una de las fábricas de calzado más grandes de Tailandia; las demás las confeccionó un pequeño colectivo de mujeres ubicado en una población próxima a Pattani, cuyos miembros son expertos en la producción de ropa y accesorios artesanales. Gracias a su colaboración, algunos de ellos gozan ahora de ingresos sustancialmente superiores.

«Si trabajas un tiempo con material reciclado, empiezas a ver la basura como un recurso —sostiene Arm—. Nuestra historia es sencilla: cogemos chanclas viejas y les damos una nueva vida. Cualquiera puede llevar unas chanclas a cualquier sitio. Nuestro producto y nuestra filosofía viajan con nuestros clientes. Para el conjunto del medio ambiente, tal vez esto sea solo una gota en el océano. Pero nuestro trabajo consiste en algo más que en limpiar basura: ayudamos a la gente a ver el problema principal, les ayudamos a que encuentren en sí mismos el poder de obrar un cambio».

Los sistemas que utilizamos hoy para fabricar y desechar plástico están inextricablemente vinculados no solo al calentamiento global, sino también a la crisis planetaria actual en general. Los procesos de extracción y refinamiento de combustibles fósiles para fabricar plásticos consumen una cantidad de energía inmensa. A escala global, se calcula que los plásticos contribuyen en un 4 por ciento a las emisiones de gases de efecto invernadero, más que la aviación. De los 8.300 millones de toneladas de plástico generadas desde la década de 1950, entre el 75 y el 80 por ciento se han transformado en desechos. Solo el 9 por ciento de esos desperdicios se ha reciclado; la mayor parte o ha acabado en vertederos o está contaminando el mar. Para que nuestro planeta siga siendo habitable, debemos transformar nuestra relación con el plástico.

Gestionar la crisis del plástico depende de cuatro tareas esenciales: reducir de forma drástica el uso de plástico de un solo uso, expandir y mejorar los sistemas de reciclaje, prevenir que los desechos plásticos lleguen al mar y retirar de él la mayor cantidad de plástico posible. De las cuatro medidas, la última ha recibido una atención desorbitada, a pesar de que numerosos científicos y ambientalistas sostienen que es la estrategia más arriesgada y menos eficaz. «Cierra el grifo» es el mantra predilecto de los expertos en contaminación marina. Si tu casa estuviera inundándose por el desbordamiento de una bañera, preguntan, ¿qué harías antes: coger una fregona o cerrar el grifo? Obviamente, tiene más sentido detener la inundación en su origen antes de limpiar el destrozo.

Tal vez la tentativa más famosa de barrer los océanos sea la organización neerlandesa sin ánimo de lucro The Ocean Cleanup, del empresario Boyan Slat, que se dedica a recolectar residuos plásticos en mar abierto remolcando una red con forma de U entre dos barcos. Desde su fundación en 2013, los investigadores la han criticado por numerosas razones, entre ellas la ineficacia, la falta de practicidad, las emisiones de carbono desmesuradas y el peligro que supone para criaturas marinas que flotan. The Ocean Cleanup ha declarado en repetidas ocasiones que su objetivo es «haber retirado en 2040 el 90 por ciento del plástico que flota en los mares». Desde 2022, la organización asegura haber retirado apenas 110 toneladas de plástico de la Gran Isla de Plástico del Pacífico, solo el 0,1 por ciento del total y únicamente en esa parte del océano. Tal como ha señalado Rebecca R. Helm, la bióloga marina, algunos grupos menos conocidos, como el Ocean Voyages Institute, han retirado varias veces esa cantidad de plástico con mucha menos financiación, equipamiento más sencillo, una menor huella de carbono y menos riesgo para la vida salvaje.

Ni siquiera los esfuerzos de limpieza más encomiables en altamar consiguen frenar el flujo de contaminación plástica. Interceptar el plástico en los ríos y retirarlo de aquellos puntos de las costas donde se acumulan, como las playas y los puertos, son estrategias cada vez más populares. Centenares de dragas, redes de contención y barcos de trabajo diseñados por el astillero británico Water Witch han retirado colectivamente 2 millones de toneladas métricas de residuos marinos en puertos y vías fluviales de todo el mundo. Una familia de cintas transportadoras de basura, semiautónomas y alimentadas por energía solar y acuática y que parecen armadillos de ojos saltones —conocidos con curiosos nombres como Mr. Trash Wheel, Professor Trash Wheel, Captain Trash Weel y Gwynnda the Good Wheel of the West— extraen continuamente centenares de toneladas de desperdicios al año de ríos y arroyos por todo Baltimore, Maryland. En el momento en que escribo estas líneas, The Ocean Cleanup ha instalado interceptores de basura en nueve ríos de Asia y las Américas. En la analogía de la casa inundada, estos esfuerzos equivaldrían a colocar una serie de esponjas y cubos alrededor de la bañera rebosante para atrapar parte del agua antes de que se derrame al suelo: el remedio ayuda, pero sigue sin abordar el origen del problema.

En última instancia, la gestión de esta crisis requerirá una reducción drástica en la fabricación de plástico desechable y una regulación mucho más estricta de lo ineludible. Un informe elaborado en 2020 por Pew Charitable Trusts, organización no gubernamental sin ánimo de lucro, concluyó que es posible llegar a reducir en un 80 por ciento el flujo de plástico al mar en 2040 mediante la implementación generalizada de soluciones ya existentes. Los impuestos y las prohibiciones sobre los plásticos de un solo uso ayudan, como también la eliminación de embalaje plástico superfluo y la introducción de alternativas sostenibles a los plásticos desechables. Es preciso mejorar los sistemas de recolección de desperdicios y eliminación en los países de renta media y baja, y los fabricantes deben asumir la responsabilidad de todo el ciclo vital de sus productos.

Se está avanzando, pero no a la velocidad necesaria. Más de un centenar de países y diez estados de Estados Unidos han prohibido las bolsas de plástico. Para alcanzar el objetivo de cero residuos plásticos en 2030, Canadá tiene previsto prohibir la fabricación, la venta y el uso de una amplia gama de plásticos de un solo uso, como por ejemplo las bolsas de caja, los cubiertos, las anillas de seis latas y las pajitas, con excepciones para personas con discapacidad y determinadas necesidades médicas. China, la India y la Unión Europea también están intentando prohibir de forma gradual y a gran escala los plásticos de un solo uso. En 2022, la Asamblea Ambiental de las Naciones Unidas convino en que en 2024 comenzaran las negociaciones sobre un acuerdo internacional vinculante para poner fin a la contaminación plástica y crear un panel de científicos y políticos análogo al del Grupo Intergubernamental de Expertos Sobre el Cambio Climático (IPCC).

Poco después, Noruega y Ruanda formaron la Coalición de Alta Ambición para Poner Fin a la Contaminación Plástica, hoy una alianza de treinta y dos países comprometidos con el objetivo de acabar con la polución plástica para 2040 por medio de un «enfoque exhaustivo y circular que garantice la acción urgente e intervenciones eficaces en todo el ciclo vital de los plásticos». De una forma similar, la fundación Ellen MacArthur y el Programa de las Naciones Unidas para el Medio Ambiente han unido a más de mil empresas, gobiernos y otras organizaciones que constituyen más del 20 por ciento del mercado del embalaje en plástico «en una visión común de una economía circular para el plástico en la que nunca se convierta en desperdicios».

En las décadas de 1960 y 1970, casi la misma época en que James

Lovelock y Lynn Margulis desarrollaban la hipótesis Gaia, algunos economistas redactaron los textos fundacionales de la economía ecológica, un campo interdisciplinario que estudia la economía humana como un subsistema del planeta vivo. De forma paralela, expertos en varios ámbitos formalizaron un concepto con precedentes muy antiguos: la economía circular, que doblega la economía lineal tradicional para transformarla en un bucle y prolonga al máximo los ciclos vitales de materiales y productos con prácticas como compartir, alquilar, reutilizar, reparar, restaurar y reciclar.

En fechas más recientes, Kate Raworth y otros economistas han integrado en sus marcos económicos la ciencia moderna del sistema terrestre y el concepto de los límites planetarios. Un límite planetario es el tope en el nivel de alteración que el sistema terrestre puede asimilar antes de volverse peligrosamente inestable. Violar estos umbrales —pongamos por caso, haciendo mermar la capa de ozono o acidificando el mar— pone en riesgo la habitabilidad del planeta para la civilización humana. En un artículo de investigación y un libro posterior, Raworth imaginó una «economía de dónut» en la que la humanidad permanece en un espacio seguro entre un círculo interior de necesidades y derechos humanos básicos y un círculo exterior de techos ecológicos. El sistema industrial lineal de los dos últimos siglos, escribió Raworth en 2018, es fundamentalmente defectuoso «porque va en contra del mundo vivo, que prospera reciclando sin cesar los componentes esenciales de la vida». En cambio, prosigue, «podemos estudiar y emular los procesos cíclicos de la vida, los procesos de tomar y dar, de muerte y renovación, en los que los desechos de una criatura se transforman en el alimento de otra».

Desde una perspectiva ecológica, la muerte o la disolución de cualquier ente individual no es un fin, sino una transición; no es una pérdida, sino una oportunidad. Todas las criaturas y los objetos que existen —ya sean una roca, una hoja, una ballena o una chancla de goma; ya hayan sido creados por la geología, la evolución o la ingeniería— tienen un ciclo vital, aunque nuestra vida sea demasiado corta o nosotros seamos demasiado miopes para verlo. El desafío al que nos enfrentamos consiste en garantizar que todos los materiales que introducimos en nuestro mundo puedan reciclarse de forma oportuna mediante sistemas existentes o inventar otros nuevos para darles cabida. Antes de fabricar una bolsa o una botella de plástico más, debemos considerar seriamente la posibilidad de que acabe asfixiando a un coral en aguas profundas, disgregándose en un millón de plancton saltabancos o contribuyendo a formar un nuevo estrato en el registro rocoso. Antes de confeccionar un zapato, debemos tener en cuenta todos los pasos que dará, no solo en los próximos años, sino en su viaje completo e indefinido por los arroyos y los estratos del planeta y por todas las eras futuras de la criatura a la que llamamos Tierra.

En 2001, el biólogo Bill Gilmartin supo que una foca monje hawaiana había dado a luz en Kamilo Beach, el primer caso de reproducción de una especie en peligro de extinción en la Isla Grande del que se tenía constancia en mucho tiempo. Varios años antes, Gilmartin había cofundado la Hawai'i Wildlife Fund, una organización sin ánimo de lucro dedicada a la protección de las especies nativas de Hawái. Cuando tuvo noticia de la presencia de focas monje en Kamilo, enfiló con su Subaru Forester la pista de tierra y roca volcánica que lleva a la playa y recorrió a pie el último tramo de más de un kilómetro, imposible de transitar en coche. Encontró a la foca y a su cría, de apenas unos días, cerca del oleaje. Por encima de la línea de la marea alta, todo era «una masa sólida de redes y plástico», recuerda Gilmartin. En algunos puntos, la altura de los desechos le alcanzaba la cintura.

En los siguientes meses, Gilmartin volvió con frecuencia a Kamilo, a veces acompañado por alumnos de la Universidad de Hawái, y acampaba allí para observar a las focas y asegurarse de que aquellos que iban a pasar el día no las molestaran. En 2003, el estado de Hawái le concedió una beca de diez mil dólares como contribución a una gran campaña de limpieza. En dos días, Gilmartin y unos setenta voluntarios de la Hawai'i Wildlife Fund utilizaron varios volquetes y tractores para retirar 50 toneladas de desechos de la orilla. Desde entonces, Gilmartin y sus colegas han organizado limpiezas rutinarias en Kamilo.

A primera hora de una mañana de julio, mi pareja, Ryan, y yo fuimos desde Hilo, en la costa oriental de la Isla Grande, hasta la pequeña comunidad de Nā'ālehu, cerca del extremo meridional, donde nos reunimos con varios miembros de la Hawai'i Wildlife Fund: Beverly Sylva, experta buscadora de redes, electricista y experimentada raquera; Jodie Rosam, ecóloga y especialista en trabajo de campo y Radan, el hijo de cinco años de Rosam. Nos subimos a un utilitario y nos pusimos en marcha por una pista de tierra que cruzaba un bosque seco de tierras bajas en dirección al mar. Por el camino pasamos por delante de un sistema de cuevas que los viajeros fatigados llevan mucho tiempo utilizando como refugio, caminos muy antiguos surcados por generaciones de indígenas hawaianos y muros de roca volcánica pulcramente apilada que marcaban los antiguos límites de los ranchos ganaderos del siglo XIX. Unos cuarenta minutos después, al aproximarnos a la costa, empezamos a observar una clase de artefacto muy distinto: restos de redes y sedales de plástico rojos, amarillos y azules que destacaban contra la tierra oscura.

Aparcamos cerca de allí, caminamos a través de un claro entre las matas de *naupaka kahakai*, o col de playa, y accedimos a Kamilo Beach. A primera vista, parecía sorprendentemente corriente: un tramo de arena acentuado con roca volcánica y salpicado con madera de deriva. En contraste con las fotografías y vídeos impactantes de las montañas de basura acumuladas en Kamilo varias décadas antes, la playa estaba relativamente limpia. Desde principios de 2023, gracias a los esfuerzos constantes de centenares de voluntarios, la Hawai'i Wildlife Fund ha retirado 320 toneladas de desechos de Kamilo y otras zonas costeras próximas. Gilmartin afirma que la cantidad de basura en la playa nunca ha vuelto a alcanzar el nivel de principios de siglo. Aun así, se calcula que todos los años siguen llegando a la orilla entre 15 y 20 toneladas de desperdicios. Sin limpiezas frecuentes, la playa acumularía de nuevo una capa gruesa de plástico y otros desechos.

El volumen de la contaminación visible que uno encuentra en Kamilo hoy en día depende en gran parte de las corrientes. Ryan y yo fuimos allí justo después de una tormenta tropical pasajera. Nos bastaron apenas unos minutos de exploración para advertir que, pese a la mejora general de las condiciones de la playa, seguía habiendo una acumulación considerable de restos encima y debajo de la arena. Miráramos donde mirásemos, veíamos multitud de pequeños fragmentos de plástico mezclados con roca, madera y conchas. Cuando escarbábamos, encontrábamos aún más. Caminando por la orilla vimos sedales, redes, boyas y extremos con forma de embudo de las trampas para pescar mixinos; botellas de plástico que habían contenido cola, kétchup o champú; cubertería, cubos y contenedores de gas; una ruedecita suelta, quizá procedente de una nevera portátil o de una maleta; un trozo de espuma amarilla descompuesta y engastada de percebes; varios escarpines de buceo y zapatos de plataforma y una sandalia infantil azul con velcro estampada con personajes de *Toy Story*. En un momento dado, Ryan me tendió un trozo de basalto del tamaño de una cuña de patata asada, envuelto con cintas de color turquesa lechoso y repleto de pedacitos de conchas y coral. Plastiglomerado. Encontramos más ejemplos no lejos de allí, algunos de los cuales parecían grumos amorfos de tofe, cajas derretidas de lápices de colores cubiertas de arena y guijarros y piñatas que se habían derrumbado sobre sí mismas.

Sylva, ataviada con unos pantalones cortos con estampado de cachemira, botas de montaña marrones y un sombrero de ala ancha, recorría la playa en todas las direcciones tirando de fragmentos de sedal ocultos por la arena y colgándoselos al hombro. Rosam, que prácticamente refulgía con una camiseta color verde neón, avanzaba posando los pies en las rocas volcánicas para llegar a los tubos y los recipientes de plástico que se bamboleaban en las olas que rompían. Con los años, Sylva y Rosam han encontrado una enorme variedad de restos en Kamilo, entre ellos componentes de coche, neveras y congeladores, tapas de inodoro, neumáticos para nieve, bidones de aceite, fluorescentes y un mensaje dentro de una botella de champán arrojada al mar durante una recaudación de fondos en Maui.

Miembros de la Hawai'i Wildlife Fund reconocen que las limpiezas de la playa no abordan el origen de la crisis del plástico, no cierran el grifo. La mayor parte de los desechos recogidos durante las limpiezas de costas de todo el mundo han acabado o bien en vertederos o bien incinerados para aprovechar la energía. Pero estos esfuerzos tienen otros beneficios significativos, como evitar que la basura varada regrese al mar y reducir los riesgos para la fauna silvestre. El voluntariado también cambia la forma en que la gente ve el mundo y vive en él.

—Sé que no es la respuesta, pero es parte de la solución —dijo Sylva, que creció frente a una playa de Oahu, en el seno de una familia mixta hawaiana y portuguesa enamorada del mar—. Cuando traemos a gente aquí, se conmueven y vuelven con bolsas para hacer minilimpiezas por su cuenta. A veces encontramos sacos de pienso de dos, cinco, incluso veinte kilos que la gente ha llenado con basura y ha dejado ahí para que los recojamos porque saben que venimos. Si los campistas encuentran la playa limpia, creo que agradecen nuestra actividad y la dejan igual.

Junto con el plástico, Sylva se ha topado con toda clase de fauna en Kamilo y en las orillas cercanas. Ha visto búhos, aves marinas, focas, grupos de ballenas frente a la costa y una enorme tortuga carey de, se calcula, más de cien años de edad. De vez en cuando, también se ha encontrado animales heridos o muertos por efecto de los barcos, las artes de pesca y la contaminación marítima, entre ellos tortugas con tajos profundos en la concha ocasionados por hélices y cachalotes jóvenes sin vida.

Sylva me refirió una historia que le había contado su amiga Nohealani Ka'awa, que trabaja con la Hawai'i Wildlife Fund y The Nature Conservancy. En otoño de 2021, un pescador encontró un delfín hembra muerto y varado en el extremo más meridional de la isla de Hawái, varios kilómetros al sur de Kamilo. Se había enredado en unos sedales de tal modo que cada vez que sacudía la cola se impulsaba más hacia el fondo hasta que acabó ahogándose. Después de que la Oficina Nacional Oceánica y Atmosférica examinara y cremara el cuerpo del delfín, informaron a Ka'awa, que había nacido y crecido en la zona colindante a Kamilo y que era conocida en su comunidad como practicante de las tradiciones culturales hawaianas. Ka'awa y su familia llevaron los restos del delfín al lugar donde había muerto. Allí, ataviados con kīhei —prendas similares a fajas que suelen lucirse en las ceremonias—, soplaron pū (conchas de caracola) e invocaron a Kanaloa, dios de las profundidades marinas. Entraron descalzos en el agua y vertieron las cenizas en el mar. Un rato después, mientras se disponían a marcharse, Ka'awa vio una hō'ailona —una señal espiritual— en la forma de una cara en las nubes. Le hizo una fotografía que después envió a Sylva. Las facciones eran inconfundibles: una cabeza abovedada que se estrechaba en un pico bien definido, con la boca entreabierta. Un delfín mirando desde el cielo.

TERCERA PARTE

AIRE

7

Una burbuja de aliento

Sabía que la altura de la torre me resultaría intimidante. Había visto fotos de vértigo del perfil con forma de aguja en la lejanía y grabaciones magníficas de drones que recorrían toda su altura. Aunque no fue hasta que llegué a la base de la torre, alcé la vista a su sobrio esqueleto metálico y me enfrenté a la perspectiva inminente de subir a lo alto cuando empecé a preguntarme si había cometido un error.

Situada en el interior de una región relativamente prístina de la selva amazónica, en el norte de Brasil, la torre forma parte de un centro de investigación con el acertado nombre de Observatorio de la Torre Alta del Amazonas. Los instrumentos científicos acoplados a la estructura y a sus hermanas más bajas recogen continuamente partículas y gases transportados por el aire a diferentes alturas. Investigadores de todo el mundo visitan el centro para estudiar la influencia de la selva tropical tanto en la ecología local como en el clima global.

La torre más grande, bajo la cual me encontraba yo, es la estructura más alta de Sudamérica, se extiende 325 metros hacia el cielo, aproximadamente como la torre Eiffel. Su estructura de acero rectangular está pintada en bloques alternos de naranja y blanco, como un cono de seguridad gigante. Al imaginarme el trayecto hasta la cima, sin embargo, «seguro» no era la palabra que me venía a la mente.

Para ascender, tendría que subir casi mil quinientos escalones estrechos con grandes huecos entre ellos sujeto con un arnés a un raíl. El arnés hacía poco probable que nadie se precipitase a su muerte, pero me dijeron que alguien podía romperse una extremidad si daba un paso en falso y caía por una de las numerosas aberturas en el armazón de la torre, similar a una reja. Había oído que, en algunas ocasiones, la gente que subía por primera vez había sido incapaz de continuar debido a un temor abrumador, una situación que puede acarrear enrevesados procedimientos para devolverlos a salvo al suelo. Varios de los científicos a los que acompañaba me preguntaron repetidamente si me daban miedo las alturas. No, les dije. Había explorado riscos, montañas y los pisos superiores de rascacielos sin ninguna dificultad. Vale, decían ellos. Pero ¿estás seguro?

La verdad es que no estaba del todo seguro. La torre parecía inacabada: no tanto una estructura terminada y lista para el uso humano como la mera sugerencia de una escalera fabricada con andamios e incapaz de ocultar las vistas vertiginosas. Me preocupaba que mi cerebro no registrase completamente lo absurdo y peligroso de la situación hasta que estuviese a medio camino, en cuyo momento entraría en pánico y me aferraría al raíl como un gato cuya curiosidad hubiese superado su valor. Pero no había viajado hasta allí para rendirme sin intentarlo. Una vez que llegase a la cima de la torre, estaría a medio camino entre los árboles y las nubes. Había ido a ese lugar a estudiar la relación entre ambos. Había ido a ver cómo la Amazonia creaba su propia lluvia.

Una mañana agradable soleada de abril, hacia el final de la temporada de lluvias del Amazonas, me uní a un grupo de científicos en un contenedor lleno de equipamiento junto a la base de la torre. Nos pusimos los arneses de escalada provistos de cuerdas y mosquetones y nos ajustamos unos cascos rígidos de color naranja. Cada uno de nosotros contaba con una cuerda salvavidas: una soga gruesa que ataba el arnés a un carrito de cuatro ruedas diseñado para rodar por las ranuras de unos raíles curvados que flanqueaban las escaleras de la torre. Sipko Bulthuis, un técnico radicado en Manaos que exhibía una mata greñuda de pelo rubio, fue el primero en iniciar la ascensión, seguido de cerca por Uwe Kuhn, químico atmosférico del Max Planck Institute for Chemistry de ojos azules y mosca ahusada. Yo fui el siguiente. Deslicé mi carrito hasta los raíles y di los primeros pasos, agarrándome a la barandilla con fuerza con una mano y empujando el carrito con la otra. El colega de Kuhn, Christopher Pöhlker —un hombre alto, de voz suave y cara redonda— subió poco después.

Para mi sorpresa, la ascensión fue inmediata y continuamente estimulante. La emoción y el asombro vencieron con facilidad al miedo. Al cabo de diez minutos, alcanzamos el dosel de la selva amazónica, entre 25 y 35 metros del suelo. Allí, los distintos rasgos de árboles individuales —las copas llenas de flores amarillas de los guayacanes, las ramas casi horizontales de los capocs— aún se distinguían. Los gritos de death metal de los monos aulladores retumbaban en el aire, acompañados de los graznidos y cantos de los guacamayos. Por encima de nosotros, el cielo era azul, despejado salvo por algunas manchas blancas a lo lejos.

Para cuando habíamos subido media torre —162,5 metros—, la vista era bastante diferente. Ya no percibíamos la majestuosidad de ningún árbol en concreto. En lugar de eso, veíamos un vasto manto nudoso de gris y verde que se extendía hasta el horizonte en todas las direcciones. Desde esa altura, comprendí con más claridad que nunca que cada árbol era parte de una enorme red viva que cubría la superficie del planeta. A medida que subíamos, los árboles tiraban de un océano invisible desde el suelo a través de las raíces hasta los troncos y tejidos. El sol atraía lo que los árboles no utilizaban a través de las hojas hasta el aire, donde el agua de vapor se condensaba en una mezcla de polvo, microbios y detritos orgánicos procedentes de la selva, que acababan formando nubes visibles. Lagos de sombra se movían a la deriva por el dosel, imitando a sus equivalentes algodonosas, como si nos recordaran que los árboles estaban en las nubes y las nubes estaban en los árboles, que el bosque y el cielo eran versos pareados del mismo coro antiguo.

Cerca de una hora después de que empezáramos a subir, alcanzamos el último tramo de escaleras. Las golondrinas que se posaban en esa parte de la torre la habían cubierto de excrementos, tan secos y descamados como si fuesen cenizas.[22] Antes de poder dar los últimos

22. También visita la torre fauna sin alas. Los científicos han encontrado en plena torre serpientes que, es de suponer, subieron reptando por las riendas.

pasos, debíamos retirar los carritos de los raíles de la escalera y pasarlos a otros situados en la plataforma de observación sin dejar de permanecer atados a la torre a través de un mosquetón secundario.

—Debes estar siempre conectado —me dijo Bulthuis mientras me explicaba el procedimiento—. *Sempre tem que estar conectado.*

Hice los ajustes necesarios y pasé a la plataforma superior de la torre, que se hallaba rodeada únicamente por una serie de paneles finos con forma de X y huecos lo bastante grandes para introducir el torso de un adulto de tamaño mediano. Había anticipado que esa sería la parte más temible de la ascensión, pero incluso ahí me sentí sorprendentemente seguro. El calor del sol era más intenso y el viento, fuerte por momentos, pero la torre permanecía firme.

La experiencia de contemplar la extensión ininterrumpida de selva tropical a nuestros pies fue indudablemente distinta de explorarla a pie. En el suelo, me había sentido abrumado por la belleza y la exuberancia de la vida que me rodeaba y la oportunidad de examinarla en detalle: por los helechos y las bromelias efervescentes en todas las ramas y los tapices intrincados de musgo y líquenes, por el brillo tentador de una mariposa morpho azul y la delicadeza de la flor lechosa de una planta que se estremecía sobre un tallo enjuto. A más de 300 metros de altura en el aire, el concepto de organismos individuales empezó a desdibujarse y disiparse. Desde esa perspectiva privilegiada, el bosque no parecía tanto un lugar o un ecosistema en sí mismo como la piel, el vellón, de un ente mucho más grande, uno cuya verdadera escala solo empezaba a atisbar. Fue como si me viese atrapado en una gota de agua de estanque en un portaobjetos, confundiendo una brizna de alga con una selva, y solo entonces me intercambiara con el ojo detrás de la lente.

Estamos muy acostumbrados a pensar que el medio ambiente rige la evolución de la vida y esculpe sus infinitas formas. La sabiduría convencional sostiene que las selvas tropicales y otras regiones de gran biodiversidad del planeta son el resultado de circunstancias fortuitas. Aun así, estaba empezando a entender que prácticamente todo lo que veía desde lo alto de la torre lo creaba, de algún modo, la vida. La mayoría de las miles de especies documentadas en el Amazonas, y todas aquellas por descubrir, no existirían si las plantas y los hongos no hubiesen poblado y transformado las superficies de tierra del planeta hace quinientos mil años. Es posible que la vida compleja no hubiese evolucionado nunca, y mucho menos hubiese surgido del mar si los microbios unicelulares no hubiesen comenzado a reformar el océano y la atmósfera varios miles de millones de años antes. El suelo del que crecieron los árboles a mis pies, las nubes cargadas de lluvia listas para estallar, el color del cielo, el aire mismo... se lo debemos todo a la vida.

El desarrollo de una atmósfera estable fue uno de los acontecimientos más importantes de las primeras etapas de la Tierra. Sin suficiente presión atmosférica, toda agua líquida en una superficie terrestre acabará evaporándose hacia el espacio. Si la joven Tierra no hubiese retenido agua líquida sobre la superficie, la vida como la conocemos no existiría. Aunque también es cierto que, sin vida, el agua de la Tierra no sería tan, bueno, fluida. Un rasgo definitorio de nuestro planeta actual es no solo la presencia de agua, sino la existencia simultánea de agua en todos sus estados posibles —vapor, líquido, hielo— y su movimiento continuo entre el aire, el mar y la tierra. Con el tiempo, la vida se entrecruzó con la física que hace posible este flujo.

Los hilos ocultos que unen la vida y la atmósfera han fascinado a Russ Schnell desde que era joven. Al crecer en la Alberta rural, Canadá, fue testigo de rayos, granizo y lluvias torrenciales todos los veranos. Le gustaba ver cómo se formaban las nubes de tormenta: esas grandes masas de vapor que se arremolinaban en el cielo, que absorbían aire, polvo y cualquier cosa demasiado ligera para escapar de su atracción. A medida que las nubes inhalaban, crecían de manera gradual, cada vez más oscuras, expulsando vapor en sus límites, constantemente redefinidos. Mientras estudiaba en la Universidad de Alberta, Schnell —un hombre bajo y esbelto de veinte años con el pelo rubio y grueso y una mente disciplinada— pasaba los veranos como ayudante de un grupo de científicos atmosféricos. Uno de los líderes del proyecto le encomendó que investigara la formación de las piedras de granizo. ¿Cómo exactamente producían las nubes pedazos de hielo tan grandes?

El agua que se evapora a la atmósfera no se congelará de manera automática a los 0 °C. El agua pura puede mantenerse líquida hasta unos 40 °C. Para congelarse a temperaturas más altas, el agua necesita una semilla, o lo que se denomina de forma técnica un «núcleo de hielo»: una partícula diminuta que actúa como patrón geométrico y alinea moléculas de agua en un cristal sólido altamente organizado. Por aquel entonces, en 1968, la mayoría de los científicos pensaban que el vapor de agua transportado por el aire se condensaba en partículas flotantes de polvo y hollín, y que esas cuentas almendradas de agua podían a su vez congelarse si el aire era lo bastante frío. Pero nadie sabía qué tipo de partículas constituían los mejores núcleos de hielo ni cómo los cristales embrionarios de este crecían hasta convertirse en piedras de granizo del tamaño de pelotas de béisbol y pomelos. La tarea de Schnell consistía en diseccionar el corazón mismo del granizo y encontrar la mota misteriosa que convertía el agua de las nubes en hielo.

Schnell recordaba las granizadas que había observado de niño y todas las que había presenciado en el ínterin. Siempre parecían formarse encima de bosques y otras zonas de vegetación densa. ¿Y si, se preguntaba Schnell, los núcleos de hielo no eran solo pedazos inertes de barro? ¿Y si algunos los arrojaban los árboles o las nubes agitadas de tormenta los succionaban de las plantas? Cuando habló con los científicos veteranos de su idea, sonrieron como divertidos por el candor de un niño. Los árboles ayudaban a devolver el agua a la atmósfera, por supuesto, pero, aparte de eso, ¿qué tenían que ver con las nubes, y mucho menos con el granizo? Aun así, si esa era la hipótesis que quería probar, era libre de hacerlo.

Durante semanas, Schnell deambuló por los bosques y campos cercanos, agarrando puñados de hierba y arrancando hojas de álamos y coníferas. En el laboratorio, cortó un vegetal pequeño y lo esparció alrededor en un frasco de agua para capturar cualquier partícula invisible que hubiera en su superficie. Utilizando una jeringuilla, sacó agua del frasco y colocó cuidadosamente decenas de gotas en una bandeja de cobre a una temperatura controlada. A continuación, cubrió la bandeja con una cúpula de cristal y fue bajando la temperatura poco a poco. Si las gotas se congelaban antes de que la bandeja alcanzase los –15 °C, entonces sabría que contenía algún tipo de núcleo de hielo que facilitaba la formación de cristales. Nunca lo hacían.

Una noche de verano de 1970, con las prisas por llegar a una fiesta, Schnell se dejó una bolsa de plástico que contenía hierba y agua en un estante del laboratorio y se olvidó de ella. Diez días más tarde, descubrió que la bolsa estaba llena de una emulsión blanca lechosa. La hierba había empezado a descomponerse. En lugar de tirarla, Schnell decidió analizar el agua de la hierba podrida en la bandeja de cobre. Para su sorpresa, el agua se congeló a los -1,3 °C, una temperatura mucho más alta de lo que nadie había informado nunca en condiciones similares. Algo en aquella infusión pútrida —algo biológico— convertía el agua en hielo.

Schnell se trasladó a la Universidad de Wyoming, donde continuó sus estudios sobre los núcleos de hielo procedentes de las plantas. Schnell, que sospechaba que se hallaba implicado un hongo que amaba la vegetación, le pidió a un colega del departamento de botánica, Richard Fresh, que le echara un vistazo a sus muestras de hojas. Fresh descubrió que las moléculas que formaban el hielo eran en realidad proteínas que se pegaban al caparazón de una bacteria con forma de barra llamada *Pseudomonas syringae*, que tendía a vivir en el suelo y en plantas. Las proteínas imitaban la forma de los cristales de hielo, lo que proporcionaba el patrón perfecto para organizar las moléculas de agua que flotaban en libertad en un cohesivo sólido.

En el suelo, las bacterias causaban congelación a las plantas y destruían sus tejidos con el fin de acceder a los nutrientes. Cuando las nubes de tormenta absorbían el aire y el polvo del suelo, inevitablemente atraían a distintos microorganismos. Una vez en las nubes, las *P. syringae* y sus proteínas podían sembrar cristales de hielo y piedras de granizo. Ningún científico había propuesto nunca seriamente que un microbio pudiera congelar el agua: una proteína bacteriana que actuaba como el hielo-9 ficticio de Kurt Vonnegut.

Cautivado por estos descubrimientos, Schnell se embarcó en una expedición de investigación por todo el globo. Primero viajó al oeste, desde Canadá y por los Estados Unidos centrales. Luego voló a Inglaterra y viajó rumbo este por Europa y a través de Rusia en el Transiberiano. Antes de volver a casa, recorrió Japón, Tailandia, la

India, Nepal, Irán y algunas partes de África. Flaco y desaliñado, Schnell vivía frugalmente, comiendo y alojándose por apenas cien dólares al mes. Cuando tenía oportunidad —a un lado de la carretera, en un campo, en una arboleda—, se detenía, recogía algo de hojarasca y la guardaba en una bolsa de plástico para bocadillos. De vuelta en Wyoming, analizó decenas de muestras de todo tipo de ecosistemas y climas. En cada una de ellas, encontró núcleos de hielo activos producidos por la *P. syringae* y otros microbios.

Schnell advirtió que los microorganismos que producían hielo no solo eran importantes para la formación del granizo. Una vez que llegaban a la atmósfera, también incrementaban la posibilidad de lluvia. Solo un pequeño porcentaje de todas las nubes adquieren el peso suficiente para producirla. La gran mayoría se disipan sin más. Pero la presencia de núcleos de hielo puede cambiar las probabilidades de manera radical. Uno de ellos puede iniciar una reacción en cadena que rápidamente congela gran parte del agua de las nubes, atrayendo aún más agua e hinchándolas hasta que estallan. Las proteínas que produce la *P. syringae* son los núcleos de hielo más efectivos que se han descubierto nunca. Schnell cree que son un componente crucial del ciclo del agua en ecosistemas de todo el planeta. «Casi toda la lluvia que cae en la tierra, incluso en el Sáhara y en los trópicos, es primero un cristal de hielo», afirma.

El sector privado enseguida reconoció el potencial del descubrimiento de Schnell. Para la década de 1980, una empresa llamada Snomax había patentado el proceso de creación de nieve artificial utilizando proteínas esterilizadas aisladas de tanques enormes de *P. syringae*. Desde entonces, estaciones de esquí de todo el mundo cuentan con proteínas microbianas para cubrir sus pistas. En contraste, durante décadas, la comunidad científica ignoró en gran medida los microbios que alteran el clima, considerándolos un aspecto intrigante pero trivial de la meteorología que no merecía una investigación seria. En los últimos años, sin embargo, a medida que el cambio climático ha empujado a los científicos a reexaminar las complejidades de la atmósfera y han salido a la luz nuevos descubrimientos sorprendentes, las actitudes han empezado a cambiar.

Ahora está claro que la *P. syringae* no es en absoluto el único organismo que puede convertir el agua en hielo. Numerosas bacterias, algas, líquenes y plancton —en tierra y en el mar— producen proteínas de nucleación de hielo. Los fuertes vientos, las corrientes de aire ascendente, las tormentas eléctricas y de arena llevan rápidamente estas criaturas diminutas a la atmósfera, donde forman colonias celestiales durante semanas antes de devolver a la superficie del planeta la misma precipitación que activan. Al hacerlo, estos aeronautas accidentales pueden influir en el planeta de maneras profundas que hasta ahora, en líneas generales, se han pasado por alto. «La idea entera ha cobrado mucha fuerza —afirma David Sands, profesor de patología vegetal en la Universidad Estatal de Montana—. Tenemos que reconocer estos microbios como una parte, quizá incluso crucial, de los procesos meteorológicos».

La posibilidad de que en la atmósfera abunde la vida inadvertida ha intrigado a los científicos desde la aparición de la microbiología en el siglo XVII. Antonie van Leeuwenhoek, uno de los primeros en observar microbios a través de un microscopio, conjeturaba la existencia de «criaturas vivas en el aire, que son tan pequeñas que escapan a nuestra vista». En la década de 1800, mientras viajaba a bordo del HMS Beagle, Charles Darwin recogió polvo barrido por el viento por encima del Atlántico que más tarde se reveló que estaba lleno de microbios. A principios de la década de 1900, Fred C. Meier, un patólogo vegetal que trabajaba para el Departamento de Agricultura de Estados Unidos, convenció a Charles Lindbergh y Amelia Earhart de que dotaran sus naves con cilindros de metal diseñados para capturar microorganismos.

Solo a finales del siglo XIX, no obstante, los investigadores empezaron a contemplar los microbios transmitidos por el aire como algo más que viajeros pasivos. En 1978, mientras buscaba el origen de un brote de *P. syringae* en campos de trigo de Montana, Sands atravesó las nubes por encima de las cosechas a bordo de un Cessna mientras asomaba placas de Petri a través de una portilla. El *P. syringae* no tardó en crecer en ellas. En los años ochenta, a partir de investigaciones previas de Schnell, Sands propuso formalmente la teoría de la bioprecipitación: la idea de que algunas bacterias se dispersan a través de una danza de lluvia complicada. «Por aquel entonces, mucha gente pensó que era una locura», cuenta Cindy Morris, que trabaja para el Instituto Nacional de Investigación sobre Agricultura, Alimentación y Medio Ambiente de Francia y ha colaborado durante mucho tiempo con Sands. Pero «ya nadie nos dice que estamos locos».

A mediados de los 2000, Sands, Morris y sus colegas recogieron nieve recién caída en tres continentes. Casi todas las muestras contenían microbios nucleadores de hielo, incluidas las bacterias vegetales que habían llegado hasta la misma Antártida. Unos años más tarde, científicos de Europa y Estados Unidos descubrieron una variedad de microbios en el centro de las piedras de granizo. Otros investigadores analizaron el agua de las nubes y midieron de media decenas de miles de bacterias en cada mililitro. Recurriendo a un siglo de datos meteorológicos, Morris y un par de colegas también han encontrado respaldo estadístico para un bucle de retroalimentación de bioprecipitaciones: cuanto más intenso es un temporal, más frecuentes e intensas serán las tormentas en los días y semanas que sigan, presumiblemente porque las fuertes lluvias despiden vida microscópica al aire.

Tiempo atrás los científicos pensaban que las proteínas nucleadoras de hielo evolucionaban como un modo de que la *P. syringae* y su género se alimentase de plantas y solo secundariamente como un medio oportunista de viajar por el aire. Pero la *P. syringae* no siempre perjudica a las plantas y no vive exclusivamente de ellas; también se encuentra en ríos y lagos. Las relaciones evolutivas entre diferentes bacterias formadoras de hielo indican que las proteínas nucleadoras de hielo evolucionaron al menos hace ciento setenta y cinco mil años, mucho antes de que los ancestros acuáticos de las plantas modernas empezaran a explorar la tierra. Por aquel entonces, proponen Morris y Sands, estas proteínas probablemente ayudaron a los microbios a sobrevivir al agua helada y las grandes glaciaciones, quizá secuestrando cristales de hielo nocivos fuera de sus células.

A lo largo de los eones, las olas del océano y los fuertes vientos habrían transportado microbios hasta la atmósfera, donde podrían haberse topado con luz ultravioleta que alteraba el ADN, escasez de comida y la amenaza de desecación. Las bacterias con proteínas nucleadoras de hielo habrían disfrutado de una ventaja enorme frente a las que carecían de ellas: un billete de vuelta a la superficie. Y los microbios que sobrevivían lo suficiente para recorrer grandes distancias habrían expandido su radio de acción y probablemente habrían encontrado hábitats más favorables, como teorizó el biólogo W. D. Hamilton. Los tipos de bacterias que los científicos están encontrando en las precipitaciones actuales poseen un gran número de habilidades que pueden ser adaptaciones a una familiaridad antigua con la vida en las alturas: pigmentos que actúan como protección solar, por ejemplo, y la capacidad de alimentarse únicamente de moléculas halladas con frecuencia en el agua de las nubes. Un estudio incluso concluyó que determinadas bacterias pueden reproducirse dentro de ellas.

Durante la mayor parte de su historia —entre dos mil y tres mil quinientos millones de años—, la Tierra fue un planeta en exclusiva microbiano. Durante gran parte de esa etapa inconcebiblemente larga, hubo pocos organismos compuestos por más de una célula, si es que hubo alguno. Cuando los organismos multicelulares más complejos emergieron y poblaron el mar y la tierra, lo hicieron en una matriz viva de criaturas mucho más pequeñas y antiguas. El desarrollo de plantas, hongos y animales incrementó en gran medida la complejidad de los ecosistemas terrestres no solo porque introducía organismos más grandes y sofisticados, sino también porque producía incontables relaciones nuevas entre ellos y sus predecesores microbianos.

Como criaturas que vinculaban la tierra y el cielo —y funcionaban en efecto como esponjas y bombas—, las plantas desarrollaron una relación especialmente cercana con el ciclo del agua. Al mismo tiempo, se convirtieron en lienzos y conductos para sus socios microbianos. Dondequiera que la confluencia de geología y clima ofrecieran luz, calor y humedad abundantes, las plantas tenían una oportunidad de prosperar. Dondequiera que prosperaran las plantas, lo hacían solo al asociarse con hongos y microbios, incluidos aquellos que sembraban las nubes y provocaban la lluvia. Las regiones cálidas y húmedas de los continentes se volvieron blandas y verdes, con hojas y brotes. A medida que las plantas ganaban fuerza y altura, lanzaban al aire sociedades invisibles de seres esencialmente ingrávidos, aumentando su presencia en la atmósfera. Juntos absorbían el agua del suelo, la impulsaban hasta el aire y volvían a reclamarla.

El instinto de Schnell era acertado: los árboles tenían la relación más estrecha posible con las nubes.

El día después de que subiera la torre, visité el «Laboratorio Limpio» de la estación de investigación: un contenedor metálico del tamaño aproximado de un aula de escuela de primaria dedicado a estudiar las muestras biológicas que debían protegerse de la contaminación accidental. Fiel a su nombre, el laboratorio era blanco, austero y reluciente, amueblado con bancos largos de trabajo y estanterías del techo al suelo llenas de químicos, contenedores de almacenaje e instrumentos científicos. Al fondo se alzaba un gran frigorífico junto a una cabina de flujo laminar, una estación de trabajo cerrada diseñada para evitar la contaminación de las muestras con un chorro de aire filtrado.

Cybelli Barbosa, una alegre científica atmosférica en la treintena, accedió a enseñarme las instalaciones. Se ajustó el reloj de muñeca de color rojo cereza, se puso unos guantes de nitrilo azul y dispuso una fila de tubos de plástico en la mesa que teníamos delante. Estaban llenos de lo que parecía romero y clavos secos.

—Aquí tenemos briofitas —dijo recurriendo al nombre formal de musgos, colas de zorro y hepáticas, los pequeños descendientes sin madera de algunas de las primeras plantas terrestres—. Estamos estudiando cómo responden al entorno, pero también cómo lo cambian.

Me explicó que había recogido esos especímenes del tronco de un árbol cercano al que había acoplado sensores en diferentes niveles para medir las variaciones de temperatura, humedad e intensidad de la luz.

—Para obtener un análisis detallado de lo que está ocurriendo en realidad, podemos utilizar equipamiento como este —me indicó Barbosa, al tiempo que sostenía un dispositivo gris portátil más o menos del mismo tamaño, y aproximadamente la misma estética, que una consola de videojuegos de los años noventa—. Es un calibrador de partículas. Tiene una entrada que aspira aire y que colocamos muy cerca de un organismo, como un hongo que libera esporas. Estas fluyen hasta el interior del dispositivo, atraviesan una cámara óptica y quedan atrapadas en un filtro, como este. —Me enseñó un disco blanco que parecía un posavasos de papel espolvoreado con canela—. Justo antes de que las partículas queden atrapadas, el artilugio las cuenta y nos indica su tamaño y concentración en el aire. El número de esporas fúngicas, granos de polen y otras partículas biológicas presentes en la atmósfera en diferentes momentos es realmente importante porque influye en cuándo llueve.

Barbosa viajó al Observatorio de la Torre Alta del Amazonas, o ATTO para abreviar, por primera vez en 2012, mientras finalizaba su máster en Ingeniería Ambiental. Por aquel entonces, quería comparar la composición química del aire de la ciudad de Manaos con el aire de un entorno prístino en gran medida libre de la influencia humana. Aún no se había construido la torre alta, de modo que Barbosa subió a una de las más pequeñas, de 80 metros, para recoger las muestras. Incluso eso ya era todo un reto. Además de tener problemas de salud respiratoria que podían dejarla sin aliento, le aterraban las alturas, y las torres más bajas tendían a mecerse de manera inquietante al viento. Pero la necesidad profesional de subir a diario la empujó a superar el miedo. Unos años más tarde, ascendió la torre de 325 metros al primer intento.

Cuanto más tiempo pasaba Barbosa en la Amazonia, más empezaba a pensar en cambiar sus prioridades de investigación. ¿Y si, en lugar de limitarse a utilizar el aire limpio de la selva tropical como punto de referencia, investigaba sus propiedades singulares? ¿Qué flotaba con exactitud por encima de los árboles? Cuando Barbosa comenzó el doctorado en la Universidad Federal de Paraná, fue cobrando interés en los bioaerosoles, diminutas partículas y gotas suspendidas en el aire procedentes de organismos vivos. En la última década, Barbosa, sus colegas y numerosos científicos más que han visitado el ATTO procedentes de todo el mundo han formado colectivamente un retrato mucho más detallado de cómo estas motas y fragmentos de vida suspendidos ayudan a la selva amazónica a representar su danza de la lluvia.

Que los árboles y otras plantas impregnan la atmósfera de agua se sabe desde hace siglos. Las plantas apenas utilizan una pequeña parte del agua que absorben del suelo. La mayor parte del agua que captan se pierde en el aire a través de poros en las hojas y otros tejidos, un proceso conocido como «transpiración». Los bosques y otros ecosistemas ricos en plantas transportan mucha más agua a la atmósfera de la que se evaporaría del suelo por sí sola. Lo que no se apreció por completo hasta hace relativamente poco, sin embargo, es cómo todos los gases invisibles y partículas diminutas generadas por un bosque alteran de forma drástica el destino del agua suspendida por encima.

Los árboles y otras plantas liberan continuamente al aire una variedad de compuestos químicos gaseosos y a menudo acres para comunicarse entre una sola especie o varias, entre otras razones. Piensa en los perfumes embriagadores de la madreselva, el jazmín y la lila, que atraen a los polinizadores; el fuerte aroma de las agujas de pino, que es probable que disuada a herbívoros y patógenos; y el almizcle vegetal de la hierba recién cortada, que se considera una señal de peligro. Cuando algunos de estos compuestos volátiles se dejan llevar hasta la atmósfera, reaccionan con el oxígeno y la luz del sol y forman moléculas nuevas más pegajosas que se agrupan, proporcionando superficies adecuadamente grandes en las que puede condensarse el vapor de agua. Las plantas y hongos también emiten sales ricas en potasio que indirectamente estimulan la formación de las nubes de un modo similar.

Al mismo tiempo, las selvas tropicales y otras zonas de vegetación densa emiten una mezcla de aerosoles biológicos más grandes: una amalgama compleja de organismos y entes orgánicos —enteros y fragmentados; vivos, muertos o en algún punto intermedio—, entre los que se incluyen virus, microbios, algas y granos de polen; las esporas de hongos, musgos y helechos; pedacitos de hojas y corteza; y briznas de pelo y plumas; y lonjas de escamas del caparazón de los insectos.[23] Esta colección levitante de vida y sus vestigios pueden

23. Entre los aerosoles más bonitos y misteriosos se encuentran las diminutas esferas alveoladas llamadas «brochosomas», que los insectos conocidos como «saltahojas» secretan y frotan en sus cuerpos, posiblemente para proporcionar a sus exoesqueletos una capa hidrófuga.

sembrar tanto las nubes como los cristales de hielo, incrementando de manera significativa la probabilidad de lluvia y el ritmo del ciclo del agua. Por encima de la selva amazónica, los bioaerosoles comprenden más del 80 por ciento de todas las partículas transmitidas por el aire, mucho más abundantes e importantes para las precipitaciones que el polvo y el hollín.

Juntos, una selva tropical y su atmósfera local crean un bucle de retroalimentación poderoso: cuanto más llueve, más crece el bosque; cuánto más crece el bosque, más agua, partículas que siembran las nubes y núcleos de hielo eleva al aire; cuanto más rápido se forman e hinchan las nubes, con mayor frecuencia llueve. Los 20.000 millones de toneladas de agua que salen a borbotones del bosque a la atmósfera todos los días superan incluso el volumen descargado por el mismo río Amazonas. Basándose en estos hallazgos, los científicos han descrito la selva amazónica como un reactor biogeoquímico que se sustenta y estabiliza a sí mismo, generando en torno a la mitad de la lluvia que cae en su dosel.

El río atmosférico que produce la selva amazónica, rebosante de microbios, esporas y exudados biológicos, no permanece inamovible. Una parte viaja con las corrientes de aire hasta ciudades, cultivos y ecosistemas lejanos, en especial la parte meridional del continente, incluyendo regiones que de otro modo se secarían. A través de complejas reacciones en cadena en la atmósfera, la Amazonia también provee de precipitaciones a regiones de Norteamérica, como el Medio Oeste, el Pacífico Noroeste y Canadá. Otros bosques alrededor del mundo proporcionan beneficios a largo plazo similares.

Desde 1970, los humanos han destruido al menos el 18 por ciento de la Amazonía —un área más grande que Francia— principalmente para ganar espacio para las granjas de ganado. La deforestación a pequeña escala puede incrementar de manera temporal la caída de lluvia inmediata sobre zonas aisladas de tierra desnuda debido a las interacciones entre el suelo, el calor y la humedad del aire, pero la destrucción crónica a gran escala retrasa el inicio de la estación húmeda, acorta su duración y reduce drásticamente las precipitaciones generales. Los científicos han determinado que es probable que la deforestación de la Amazonia haya exacerbado algunas de las peores sequías de Sudamérica, incluida la escasez de agua en Sao Paulo. Un estudio calculó que, si se arrasase la Amazonia, el manto de nieve en Sierra Nevada podría reducirse un 50 por ciento, con consecuencias desastrosas para la agricultura en el Valle Central de California y, por consiguiente, para el suministro alimentario de Estados Unidos.

En los años previos a su muerte, en diciembre de 2021, Thomas Lovejoy, estimado ecólogo americano, en colaboración con Carlos Nobre, científico del sistema terrestre brasileño y ganador del Nobel, escribieron un par de ensayos en los que advertían de que la selva amazónica estaba acercándose con rapidez a un punto de inflexión catastrófico y potencialmente irreversible. Predijeron que, si los humanos destruían del 20 al 25 por ciento de la Amazonia, esta perdería su poder para invocar la lluvia. En combinación con el cambio climático y los fuegos causados por los humanos, la sequía subsiguiente transformaría grandes franjas de selva exuberante en maleza árida y degradada, lo que liberaría miles de millones de toneladas de gases de efecto invernadero, afectaría de forma severa la capacidad del bosque de almacenar carbono y alteraría los patrones climáticos del mundo entero de formas impredecibles. «No tiene sentido descubrir el punto de inflexión exacto provocándolo», escribieron. La deforestación no solo debe cesar, argumentaban, sino que grandes partes de la Amazonia también deben restaurarse para «mantener su papel esencial para Sudamérica y conservar la salud del planeta».

Cuando hace miles de millones de años surgió la vida, esta cambió mucho más que el clima. Mucho antes de que los primeros bosques sobresalieran por encima de los continentes, antes de que cualquier criatura compleja surgiera a rastras del mar, los microbios iniciaron una transformación aérea que fue mucho más sutil e indirecta que la siembra de nubes, si bien mucho más profunda. Poco a poco, la vida alteró la composición química de toda la atmósfera. La vida creó el aire que hoy respiramos.

En las primeras etapas de la historia de la Tierra, lo más probable era que la atmósfera estuviera compuesta de dióxido de carbono, nitrógeno, vapor de agua, metano y cantidades ínfimas de amoniaco, prácticamente sin oxígeno libre (O2). A nuestros ojos, es probable que el cielo hubiera aparecido de un naranja turbio, al menos de manera intermitente, debido a la bruma de hidrocarburos que se formaba cuando la luz ultravioleta reaccionaba con el metano, el cual se generaba sobre todo por microbios adaptados al entorno libre de oxígeno. En la actualidad, el oxígeno comprende el 21 por ciento de la atmósfera, y en un día despejado el cielo es una bóveda de azul sin fondo. La oxigenación de la tierra se extendió en una labor de retazos y por impulsos, una revolución continua que se prolongó casi dos mil millones de años, impulsada por múltiples procesos geológicos y biológicos coincidentes. Aunque los científicos siguen debatiendo la cronología exacta, los mecanismos y muchos de los detalles exactos de esta transformación global, están de acuerdo en que la vida fue fundamental para su conclusión.

La atmósfera rica en oxígeno de la Tierra se halla vinculada de manera inextricable a la que cabría sostener que es la innovación evolutiva más importante de la historia de nuestro planeta vivo: la fotosíntesis. Como ha escrito Oliver Morton, la fotosíntesis, «la luz creadora de vida», es un proceso por el cual «la luz solar se convierte en la sustancia de la tierra». Al realizar la fotosíntesis, los organismos capturan la energía lumínica y la almacenan en paquetes químicos prácticos. En contraste con la alquimia alimentada por la energía solar que tiene lugar en plantas frondosas, hoy en día familiar para nosotros, las primeras formas de fotosíntesis probablemente no requerían agua ni producían oxígeno. Algunos científicos han propuesto que los primeros fotosintetizadores fueron los microbios de las profundidades del océano que vivían cerca de fuentes hidrotermales hirvientes hace tres mil cuatrocientos millones de años. En lugar de la luz del sol, habrían dependido del tenue resplandor del magma y el agua supercalentada, respirando ácido sulfhídrico y excretando azufre. En algún punto entre hace tres mil cuatrocientos y dos mil quinientos millones de años, unos microbios verdes azulados conocidos como «cianobacterias» desarrollaron una versión radicalmente nueva de la fotosíntesis, que sacaba provecho de recursos muy abundantes, convirtiendo la luz solar, el agua y el dióxido de carbono en azúcar y liberando oxígeno como subproducto.

Los átomos de oxígeno son muy reactivos y se afanan en formar enlaces con otros elementos. Parte del oxígeno emitido por las primeras cianobacterias reaccionó con los gases volcánicos además de con el hierro presente en el agua del mar y las rocas, formando nuevos compuestos y minerales. Pero una parte de sus exhalaciones empezó a acumularse como oxígeno libre en oasis temporales y muy localizados en el mar y el aire primordiales.

A pesar de su ingenio, las cianobacterias no prosperaron de inmediato. Al principio se veían ampliamente superadas en número por otros tipos de microbios y probablemente confinadas a nichos poco profundos, iluminados por el sol y ricos en nutrientes, donde lograron superar a sus predecesoras. Con el tiempo, sin embargo, prosperaron. Hace unos dos mil cuatrocientos millones de años, hacia la mitad de la historia de la Tierra, el oxígeno de la superficie del océano y la atmósfera en general comenzó a incrementarse hasta un nivel apreciable, pese a que seguía siendo muy inferior al actual. En torno a esa misma época, es probable que el cielo, tiempo atrás naranja turbio, empezara a desplazarse hacia la parte azul del espectro visible. Aunque este hito planetario se conoce como la Gran Oxigenación, o la Gran Oxidación, no fue tanto un incidente concreto como una transición que se prolongó durante doscientos millones de años. Es probable que los responsables de este cambio permanente en el sistema terrestre fueran numerosos procesos biológicos y geológicos, entre ellos las alteraciones en la composición de las emisiones volcánicas y las reacciones químicas que permitían que el hidrógeno atmosférico escapara al espacio, dejando atrás un exceso de O_2. Independientemente de cuál fuera la mezcla exacta de mecanismos, no cabe duda de que las cianobacterias fueron una fuente crucial de oxígeno acumulado. Cabe la posibilidad de que la actividad tectónica alterara el ciclo y la distribución del fósforo y otros nutrientes esenciales para las cianobacterias, concediéndoles una ventaja decisiva frente a sus competidores, multiplicando sus poblaciones e incrementando de forma drástica la producción total de oxígeno.

A medida que prosperaban estos microbios que giraban a la luz del sol, empujaron de manera inadvertida al planeta a extremos sin precedentes. Algunos científicos han conjeturado que los primeros soplos de oxígeno generados por las cianobacterias precipitaron una de las peores extinciones masivas de la historia de la Tierra, aunque no existe evidencia directa. Por aquel entonces, la mayor parte de la vida microbiana presumiblemente evitaba el oxígeno porque la molécula, muy reactiva, podía iniciar reacciones químicas dañinas, que destruían las estructuras celulares. El entorno recién oxigenado quizá demostrara ser letal para la mayoría de los microbios proterozoicos, que carecían de la serie de defensas antioxidantes halladas en los organismos modernos.

En paralelo, es posible que las cianobacterias provocaran una de las crisis climáticas más tempranas y severas de la Tierra, una cruda helada de alcance planetario. En los albores de la Tierra, abundantes gases de efecto invernadero mantenían el mundo cálido atrapando el calor en la atmósfera inferior. En tres etapas entre hace dos mil cuatrocientos y dos mil cien millones de años, sin embargo, la temperatura del planeta cayó en picado y capas enormes de hielo se extendieron por el planeta, recubriendo en potencia la tierra y el mar de un polo al otro, salvo por un estrecho cinturón situado cerca del ecuador, un escenario hipotético en ocasiones conocido como Tierra Bola de Nieve. Las razones para esta crisis no se conocen en firme, pero el oxígeno generado por las cianobacterias puede que reaccionara con el metano, convirtiéndolo en dióxido de carbono, que atrapaba mucho menos calor. Al mismo tiempo, las cianobacterias retiraban grandes cantidades de dióxido de carbono de la atmósfera a través de la fotosíntesis. Sin su manto gaseoso, la Tierra se congeló. Cualquier vida que sobreviviera probablemente se amontonó en los pocos refugios cerca de volcanes, fuentes termales y respiraderos del lecho marino. Durante el primer posible acontecimiento bola de nieve en la Tierra, es probable que se activara su termostato, el planeta acabara calentándose, las cianobacterias se recuperaran y el oxígeno continuara inundando la atmósfera. Es posible que el ciclo entero se reprodujera varias veces hace entre setecientos cincuenta y quinientos ochenta millones de años.

Durante unos quinientos mil años después de la Gran Oxigenación, el nivel de oxígeno en la atmósfera de la Tierra y el océano siguió siendo una parte mínima de lo que es en la actualidad. Aun así, incluso este atisbo de oxígeno es posible que bastara para desencadenar varios avances evolutivos. Aunque el oxígeno libre probablemente fuese letal para muchas de las primeras formas de vida del planeta, su aumento también supuso una oportunidad de crecimiento y cambio sin precedentes. El oxígeno libre, consistente en dos átomos de oxígeno enlazados, no solo forma enlaces con otras moléculas; también libera una gran cantidad de energía cuando sus propios enlaces se rompen y se reorganizan. Al adaptarse a respirar el oxígeno, los organismos incrementaron su eficiencia metabólica en un factor cercano a 16, lo cual es posible que alentara el desarrollo de células más complejas y con un mayor consumo de energía, grandes cuerpos y toda clase de adornos corporales.

Durante las primeras etapas de la oxigenación de la Tierra, quizá entre dos mil y mil ochocientos millones de años atrás, una serie de fusiones biológicas singulares alteró para siempre la evolución de la vida en nuestro planeta. En primer lugar, según una teoría destacada, un microbio oceánico de tamaño considerable engulló a una bacteria más pequeña que respiraba oxígeno. Por alguna razón desconocida, en lugar de ser digerida como era habitual, la bacteria permaneció como inquilina. Cada microbio se benefició de la relación, el pequeño al recibir protección y alimento, y el más grande al incorporar la capacidad de respirar oxígeno cuando se daban las circunstancias apropiadas. A medida que los microbios mantenían su simbiosis a lo largo de generaciones, el más pequeño sacrificaba cada vez más autonomía, hasta que finalmente se convirtió en una estructura celular permanente: la primera mitocondria, la llamada «fuerza motriz» de la célula. La mitocondria, que tiene forma de alubia y genera energía, se encuentra en las células de todas las criaturas multicelulares complejas de la actualidad.

En algún momento después de que surgieran las células con mitocondria, dice la teoría, algunas de ellas asimilaron cianobacterias, que poco a poco se convirtieron en cloroplastos, los pequeños orgánulos verdes que realizan la fotosíntesis en las células de plantas y algas. Todos los animales, plantas y hongos descienden en última instancia de estas fusiones antiguas de seres microscópicos. Lynn Margulis fue una de las primeras científicas que desarrolló formalmente la teoría de que las mitocondrias y los cloroplastos fueron en su día microbios independientes tiempo atrás subsumidos en la evolución de la vida multicelular. Al principio, sus ideas resultaron muy controvertidas —llegaron a ridiculizarse—, pero con el tiempo se le hizo justicia mediante pruebas microbiológicas y genéticas abrumadoras.

Los científicos continúan debatiendo si el aumento del oxígeno en el océano y la atmósfera fue un prerrequisito para el surgimiento de la vida compleja, un acelerante o un tipo de influencia completamente distinta, pero muchos están de acuerdo en que la ausencia de oxígeno libre es probable que restringiera la evolución de células elaboradas y cuerpos grandes y en que un nivel en aumento u oscilante de oxígeno probablemente contribuyó a la efervescencia final de distintas formas animales, como la explosión cámbrica producida hace entre quinientos cuarenta y quinientos millones de años. Para entonces el oxígeno es posible que comprendiera hasta un 10,5 por ciento de la atmósfera, en torno a la mitad del actual.

Históricamente, la evolución se ha descrito como lineal y ramificada, como un árbol, o entrecruzada, como una red. Aunque estas metáforas sin duda captan muchos procesos evolutivos, otras son mucho más sinuosas, incluso circulares. Una y otra vez, la vida y el entorno se alteran el uno al otro a través de bucles de retroalimentación. A través de sus comportamientos y derivados, las criaturas vivas realizan cambios duraderos en sus entornos que en parte determinan el destino de su descendencia y de otras especies. Los microbios pueden sembrar las nubes. Los bosques de un continente pueden hacer que llueva en otro. El aliento puede mecer un planeta.

Los días antes de que subiera la alta torre de ATTO, pasé tanto tiempo imaginando con ansiedad el trayecto hasta la cima que no anticipé los retos singulares del de regreso. Tras varias horas en la torre, mis compañeros y yo estábamos exhaustos, deshidratados y doloridos. Cuando iniciamos el descenso, las piernas me temblaban involuntariamente con una fatiga penetrante y familiar a causa de largas caminatas por la montaña. Tenía que moverme con más cuidado todavía que en la subida, agarrándome a cada paso.

Por encima de nosotros, un grueso blanco manto se tejía por el cielo de última hora de la mañana. Irónicamente, el mismo fenómeno por el que muchos científicos visitan la torre a menudo interfiere con su trabajo. En un aguacero fuerte, en especial durante una tormenta, la torre se vuelve incluso más traicionera de lo habitual. Me habían advertido que, si empezaba a llover mientras subíamos, probablemente tendríamos que volver antes de alcanzar la cima. Una vez evitada esa decepción, esperaba evitar los peligros de abrirme camino por una escalera resbaladiza con destreza limitada. Impulsado por una sensación de urgencia y con la ayuda de la gravedad, por fin alcancé la base de la torre, empapado tan solo en sudor y con un alivio inmenso al sentir la amplitud de la tierra bajo mis pies de nuevo.

No más de veinte minutos después, mientras me recuperaba en el campamento, la temperatura cayó de pronto, un viento fuerte empezó a doblar los árboles y el cielo se abrió, desatando unos torrentes tremendos. Aunque no se trataba del primer diluvio de mi viaje, fue el más intenso. El aire se convirtió en un borrón húmedo de partículas caóticas, un ruido blanco líquido. El agua se derramaba desde los tejados, creando regueros y charcos en el suelo arenoso. El sonido era físicamente abrumador, como si tratase de engullir el plano terrestre; como si la lluvia hubiese recordado que antaño había sido un océano y aún tenía el poder de sumergir al mundo.

Alcé la vista a las nubes, la fuente de aquella inundación. Vemos nubes tan a menudo, y en tal abundancia, que resulta fácil olvidar las maravillas que son. Una nube es etérea, aunque sorprendentemente pesada: un lago levitante, que de normal pesa más que varias ballenas juntas. Una nube es alquimia aérea, al tiempo líquido, vapor y cristal: un resultado enigmático aunque inevitable de la física atmosférica. Como entonces ya sabía, sin embargo, las nubes también son biológicas, espolvoreadas de microbios y esporas, salpicadas de vestigios de vida que se forman en las exhalaciones antiguas de criaturas vivas. Una nube es la Tierra que ve su propio aliento.

Miré al cielo y recordé la vista alterna de la selva a más de 300 metros en el aire: kilómetro tras kilómetro de selva tropical prístina que retrocedía hasta la fina línea gris del horizonte. Por volumen, todos los árboles maduros de un bosque son en su mayor parte tejido muerto: una columna de madera sin vida con capas finas de células activas, revestida de hojas y forrada de microbios simbióticos. Aun así, ningún científico discute que un árbol está vivo. Quizá un bosque, con su intrincada maraña de lo animado y lo inanimado, no es tan diferente. La mayoría de la gente, me atrevería a decir, no vacilaría en describir un bosque como vivo. Parece falso afirmar lo contrario, en especial ahora que la ciencia ha dado fe de la interdependencia fundamental de la vida, el aire y el suelo; ha detallado cómo generan los bosques gran parte de la lluvia que cae en sus doseles y ha revelado vastas redes subterráneas de raíces y hongos a través de las cuales los árboles y otras plantas intercambian recursos e información. El concepto de un planeta vivo va un paso más allá. No es que la Tierra sea un solo organismo vivo exactamente del mismo modo que un pájaro o una bacteria, sino más bien que el planeta es el sistema vivo más grande conocido —la confluencia de todos los demás ecosistemas—, con estructuras, ritmos y procesos de autorregulación similares a los de los organismos.

Los paradigmas científicos dominantes de los dos últimos siglos han contemplado el origen de la vida como algo que ocurrió sobre y dentro de la Tierra, como si el planeta no fuera más que el escenario de un fenómeno singular, el pesebre que albergó un milagro. Pero las dos no pueden separarse así. La vida es la Tierra. Nuestra Tierra viva es el milagro. La vida emergió de, está hecha de y regresa a la Tierra. Aún llevamos el océano en la sangre y tenemos esqueletos de roca. El origen de la vida fue la Tierra descubriéndose a sí misma, organizándose, aprendiendo nuevas formas de cambiar. Desde entonces, lo que llamamos «vida» y lo que llamamos «planeta» han sido uno, cada uno consumiendo y renovando continuamente al otro. La Tierra es una roca que se vio sometida a calor, borbotó y floreció: la dureza floreciente de un Vesubio medio sellado suspendido en una burbuja de aliento. La Tierra es una piedra que se alimenta de luz de las estrellas y emite una canción, girando a través del vacío inescrutable del espacio —palpitando, respirando, evolucionando— y exactamente igual de capaz de morir que nosotros.

De forma casi tan repentina como había empezado, la lluvia se detuvo, aunque un volumen considerable de agua continuó filtrándose a través del bosque. Lo que había sido una arremetida ensordecedora se convirtió en un goteo meditativo, curiosamente similar al suave crepitar de un fuego que va apagándose. Aunque aquello era un final, también reinaba una atmósfera de anticipación: quizá no un preludio, sino un intervalo. Vi cómo se mecían y agitaban las hojas debajo de las gotas que caían, inclinándose e irguiéndose por turnos. En verdad parecían estar bailando, moviéndose al compás de una música que yo aún estaba aprendiendo a escuchar.

8

Las raíces del fuego

Encaramada a una colina densa y boscosa entrecruzada con carreteras estrechas y zigzagueantes, a menudo sin señalar, la casa de Frank Lake en Orleans, California, no es fácil de encontrar. De camino allí, una tarde de finales de octubre, me perdí y, sin querer, invadí la propiedad de dos de sus vecinos antes de encontrar el lugar correcto. Cuando Lake y su mujer, Luna, compraron la casa en 2008, era esencialmente una cabaña pequeña con algunas comodidades. La ampliaron hasta convertirla en una casa roja, alargada y bonita con una entrada con gablete y un porche de madera. Una pérgola erosionada en la que se enroscan kiwis enmarca el jardín de delante, que alberga un estanque, un huerto y un anillo de arándanos y un bosquecillo de avellanos. Cerca se alzan varios graneros de postes utilizados como talleres y almacenes por Lake, ecólogo que trabaja como investigador para el Servicio Forestal de Estados Unidos. Un laberinto de abetos de Douglas, arces y robles con helechos, zarzamoras y manzanitas cubre gran parte de la zona circundante.

—Es un huerto silvestre —me dijo Lake mientras me enseñaba la propiedad, zigzagueando entre árboles de tronco delgado y arbustos desparramados. Llevaba pantalones cargo, botas negras gruesas y un gorro de camuflaje—. Los karuk se encargaban de este viejo lugar.

Lake, que es de ascendencia mixta, indígena, europea y mexicana, es descendiente de los karuk, un pueblo nativo del noroeste de California y una de las mayores tribus del estado en la actualidad. Algunos miembros de su familia también forman parte de la tribu yurok, nativos de la misma región. Lake creció aprendiendo la historia y la cultura de ambos pueblos.

—¿Cómo sabemos que esa gran encina y esa de allí y esas otras eran parte de un huerto? —continuó—. Bueno, es por esta gran área plana de suelo de arcilla roja que no está demasiado lejos del pueblo y los caminos históricos. Y hay artefactos aquí —dijo, acelerando el paso mientras las palabras le salían atropelladamente—. He encontrado puntas de flecha en el gallinero que aparecieron con la lluvia o las desenterraron los ardillones. Y más cosas en el jardín de ahí, como un mortero y una mano para procesar las bellotas. Vi que esto era una zona de encinas y necesitaba amor.

Un poco más adelante, alcanzamos un robledo moderadamente grande. Allí el suelo forestal estaba en gran medida libre de vegetación, chamuscado en algunas zonas y lleno de bellotas esparcidas. Musgo de un verde vivo cubría con generosidad un tronco en descomposición y varios tocones cerca del centro del claro. Cuando Lake se mudó aquí, esta zona era una maraña asfixiante de robles, madroños, robles venenosos y madreselvas, demasiado densa para ver o abrirse paso a través de ella. Desde 2009, Lake, que es bombero titulado, ha usado motosierras, antorchas de propano y sopletes de goteo para reducir la espesura y quemar este cuarto de hectárea. A lo largo de los años, las quemas controladas, o prescritas, como también se conocen, han retirado la maleza sofocante, han reducido el número de árboles y han proporcionado a los robles restantes —los ejemplares más grandes y viejos— mucha más luz y espacio, creando una arboleda similar a las que los antepasados de Lake habrían cuidado.

El fuego también ha mantenido las plagas bajo control. Todos los veranos, gorgojos y mariposas nocturnas ponen huevos encima o dentro de las bellotas, que sus larvas proceden a devorar. Los fuegos periódicos de bajo nivel respetan a los árboles, pero matan a una parte de las crisálidas de insectos nocivos en la hojarasca y el suelo, lo que evita que echen a perder la cosecha del año siguiente. Como muchos pueblos indígenas de la zona, la familia y amigos de Lake siguen utilizando bellotas para elaborar harina, pan y sopa.

—Si los árboles tienen demasiado sotobosque y hojarasca a su alrededor, presentarán altos índices de infestación, y no muchos animales querrán comerse sus bellotas, incluidos los humanos —me explicó—. Cuando tienes árboles que producen bellotas y se limpian por debajo como estos, empieza a aparecer toda la fauna. Las ardillas, los ciervos. Mi vecino vio a una gran marta pescadora aquí en primavera —añadió, refiriéndose a un omnívoro similar a una comadreja que trepa por los árboles—. También he visto pájaros carpinteros. Si quemas, obtienes buenas bellotas.

—¿Cómo sabes cuáles son las mejores? —dije, ojeando los cientos de bellotas caídas a nuestros pies.

—Busca las blancas plateadas. —Lake se agachó y cogió una bellota—. Como esta, ¿vale? —La examinó con más atención—. En realidad, está un poco mordisqueada. —Continuó rebuscando entre la hojarasca; sus dedos se movían demasiado rápido para seguirlos—. Estas están picadas. Estas están agrietadas y manchadas ya. Vale, allá vamos. Parte superior marrón, mala. Parte superior blanca, buena. —Me mostró varias bellotas con claros círculos blancos en la parte redondeada, mucho más limpias y brillantes que las de antes.

—Parte superior blanca, buena —repetí—. ¿Y eso por qué?

—Una mancha en lo alto normalmente indica que hay un orificio de insecto o una herida. Cuando está limpio, entonces el interior suele estar bien también. —Lake cascó la bellota y la partió por la mitad. La carne era de un blanco suave y cremoso, con un matiz amarillo, como la vainilla francesa—. Es una bellota absolutamente buena —dijo, girándola a un lado y al otro, como si inspeccionara una joya. Hizo una pausa un momento, admirado—. Es una bellota perfecta —agregó—. Produce orgullo. Me siento orgulloso de mi familia al saber que nuestras bellotas sirven para las ceremonias, para alimentar a los ancianos y para los bichos que las utilizan como lugar para producir. Este es el aspecto que tienen la gestión tradicional y la seguridad alimentaria. Son servicios humanos para los ecosistemas. Y es adaptación climática. Si alguien tira un cigarrillo un caluroso día de verano y el incendio pasa por aquí, este claro será una barrera entre el fuego y mi casa, y entre mi tierra y la de los propietarios adyacentes. Es un lugar de seguridad.

Cuando Lake era un niño, su familia le enseñó que el fuego podía alimentar, nutrir y sanar, que era sagrado. Como los pueblos indígenas de todo el mundo, los predecesores de Lake utilizaron el fuego de manera intencionada para cambiar sus entornos de modos beneficiosos. Cuando los colonos europeos llegaron al noroeste de Norteamérica, a menudo encontraban mosaicos hermosos de bosques y praderas, tan abiertos y espaciosos que podían conducir por ellos coches tirados por caballos con facilidad. Aunque los colonos confundieron aquellos paisajes con tierras vírgenes, en realidad eran el resultado de miles y miles de años de gestión cuidadosa por parte de los pueblos nativos, una gestión basada en una comprensión profunda de la ecología del fuego. Antes de los asentamientos europeos, los fuegos controlados iniciados por los pueblos nativos, en combinación con los incendios forestales provocados por rayos, arrasaban entre 1,6 y 5,2 millones de hectáreas al año solo en California.

Los beneficios del fuego para las comunidades indígenas eran infinitos. Al reducir la densidad de los árboles y retirar el sotobosque, las quemas controladas mejoraban la visibilidad, facilitaban los viajes, eliminaban posibles escondrijos para enemigos que se acercasen y fomentaban el crecimiento de campos y prados, lo que atraía a ciervos, uatipís, bisontes y otros animales de caza. Algunos pueblos nativos, como los yahi y los monos, cazaban osos y venados a los que atrapaban en anillos de fuego y disparaban con flechas. Los yuki y los pomo quemaban campos secos para reunir saltamontes. El fuego derribaba árboles demasiado difíciles de talar e iluminaba senderos cuando no bastaba con la luna y las estrellas. Las señales de humo transmitían mensajes a distancias demasiado grandes para los pies o el sonido. Los pueblos indígenas quemaban de forma rutinaria sauces, avellanos, ciclamores y muchas otras plantas para estimular el crecimiento nuevo y flexible que necesitaban para hacer barcos, herramientas, cordaje, ropa y cestos. Una sola tabla de cuna —una especie de portabebés—, por ejemplo, podía requerir entre quinientas y seiscientas setenta y cinco barras flexibles de seis zonas distintas de zumaque de fuego controlado. La quema deliberada mató o desplazó a serpientes, roedores, garrapatas y pulgas, mientras simultáneamente extendía capas fertilizantes de cenizas, lo que aceleraba los ciclos de nutrientes y alentaba la producción de tubérculos comestibles, setas, semillas y bayas. Al quemar de forma juiciosa la tierra que rodeaba sus asentamientos, los pueblos nativos también reducían el riesgo de incendios forestales graves y se protegían de llamas que comieran el terreno.

Cuando los europeos invadieron Norteamérica, inicialmente usaron el fuego por algunas de las mismas razones. A lo largo de los siglos, sin embargo, los colonos alteraron de manera radical la ecología del fuego en las Américas. Mientras las tradiciones de quema de los indígenas tendían a promover la biodiversidad y una abundancia de plantas nativas útiles, los colonizadores a menudo prendían fuegos para despejar vastas extensiones de tierra para el monocultivo a gran escala. En su intento de domesticar paisajes desconocidos e imponer una uniformidad ambiental, los colonos alteraron los ritmos ecológicos que los pueblos nativos habían ayudado a establecer a lo largo de milenios.

Hacia mediados del siglo XIX, la enfermedad, la guerra y el desplazamiento forzado habían asolado a las culturas indígenas americanas, incluyendo las prácticas de quema tradicional. A medida que la industria maderera prosperaba y las granjas se expandían gracias a la mecanización, los colonos se volvieron cada vez más reacios al fuego, que veían como una amenaza a la valiosa madera noble y las tierras de cultivo. A partir de finales del siglo XVIII, si no antes, las leyes exigieron la supresión de las quemas indígenas.

—A principios de 1900, nos disparaban por intentar utilizar el fuego como herramienta de gestión de la tierra —dice Margo Robbins, miembro de la tribu yurok y cofundadora y directora ejecutiva del Consejo de Gestión del Fuego Cultural.

En una carta de 1918, F. W. Harley, guardabosques del Servicio Forestal, se lamentaba de «los indios y blancos renegados» que prenden fuegos «por pura terquedad o con un espíritu de indiferencia muy perjudicial», y declaraba que la única solución era dispararles como a coyotes. «En años posteriores —cuenta Robbins—, hubo una política para encarcelar a la gente que prendía fuegos sin autorización y para apagar todos los fuegos antes de las diez de la mañana siguiente. Fueron elementos bastante efectivos para disuadir de la quema tradicional».

Tras una serie de incendios forestales especialmente destructivos a principios del siglo XX, el Servicio Forestal de Estados Unidos empezó a prevenir y a extinguir incendios forestales de forma aún más agresiva, una política encarnada en Smokey Bear, el oso famoso que sigue protagonizando la campaña de anuncios de servicios públicos más larga de la historia de Estados Unidos. En ausencia de los incendios forestales periódicos de baja intensidad a los que habían estado acostumbrados, muchos bosques se convirtieron en yesqueros quebradizos y congestionados.

Este legado de supresión del fuego ha dejado California y otros estados occidentales especialmente susceptibles al tipo de incendios forestales catastróficos que han sufrido en las dos últimas décadas. El calentamiento global, la sequía prolongada, las olas de calor extremo, los insectos y hongos invasores, el tendido eléctrico mal mantenido, la dispersión continua de gente a zonas remotas y de vegetación densa y las fuertes corrientes de aire típicas del Oeste también han conspirado para crear las condiciones para infiernos de escala y severidad sin precedentes. Desde el año 2000, ha ardido cada año una media de 2,8 millones de hectáreas en Estados Unidos, más del doble que el área media en la década de 1990. En 2020, los incendios forestales calcinaron más de 4 millones de hectáreas, la segunda extensión más grande desde 1960, cuando se iniciaron los registros precisos. La gran mayoría de esas hectáreas se encontraban en el Oeste y en torno al 40 por ciento, en California. Aunque el número de hectáreas que se quemaron en el oeste de Norteamérica antes de la colonización europea era muy superior, fue en gran medida el resultado de las quemas frecuentes de bajo nivel, mucho más leves que los aterradores fuegos desbocados que se han producido últimamente. Los incendios forestales de la actualidad son más grandes y arrasadores que cualquiera registrado. Algunos son tan vastos y violentos que generan su propia meteorología, formando tornados de fuego y nubes pirocumulonimbus que disparan rayos y esparcen chispas, con lo que encienden aún más fuegos. En el momento en que escribo esto, los quince fuegos forestales más grandes de la historia registrada de California se produjeron entre 2003 y 2021. Diez de esos fuegos se produjeron en 2018 o más tarde. Cinco ocurrieron en 2020 solo.

Parafraseando a Leaf Hillman, director de recursos naturales y política medioambiental para la tribu karuk, un temor históricamente equivocado al fuego ha creado una situación en la que muchas personas ahora cuentan con auténticos motivos para tener miedo. «Debemos restablecer una relación positiva con el fuego —declaró en una entrevista—. Nuestra primera respuesta debe ser "gestionarlo". No "suprimirlo", sino "gestionarlo"».

En Florida y gran parte del sudeste, donde estos fuegos forestales nunca se suprimieron en la misma medida que en los estados occidentales, los incendios forestales violentos y descomunales históricamente han sido un problema mucho menos frecuente, y las quemas prescritas siguen siendo más o menos comunes en la actualidad. Aunque los ecólogos e ingenieros de montes hace mucho que reconocen las repercusiones de la supresión del fuego en los Estados Unidos occidentales, los cambios significativos en las políticas y prácticas de gestión de incendios han sido lentos. Una de las mayores dificultades es el mosaico enrevesado de tierra estatal, tribal y privada —cada una con su propio conjunto de regulaciones— del Oeste. A medida que el cambio climático prolonga la temporada de fuegos, se reducen de forma drástica las ventanas en las que pueden llevarse a cabo las quemas controladas. Incluso con todas las precauciones necesarias, un pequeño porcentaje escapan y arden donde no deberían. Y aunque el humo generado por las quemas controladas es mucho menor que el de los megafuegos, puede disminuir la calidad del aire y poner en peligro la salud de algunas personas.

Sin embargo, la quema prescrita es una de las formas más efectivas, económicas y ecológicamente sensibles para reducir el riesgo de más fuegos catastróficos. Frente a la crisis de los incendios forestales, que se agrava deprisa, el Servicio Forestal de Estados Unidos, el Departamento de Silvicultura y Protección contra Incendios de California y otras agencias gubernamentales han empezado a reconocer la necesidad de recuperar los fuegos prescritos en el oeste de Norteamérica.

«Creo que podemos cambiar nuestra trayectoria y marcar una diferencia positiva —dice Scott Stephens, uno de los principales expertos del país en ecología del fuego—. Al mismo tiempo, estoy más preocupado que nunca por la capacidad para hacer este trabajo a la escala y el ritmo necesarios. Ahora te asomas por la ventana y ves que ocurren cosas extraordinarias. Soy optimista, pero creo que debemos actuar rápido».

Durante los primeros miles de millones de años de la historia de la Tierra, los incendios forestales como nosotros los entendemos no existían. El fuego requiere tres ingredientes: combustible, oxígeno y calor. En las primeras etapas de la Tierra, había numerosas fuentes de calor intenso y abundantes chispas —rayos, volcanes, desprendimientos de rocas, impactos de asteroides—, pero apenas oxígeno libre, como tampoco mucha materia seca y combustible. Hace unos seiscientos millones de años, las cianobacterias y las algas habían elevado de manera gradual e intermitente la cantidad de oxígeno en la atmósfera de la Tierra hasta un punto entre el 10 por ciento y la mitad de su nivel actual, un cambio fundamental pero no suficiente para el fuego. La creación de una atmósfera más familiar requirió una segunda revolución orquestada por la vida: el reverdecimiento de un nuevo dominio terrestre.

Hace setecientos millones de años, o es posible que incluso antes, las algas empezaron a salir a la tierra desde el mar. Las primeras algas pioneras quizá habitaran estanques efímeros y lagos que se secaban de manera periódica, alentando adaptaciones a la sequía. Las esporas duraderas protegían a su descendencia de la desecación. Las raíces proporcionaban suficiente fuerza y acceso a fuentes lejanas de agua y nutrientes. Las tuberías internas hacían circular líquidos y azúcares a través de cuerpos cada vez más grandes. Las hojas expandieron en gran medida la superficie disponible para la fotosíntesis.

En algún momento entre hace quinientos y cuatrocientos veinticinco millones de años, evolucionaron las primeras plantas terrestres. La *Cooksonia* era una planta pequeña que amaba los pantanos con estructuras portadoras de esporas que parecían las ancas de una rana de árbol. Las ramas onduladas de la *Baragwanathi longifolia*, de 1 metro de largo, repletas de hojas finas, le daban un aspecto hirsuto, como de tarántula. Y la *Psilophyton dawsonii*, de 58 centímetros de alto, que gozaba de un sistema vascular bastante sofisticado para la época, parecía un primo primordial del eneldo. Las plantas terrestres se mezclaron con otros peregrinos paleozoicos —con microbios, hongos y animales—, forjando nuevas asociaciones. La corteza terrestre, tiempo atrás rígida, estéril y gris, estaba empezando a aflojarse, retorcerse y echar hojas.

Entre hace cuatrocientos y trescientos sesenta millones de años, las plantas experimentaron un estallido de innovación evolutiva, y desarrollaron cuerpos mucho más grandes y complejos, hojas anchas y raíces robustas. Mientras que las primeras plantas terrestres eran criaturas diminutas que presagiaban los musgos, antoceros y agrimonias actuales, algunas de finales del periodo Devónico empezaron a convertirse en los primeros árboles. El *Archaeopteris*,[24] que podrían alcanzar entre los 24 y los 30 metros de altura, parecía un árbol de Navidad enorme y desprolijo con las hojas arqueadas como una esparraguera. El *Lepidodendron* tenía la corteza escamosa; una corona densa y fractal cubierta de hojas pequeñas, y raíces de más de 10 metros de largo. Los *Calamites* parecían versiones colosales de la cola de caballo actual, pues alcanzaban los 18 metros o más. Los helechos, asombrosamente parecidos a sus equivalentes modernos, florecieron junto a esos nuevos gigantes botánicos, a los que a veces igualaban en tamaño. Hace unos trescientos ochenta millones de años, los bosques primigenios cubrían grandes sectores del planeta.

No mucho después, emergieron las primeras plantas que contenían semillas. Resultaron tener un éxito enorme y se diversificaron en formas familiares como los gingos y las coníferas. En algún momento entre hace doscientos cincuenta y ciento cincuenta millones de años, determinadas plantas desarrollaron un rasgo nuevo remarcable: hojas de forma singular que marcaban la ubicación de su polen, lo cual las hizo aún más atractivas para insectos que se alimentaban de él y que involuntariamente habían estado ayudando a las plantas a reproducirse. Pronto los lirios frondosos adoptaron colores atrevidos, que les ayudaban a sobresalir en una maraña de verde. El perfume y el néctar hicieron la oferta más atractiva. Para hace unos se-

24. No confundir con *Archaeopteriz*, el dinosaurio semejante a un ave que vivió durante el Jurásico.

senta y cinco millones de años, las flores se habían convertido en un fenómeno global. En torno a la misma época, la hierba —que es posible que emergiera hace más de cien millones de años— estaba expandiéndose poco a poco y acabó cubriendo del 30 al 40 por ciento de la superficie de tierra del planeta.

Las plantas alteraron profundamente la corteza y la atmósfera terrestres. El oxígeno procedente de las cianobacterias ya había empezado a formar una capa de ozono en la estratosfera, que protegía la vida de la dañina radiación ultravioleta; las plantas de tierra la hicieron más densa y albergaban nuevas olas de exploradores terrestres. El reverdecimiento de los continentes aceleró drásticamente el ciclo del agua y, por consiguiente, el ritmo al que se erosionaba la roca. Las plantas, los hongos y los microbios fracturaban las rocas con raíces, las disolvían con ácidos y enriquecían la tierra con materia orgánica, convirtiendo corteza rígida en suelo blando. Árboles, arbustos y otras plantas grandes con sistemas extensivos de raíces estabilizaban las orillas de los ríos, lo que fomentaba que ríos y arroyos serpentearan sinuosamente por los paisajes y les impidieran arrastrar demasiado suelo y barro acumulado hasta el mar.

Por debajo del suelo, las raíces de las plantas y los hongos formaron asociaciones conocidas como «micorrizas»: hongos como hilos envolvían y se fundían con las raíces de las plantas, a las que ayudaban a extraer agua y nutrientes como el fósforo y el nitrógeno del suelo a cambio de azúcares ricos en nutrientes. A medida que los ecosistemas terrestres maduraban, estas redes simbióticas se volvieron más complejas y robustas, lo que permitía que árboles y otras plantas intercambiaran agua, alimento y mensajes químicos entre ellas también.

Una vez que se asentaron las plantas terrestres, ayudaron a empujar el oxígeno atmosférico a su nivel actual y más allá. El proceso por el que esto ocurrió no fue tan simple como que las plantas exhalaran oxígeno en el aire. La vasta mayoría del oxígeno que el plancton oceánico fotosintético y plantas terrestres exhalan lo utilizan otros organismos en un ciclo perpetuo. Para crecer, el plancton y las plantas absorben dióxido de carbono, lo usan para construir sus tejidos y liberan el oxígeno como material de desecho. Animales, hongos y microbios comen y descomponen plancton y plantas, utilizando el oxígeno en el proceso y exhalando dióxido de carbono. Sin embargo, no todos los sintetizadores se consumen o descomponen. Una parte se entierran relativamente intactos en el lecho marino o en lagos, pantanos y corrimientos de tierras. El oxígeno que los animales y otros agentes descomponedores habrían usado para descomponer ese plancton y plantas ausentes permanece en la atmósfera, habiendo escapado del ciclo habitual. Poco a poco, este exceso de oxígeno se acumula.

A lo largo de eones, la alquimia del plancton marino y plantas terrestres producida por el sol —combinada con la ingestión incesante de vida de la Tierra— elevó el nivel de oxígeno en la atmósfera desde esencialmente cero a un pico de entre un 30 y un 35 por ciento en el periodo Carbonífero (hace entre 358,9 y 298,9 millones de años), seguido de un pico similar en el Cretáceo (hace entre 145 y 66 millones de años). Bañados por un aire denso rico en oxígeno, que hacía la respiración y el vuelo mucho más fáciles, los insectos y artrópodos carboníferos se hincharon: los milpiés crecieron hasta alcanzar el tamaño de tablas de surf y las libélulas volaban con unas alas tan grandes como las de las palomas de hoy en día.

Las plantas terrestres también se convirtieron en un componente crítico del ciclo de carbono y en termostato a largo plazo de la Tierra. El crecimiento y la actividad colectivos de las plantas terrestres, los hongos y los microbios degradan la roca al menos cinco veces más rápido que la lluvia, el viento y el hielo solos, capturando carbono del aire en el proceso y acelerando su enterramiento. Al retirar un gas potente de efecto invernadero de la atmósfera, esta erosión biológica, como se conoce, tiende a enfriar el planeta. Durante la transición del Devónico al Carbonífero, no mucho después de la expansión de los bosques, la Tierra empezó a experimentar otra edad de hielo y extinción masiva, que podría haber durado unos cien millones de años. Los continentes, en movimiento, y las corrientes oceánicas, reordenadas, fueron en parte responsables, pero los árboles y otras plantas terrestres probablemente también jugaron un papel significativo. En torno a la misma época, las plantas desarrollaron lignina y otros tejidos estructurales duros que microbios y hongos aún no podían descomponer por completo. En palabras del botánico

David Beerling, «siguió una indigestión global», y grandes cantidades de carbono quedaron sepultadas en pantanos y turberas, enfriando aún más el planeta. Al final, sin embargo, como con las glaciaciones globales previas, el termostato de la Tierra reinició el clima. Con el tiempo, los microbios, los hongos y animales simbióticos como las termitas desarrollaron la capacidad de digerir incluso los tejidos vegetales más obstinados.

Con el oxígeno atmosférico en un nivel históricamente alto y vastos bosques cubriendo los continentes, la Tierra pasó a ser más acogedora —a estar más viva— que nunca. También era mucho más inflamable. En esta nueva Tierra, el fuego se convirtió en un fenómeno habitual. Los restos calcinados de una planta de cuatrocientos veinte millones de años, conservados en limolita, son la prueba más temprana de un incendio forestal. El carbón lleva presente en el registro de fósiles desde entonces.

Desde el Devónico, muchas plantas se han adaptado de manera gradual a la presencia recurrente del fuego. Han desarrollado una corteza gruesa resistente a las llamas, hojas carnosas y tubérculos fuertes que volvían a la vida en el suelo calcinado. Algunas plantas incluso llegaron a depender del fuego para reproducirse: algunos pinos tienen piñas selladas con resina que se derrite al calor de un incendio y así libera las semillas en cenizas fértiles; el humo parece estimular la germinación de algunas especies de plantas y otras solo florecen después de un fuego.

En tándem, el fuego se adaptó a la vida. «El fuego no puede existir sin el mundo vivo —escribe Stephen Pyne, historiador del fuego, en *Fire: A Brief History*—. La química de la combustión se ha insertado progresivamente en una biología de quema». Donde fuera que los incendios forestales se convirtieron en ocurrencias regulares, iniciaron un proceso de evolución con los mismos ecosistemas que posibilitaron su existencia. El resultado se conoce como régimen de fuego: el patrón —la frecuencia, la intensidad y la duración típicas— de los incendios forestales en una región determinada. Si el fuego es en sí mismo un tipo de música que resulta de la interacción de la vida y el entorno, entonces un régimen de fuego es una melodía o tema que los fuegos recurrentes y su hábitat particular componen juntos.

Muchos de los bosques del mundo han evolucionado con incendios forestales periódicos de intensidad variable. Al margen de las selvas tropicales, el fuego y los bosques tienden a regenerarse mutuamente. Las praderas, llanuras y sabanas han desarrollado relaciones en especial íntimas con el fuego: cuando los incendios forestales crean vacíos en algunos bosques, a veces se traslada la hierba, que se adapta al terreno caliente y seco; a cambio, toda la nueva vegetación alimenta más fuegos, que hierbas vigorosas y de raíces profundas soportan y estimulan, con lo que continúa el ciclo. Incluso los pantanos han formado sus propias alianzas con el fuego.

Una vez que este se convirtió en un hecho frecuente en el sistema terrestre, surgió un camino evolutivo completamente novedoso: la oportunidad de que una o más criaturas pudieran aprender a controlarlo. Cuando los chimpancés ven un incendio forestal que barre la sabana hacia ellos, no siempre huyen. A veces siguen el progreso a una distancia segura y, una vez que las llamas han pasado, inspeccionan con cuidado la maleza chamuscada. En otros casos, dan con un sitio que se quemó días o semanas antes. Entre los matorrales chamuscados y las cenizas, quizá encuentren comida: semillas y frutos calcinados, tal vez, o brotes verdes tiernos; huevos de pájaro abandonados; insectos y lagartijas expuestos por el paisaje pelado o calcinados antes de que pudieran escapar. Babuinos y cercopitecos verdes también buscan comida después de los incendios. Hace millones de años, los primeros humanos es probable que también lo hiciesen.

En algún punto —posiblemente entre hace uno y dos millones de años, aunque nadie sabe cuándo con exactitud—, nuestros ancestros empezaron a manipular el fuego. Quizá comenzaran a imitar a algunos halcones, que dejan caer ramas en llamas en campos para prender fuego y obligar a las presas a abandonar sus escondites. Quizá transportaran vegetación en llamas a círculos de piedra o chimeneas sencillas, donde asaban tubérculos y aprendían a utilizar madera, hierba seca y excrementos animales como combustible. Pruebas arqueológicas —como hojas, ramitas y huesos quemados por completo además de áreas de suelo y lajas de piedra calentadas a altas temperaturas— apuntan a que los humanos mantenían fuegos de forma rutinaria hace unos cuatrocientos mil años.

El fuego era calor cuando no había sol y luz cuando no era de día: las llamas mantenían a raya a los depredadores, repelían a las plagas y evitaban que la gente se muriera de frío. Una hoguera por la noche se convertía en un foco de conversación y narración. Una antorcha o una lámpara de aceite convertía los contornos tiempo atrás oscuros de una cueva en un lienzo para la leyenda y la memoria. Una combinación de caza y cocina con el fuego permitió que nuestra especie evolucionara y nutriera cerebros mucho más grandes, densos y hambrientos con casi el triple de neuronas. Puede decirse que el fuego es el catalizador más importante de la evolución humana: la fragua que se encuentra detrás de nuestra inteligencia, nuestra tecnología y nuestra cultura.

Estratégicamente, quemar el entorno es sin duda una práctica antigua, pero sus orígenes exactos se pierden en la historia no registrada. Lo que es seguro, sin embargo, es que siempre que los pueblos indígenas empezaron a experimentar con quemas controladas —no solo en Norteamérica, sino también en África, Australia y Asia—, lo hicieron en el contexto de regímenes de fuego existentes que habían desarrollado a lo largo de millones de años. Aprendieron a quemar del mayor maestro de todos, el Prometeo original: nuestra Tierra viva. A lo largo de milenios, los humanos se convirtieron en los directores de orquesta de los ritmos ecológicos del fuego. Con el tiempo, los alteraríamos de manera más drástica que cualquier criatura antes que nosotros, a veces con un efecto maravilloso, a veces con consecuencias terribles.

El día después de que me reuniera con Frank Lake en su propiedad, me aventuré hacia el nordeste de Orleans, más allá de Somes Bar, y me adentré en el bosque nacional de Klamath, cerca de una zona conocida como Rogers Creek. El musgo cubría cada roca, tronco y tocón. Manojos de liquen claro colgaban a lo largo de las ramas como si los árboles fueran candelabros antiguos cubiertos de cera derretida. La niebla persistente y una lluvia ligera intermitente evocaban la atmósfera de un bosque nuboso. El fuerte olor de la tierra húmeda y las hojas en descomposición inundaba el aire, confundiéndose con lo que prácticamente constituían sus opuestos: el aroma del humo de la leña y de las cenizas.

Decenas de personas vestidas con ropa ignífuga —camisetas de color amarillo mostaza y pantalones verde pino— se detuvieron a lo largo de una pista forestal para ajustarse el casco, sujetarse tanques de propano a la espalda con correas y probar las antorchas que llevaban conectadas a ellos: tubos metálicos finos y alargados con una boquilla en un extremo de la que salía el gas inflamable. Aunque eran todos bomberos certificados, no estaban extinguiendo nada. Habían ido a quemar. Un grupo variado de guardas forestales, conservacionistas, técnicos en emergencias sanitarias, miembros de comunidades indígenas locales, estudiantes y piroecólogos, habían acudido de cerca y de lejos para participar en un programa de intercambio de aprendizaje de la quema prescrita (conocido como TREX, por sus siglas en inglés). Fundado en 2008 por el Servicio Forestal de Estados Unidos y The Nature Conservancy, una organización ambiental global sin ánimo de lucro, TREX enseña a la gente a utilizar las quemas controladas para beneficiar los ecosistemas y reducir la posibilidad de incendios forestales graves.

Los bomberos —algunos de los cuales prefieren que les llamen «quemadores»— avanzaban con cautela por las laderas empinadas hasta el centro del bosque, en busca de grandes montones de ramas y maleza, que grupos de guardas forestales habían cortado y apilado los meses anteriores, cubriendo el centro con papel de cera para mantenerlos secos. Cuando un quemador encontraba un montón de broza, introducía la antorcha y pulsaba una palanca o giraba un mando para incrementar el flujo de gas, y prendía el interior del montón con una llama naranja potente.

Al principio, parecía que algunos de los montones estaban demasiado húmedos para arder como es debido. Aunque escupían volutas de humo como volcanes que se agitaran al despertar, no ardían en llamas. Un poco de lluvia resulta beneficiosa para la quema de los montones, pues previene que los fuegos se vuelvan demasiado grandes y calientes, pero demasiada humedad frustra el propósito. Mientras arrojaba ramas a un montón especialmente grande que conservaba un fuego considerable, Michael Hentz, ecólogo de bosques y bombero, me explicó que los montones necesitaban tiempo para quemarse y secarse de dentro hacia fuera antes de arder por completo. A medida que avanzaba el día, cada vez empezaban a quemarse más montones, a veces de forma tan vigorosa que elevaban cenizas y ascuas muy por encima de nosotros. Pronto el bosque entero pareció brillar y crepitar dentro de capas cambiantes de niebla y humo. Pese a que sabía que esos fuegos eran intencionales, verlos seguía despertándome algún instinto de supervivencia profundamente arraigado, una terca sensación de que algo iba mal. Resultaba extraño ver el bosque en llamas. También era hermoso. Mientras observaba los numerosos montones y círculos de leña con llamas que saltaban desde el centro, era como si nos hubiésemos topado con una colonia de nidos de fénix.

—Este es uno de los pasos más importantes a la hora de reintroducir el fuego en la ladera de esta montaña —indicó Zack Taylor, responsable de la quema y uno de los organizadores clave de las actividades del día.

Tenía el rostro enmarcado por una barba castaña y corta, gafas de montura fina y una gorra de béisbol; llevaba un transmisor de radio enganchado a la parte interior del bolsillo. Las 20 hectáreas en las que efectuaban la quema, me explicó, se hallaban pobladas por una mezcla de tanoak, roble negro, roble del cañón, arce de hoja grande, madroño y un sinfín de abetos de Douglas altos y delgados.

—La trayectoria ecológica que queremos es una en la que tengamos menos coníferas y más maderas nobles sanas —continuó, deteniéndose de vez en cuando para escupir—. Son una fuente de alimentación cultural importante, y tienen un gran valor para la fauna, pero escasean en el paisaje debido a cien años de exclusión de incendios. No estamos tratando de retroceder en el tiempo. No creo que sea posible, en realidad. Lo único que podemos hacer es decir: «Esto es lo que nos gustaría. ¿Cuáles son los pasos lógicos que nos llevan en esa dirección?». Y, principalmente, sería el uso del fuego.

Con el tiempo, cuando esta parte del bosque se haya despoblado lo suficiente, Taylor y sus colegas tienen pensado volver y llevar a cabo una quema a voleo, un fuego típicamente de bajo nivel que barre una zona predefinida. En el proceso, consumirá toda la materia vegetal seca y combustible del suelo del bosque, además de los restos de arbustos y maleza, sin matar los árboles grandes y bien arraigados. Lo más probable es que lleven a cabo la quema a voleo equipos de quemadores con antorchas de goteo, tanques de aluminio que dejan caer una mezcla inflamable de gasolina y diésel al suelo.

Scott Stephens, ecólogo del fuego, ha presenciado los efectos de estas quemas de primera mano.

—El fuego tiene una gran capacidad para proporcionar una retroalimentación esencial dentro de un sistema vivo —dice—. Hay lugares en Yosemite en los que hemos permitido que los incendios provocados por rayos se propaguen durante años. Así tienes árboles grandes y viejos en buenas condiciones intercalados con zonas de arbustos, troncos quemados, árboles muertos que siguen en pie y un montón de regeneración entremedias. Algunas personas podrían verlo y pensar que es un desastre porque están acostumbradas al bosque abarrotado, pero es lo más cercano que hemos tenido a un régimen de fuego en funcionamiento en California. En el 90 por ciento de los casos, los fuegos que se producen allí se apagan solos. Es completamente autorregulado.

Cuando Frank Lake era un niño, décadas antes de la existencia de TREX, las tradiciones de quema indígenas a menudo estaban prohibidas por ley y las quemas prescritas en el Oeste eran poco comunes. Lake recuerda que algunos de los miembros y mayores de su familia lamentaban la pérdida del fuego en el paisaje. Su padre, Bobby Lake-Thom, también conocido como Grizzly Bear Medicine, y su abuelo, Charlie «Red Hawk» Thom, eran los dos hombres de medicina de los karuk. Le llevaban a sitios sagrados que llamaban «lugares de medicina», donde rezaban y ocasionalmente encendían pequeños fuegos. A veces visitaban zonas en las que alguien había desafiado la ley llevando a cabo una quema controlada para despejar el espacio para los arándanos, mejorar cosechas de bellotas o fomentar el crecimiento de avellanos nuevos para tejer cestos.

—Mi abuelo Charlie, que era un líder ceremonial, hablaba de la importancia del fuego para nuestra cultura y de que, desde que el Servicio Forestal les quitó eso, la Tierra enfermaba y moría —me contó Lake durante una de nuestras conversaciones—. No siempre puedes esperar que caiga un rayo. Como cultura que depende del fuego, debes salir a quemar.

Los padres de Lake se divorciaron cuando él tenía unos cinco años, después de lo cual dividió su tiempo entre hogares en Orleans, Eureka y la reserva yurok. A partir de la escuela secundaria, vivió con su madre y su padrastro en Sacramento.

—No era el mejor estudiante —recuerda—. Era la clase de chico que siempre se largaba para jugar en el bosque.

Le aceptaron con reservas en la Universidad de California, en Davis, donde tuvo que dar una clase de apoyo de inglés.

—Tenía mis enseñanzas culturales, pero aún no poseía el conjunto de habilidades académicas occidentales —cuenta—, y eso era un problema para mí, porque no se me daba bien escribir. Ni siquiera aprobé mi primera asignatura de ecología de la vida silvestre. Conocía todas las especies, conocía todos sus hábitats. Podía identificarlos por el rastro, el cráneo, el pelo y las plumas, pero no era capaz de deletrear los nombres en latín.

Tras graduarse por la Universidad de California en Davis en 1995, Lake pasó unos años en el sur de Oregón y el norte de California trabajando como biólogo pesquero para el Servicio Forestal de Estados Unidos. A continuación, en 1999, el fuego Megram arrasó la parte del mundo que llamaba «hogar», quemando más de 50.000 hectáreas de bosque nacional, reserva india y tierras privadas. Por aquel entonces, fue uno de los incendios forestales más grandes de la historia de California. Un humo denso llenó el cielo durante semanas. En zonas escarpadas en las que la mayor parte de los árboles y la vegetación habían quedado quemados, los riscos se erosionaron y los desprendimientos de tierras obstruyeron ríos con sedimentos. Para Lake, la crisis precipitó una epifanía: el fuego Megram no era solo el ámbito de sus colegas en ecología del fuego y silvicultura; era directamente relevante también para su trabajo como biólogo pesquero. Árboles y peces, fuego y agua, estaban todos conectados.

—Los guardas forestales y la gente del fuego respetaban la cresta del bosque, y los hidrólogos y la gente de la pesca respetaban los arroyos y los ríos —dice—. Se suponía que debíamos gestionar todos esos recursos, y aun así daba la impresión de que no podíamos abarcar una perspectiva más amplia. Y pensé: «¿Qué es lo que unifica la cresta y el río? El fuego».

Lake recordó que los ancianos de su comunidad le habían enseñado que demasiado fuego y demasiado poco eran igual de perjudiciales para los peces y otras especies acuáticas. Si los fuegos eran demasiado pequeños e infrecuentes, los árboles atestarían y resecarían el paisaje, impidiendo que la lluvia rellenase las fuentes y reservas. Si los fuegos eran demasiado grandes y destructivos, no habría suficiente vegetación para absorber el exceso de agua ni raíces para mantener el suelo en su sitio, lo que resultaría en más riadas y desprendimientos de tierras. En el periodo que siguió al fuego Megram, estas conexiones ecológicas parecieron brillar con una nueva importancia. Al darse cuenta de cuánto le quedaba por aprender, Lake decidió dejar el trabajo y regresar a la escuela.

En el otoño de 2000, empezó un doctorado en Ciencias Medioambientales en la Universidad Estatal de Oregón, donde era uno de los poquísimos alumnos indígenas. Una tarde se levantó en clase y desafió a un profesor blanco que había menospreciado la importancia de las quemas controladas efectuadas por los pueblos nativos en la conformación del paisaje norteamericano, una actitud predominante en la época.

—¿Sabe, profesor?, creo que está ofreciendo una perspectiva sesgada —recuerda Lake que dijo.

—No sé a qué te refieres —respondió el profesor.

—Bueno, no creo que haya hecho un análisis profundo de la literatura —dijo Lake.

—De acuerdo —contestó el profesor—. Si puedes argumentar tu afirmación y documentar las pruebas, lo tendré en cuenta.

Dos días más tarde, tras una investigación exhaustiva en la biblioteca, Lake volvió a clase con decenas de impresos que documentaban las tradiciones de quema indígenas.

—Esto es lo que descartó usted —le dijo Lake a su profesor—. Dijo que los pueblos nativos no tenían motivos para quemar su entorno. En realidad, tenían unas cuantas razones. Omitió usted la antropología cultural, la arqueología y las historias orales del mismo sistema sobre el que se supone que es un experto. Le veo interponiendo en su clase un sesgo en contra de aceptar y reconocer a los pueblos indígenas. Y le reconvengo al respecto.

Ese profesor estaba en el comité de tesis original de Lake y, como él recuerda, «no le gustaba que cuestionaran su autoridad o perspectiva». En 2007, varios años después de solicitar un comité más diverso, Lake defendió con éxito su tesis acerca de la integración de conocimientos ecológicos indígenas y ciencia occidental para reintroducir el fuego prescrito en el noroeste de California, con un énfasis especial en utilizar quemas controladas para gestionar los sauces bancos de arena para tejer cestos. Poco después, pasó a trabajar a jornada completa como ecólogo de investigación con el Servicio Forestal de Estados Unidos.

Desde entonces, ha publicado numerosos trabajos de investigación sobre las quemas prescritas y la gestión indígena de los recursos naturales. En 2018, casi dos décadas después del fuego Megram y tras años de lucha contra los sesgos antiindígenas en el ámbito académico, finalmente publicó un estudio que demostraba un vínculo claro entre el fuego y los peces. Lake había aprendido de sus mayores que los karuk a veces utilizaban quemas controladas para «hacer volver al salmón del océano», que muchos de sus colegas del mundo académico rechazaban como folclore. Utilizando imágenes satelitales de la NASA y registros meteorológicos, sin embargo, Lake y dos compañeros demostraron que, al reflejar el calor y la luz, el humo de un incendio forestal bajaba la temperatura de los ríos, lo que mejoraba la supervivencia del salmón en migración y otras especies adaptadas al agua fría, en especial durante olas de calor, uno de los numerosos matices de la ecología del fuego que los pueblos nativos descubrieron miles de años antes de que fuera una disciplina científica formal.

Lake también se ha convertido en una figura fundamental en colaboraciones entre el Servicio Forestal y las tribus indígenas, además de como defensor del movimiento creciente para devolver el fuego al oeste de Norteamérica. Gracias en gran medida a la defensa de Lake y otros líderes indígenas, tanto las agencias federales como las del Gobierno estatal están cada vez más abiertas a utilizar el fuego prescrito para revigorizar ecosistemas y reducir la probabilidad de más megafuegos catastróficos. En enero de 2022, el Servicio Forestal anunció una nueva estrategia nacional para afrontar la crisis de los incendios forestales y llamó a «un cambio de paradigma» en las políticas de gestión de la tierra. El plan promete colaborar con «estados, tribus, comunidades locales, propietarios privados y otras partes interesadas» para incrementar las podas y quemas controladas hasta cuatro veces sus niveles actuales, financiadas con tres mil millones de dólares procedentes de la conocida como la Ley bipartidista de infraestructura, aprobada en 2021. «Necesitamos despejar los bosques occidentales y devolver el fuego de baja intensidad a los paisajes occidentales en la forma de fuego tanto prescrito como natural —declaraba el informe—, trabajando para asegurar que las tierras y las comunidades forestales resisten frente a los incendios forestales que necesitan los paisajes adaptados al fuego».

Pregunté a Lake qué imagina él para el futuro.

—Quiero aumentar a escala —dijo con su fervor característico (una vez se describió a sí mismo como «una persona bastante intensa»)—. Si mi referencia es mi huerto de un cuarto de hectárea, deberíamos contar con veinte mil hectáreas, porque eso es lo que necesitamos por aquí. Yo he sido capaz de utilizarlo para demostrar que las prácticas indígenas pueden cumplir objetivos deseados para el secuestro de carbono, la resiliencia climática, la seguridad alimentaria, la biodiversidad y la mitigación de los incendios forestales graves. Las tribus no deberían tener que someter su gestión a las agencias gubernamentales. Deberían ser colíderes, coadministradoras. Estamos empezando a hacerlo. Lo que yo hago ya no se cuestiona del mismo modo que antes. Das ejemplo y eso se replica y lo llevan a cabo a su propia manera en otros lugares.

Esta respuesta me recordó a una conversación que había mantenido con Margo Robbins.

—El fuego pertenece a las personas, no solo a las agencias gubernamentales —me dijo ella—. El fuego se supone que es parte del ecosistema. Es nuestra responsabilidad como seres humanos aprender a utilizar el fuego para poder asumir nuestro papel como es debido a la hora de introducir el fuego en la tierra. Y no me refiero solo a los pueblos nativos, me refiero a todo el mundo.

Cuando el fuego se convirtió en parte del sistema terrestre, era altamente volátil. Los ritmos que caracterizan los ecosistemas modernos adaptados al fuego tardaron cientos de millones de años en crearse. Es probable que los primeros incendios de la Tierra fueran erráticos e irregulares, que parpadeasen entre la flora anfibia de ciénagas y pantanos hace más de cuatrocientos millones de años. En contraste, durante el Carbonífero, entre hace trescientos setenta y cinco y doscientos setenta y cinco millones de años —cuando los niveles de oxígeno atmosférico estaban en su pico más alto y libélulas gigantes hendían el aire—, los fuegos eran frecuentes y descontrolados, ardían entre los 400 y los 600 °C y arrasaban incluso la vegetación húmeda y exuberante. Durante mucho tiempo, los niveles de oxígeno y la frecuencia y la intensidad de los fuegos continuaron fluctuando con amplitud.

En torno a hace doscientos millones de años, sin embargo, parece que algo cambió: la cantidad de oxígeno existente en la atmósfera de la Tierra empezó a estabilizarse y se mantuvo dentro de la ventana más o menos estrecha del 20 al 30 por ciento. Experimentos innovadores realizados por la científica de la Tierra Claire Belcher, de la Universidad de Exeter, han demostrado que los fuegos no pueden mantenerse a sí mismos si la atmósfera contiene menos de un 16 por ciento de oxígeno; a la inversa, si el oxígeno excede el 23 por ciento, es mucho más probable que los fuegos ardan sin control y básicamente cualquier cosa que no esté empapada o sumergida en agua se convierta en inflamable. Alrededor de en los últimos quinientos cincuenta millones de años, el nivel de oxígeno atmosférico ha sido más estable que nunca, rondando en torno al 21 por ciento, lo bastante alto para permitir fuegos ocasionales y una increíble diversidad de vida compleja adaptada al fuego, aunque no tan alto como para que cualquier chispa perdida desate un infierno imparable. Hace mucho que los científicos se esfuerzan en explicar este equilibrio remarcable. En las dos últimas décadas, no obstante, han comenzado a converger en una posible respuesta: la coevolución del fuego y la vida.

El geocientífico Lee Kump fue uno de los primeros científicos que publicó formalmente una teoría de este acto de equilibrio planetario en concreto, que fue desarrollada más adelante por Tim Lenton, entre otros investigadores. La clave para entender su modelo es un elemento químico cuyo nombre es sinónimo de luz de las estrellas: el fósforo. Todos los organismos vivos requieren fósforo, que es un bloque esencial de construcción del ADN y membranas celulares, pero las fuentes naturales son limitadas. La mayor parte del fósforo está atrapado en la roca y se libera de manera gradual mediante la lluvia, el hielo y el viento. Cuando los microbios, los hongos y las plantas poblaron las superficies terrestres y empezaron a hacer recircular el agua y a romper la corteza terrestre con raíces y ácidos, aceleraron la liberación del fósforo de la roca e incrementaron el flujo de este de la tierra al mar a través de los ríos. Esto, a su vez, potenció la productividad tanto de las plantas terrestres como de los fotosintetizadores que habitaban en el océano, como el fitoplancton. Ese vínculo elemental entre la tierra y el mar, proponen Kump y sus colegas, acabó convirtiéndose en la base de un bucle de retroalimentación vital.

Cuando el nivel de oxígeno atmosférico aumenta demasiado, los fuegos se descontrolan y destruyen zonas inmensas de vegetación, lo que reduce la capacidad general de las plantas terrestres de liberar y capturar fósforo. Al mismo tiempo, la mayor parte del fósforo que está disponible acaba en el océano, donde lo utilizan el plancton y las algas. Sin embargo, los fotosintetizadores marinos no lo usan de forma tan eficiente como sus equivalentes terrestres. Por cada átomo de fósforo que obtienen las plantas terrestres, son capaces de almacenar mil átomos de carbono en su cuerpo; en contraste, las plantas oceánicas almacenan solo un centenar. De este modo, los niveles más altos de oxígeno y los fuegos violentos acaban afectando a la productividad total de los organismos fotosintéticos de la Tierra y disminuyendo la cantidad de materia orgánica que se halla enterrada en troncos y sedimentos oceánicos, debilitando el mecanismo mismo por el cual se acumula el oxígeno en la atmósfera. A lo largo de millones de años, el nivel de oxígeno cae, los fuegos violentos arden y chisporrotean y las plantas terrestres se recuperan. Pese a que esta teoría todavía es ciencia de manual, un grupo cada vez mayor de científicos cree que el bucle de retroalimentación que describe ha estabilizado la cantidad de oxígeno en la atmósfera terrestre durante al menos cincuenta millones de años.

Cuando la hipótesis Gaia cobró prominencia, en la década de 1980, algunos de sus principios más controvertidos consistían en que la vida controla el clima global con el fin de beneficiarse a sí misma y en que el sistema terrestre como un todo busca activamente «un entorno físico y químico óptimo para la vida en este planeta», como lo expresaron James Lovelock y Lynn Margulis en etapas tempranas. Como nos muestra la historia de la Tierra, esto no es del todo cierto.[25] Al contrario, muchas formas de vida —desde los microbios a los árboles y los simios bípedos— han causado o exacerbado algunas de las peores crisis de la historia de la Tierra. Y no hay un solo estado «óptimo» del planeta que convendría a la miríada de tipos de vida de lo más diversos que han existido en los últimos cuatro mil millones de años. No obstante, en general, con tiempo suficiente y la oportunidad, la vida y el entorno parecen codesarrollar relaciones y ritmos que aseguran la persistencia mutua. No hay nada teleológico en esto. Esa persistencia no está diseñada o planeada. Es el resultado de procesos físicos ineludibles relacionados con los procesos que gobiernan la evolución de las especies.

Todos los organismos multicelulares complejos han desarrollado numerosas formas de mantener la homeostasis, de preservar un estado constante de condiciones físicas y químicas esenciales para su existencia continuada. Todos los organismos complejos también son quimeras: sus genomas son mosaicos cosidos con genes introducidos por virus y sustraídos de otras especies; algunos de los orgánulos de sus células fueron tiempo atrás bacterias que vivían en libertad subsumidas en la aparición de la vida multicelular; su corteza, piel o pelo rebosa billones de microbios, que compiten, cooperan y se multiplican en sociedades secretas. Toda planta, hongo o animal individual es de hecho un ecosistema. Si tales criaturas compuestas pueden desarrollar la homeostasis —un punto sobre el cual no existe ningún desacuerdo en

25. «Cometí errores —escribió Lovelock en ediciones actualizadas de *Gaia*—. Algunos fueron graves, como la idea de que la Tierra se mantenía confortable por y para sus habitantes, los organismos vivos. Me equivoqué al no aclarar que no era la biosfera sola la que se encargaba de regular, sino todo, la vida, el aire, los océanos y las rocas. La superficie entera de la Tierra, incluida la vida, es un ente autorregulado, y a eso es a lo que me refería con Gaia».

absoluto—, entonces quizá se produzca un fenómeno análogo en la escala de bosques, praderas, arrecifes de coral y otros ecosistemas.

Es posible que los ecosistemas no compitan y se reproduzcan del mismo modo que los organismos y las especies, pero son entes vivos capaces de autorregularse y evolucionar. Heredan cambios duraderos realizados por sus predecesores y transmiten nuevos cambios a las generaciones siguientes. Pese a que las especies y hábitats particulares dentro de estos sistemas cambian drásticamente a lo largo del tiempo, las relaciones fundamentales que los definen, los ciclos y redes que atan a presa y depredador, flor y abeja, hoja y llama, y la infraestructura física que crea la vida —los suelos ricos, las redes de las raíces y los hongos, los arrecifes y sedimentos oceánicos— normalmente persisten o, si se ven destruidos, se regeneran de alguna manera. Las redes de especies que resulta que ayudan a mantener el sistema como un todo se verán favorecidas, mientras que las que socavan el sistema hasta el punto del colapso con el tiempo se eliminarán a sí mismas, aunque a corto plazo obtengan provecho. Los ecosistemas más resistentes —los más capaces de adaptarse a retos y crisis— sobrevivirán más tiempo. Quizá este fenómeno de persistencia se extienda al planeta como un todo. No es una intención de persistir, sino una tendencia; no es un imperativo, sino una inclinación. Ya sea una célula o un cetáceo, una pradera o un planeta, los sistemas vivos encuentran formas de perdurar.

Poco después de que Frank Lake y yo recorriéramos su propiedad, condujo hasta el bosque nacional de Six Rivers para continuar viendo el paisaje local. Mientras avanzábamos por una carretera empinada y llena de curvas, nos topamos con un penacho de humo que ascendía con suavidad desde el interior de una maraña de helechos y zarzamoras. Lake redujo la velocidad para que pudiéramos verlo mejor. Detrás del humo, un río de ceniza serpenteaba entre los restos calcinados de varios árboles, ya ahuecados e inclinados, que sobresalían como pequeños templos antiguos.

—¿Paramos aquí? —preguntó Lake—. Podemos aparcar al lado. Esto podría ser un remanente de una quema prescrita.

Salimos del coche y exploramos la zona. Justo al otro lado de la carretera, cortinas de humo casi tan finas y diáfanas como el vapor avanzaban a la deriva entre abetos de Douglas, robles musgosos, rosas silvestres y arces de hojas doradas. Varios árboles derribados habían quedado reducidos a tocones quebradizos, oscuros como el carbón. Cerca del centro de la escena, un charco de ceniza gris se desparramaba desde un tronco especialmente grande, negro e inconsistente, como una canoa parcialmente quemada. Era evidente que alguien había prendido fuego a los montones unos días antes, me explicó Lake, quizá participantes de TREX u otros quemadores locales.

—Debido a la exclusión de incendios, esta zona ha crecido —dijo Lake—. Tenemos un incremento de árboles que caen y troncos que se acumulan, y una región que solía tener más fuego y ciclo de nutrientes ahora tiene una mayor descomposición.

Cerca, Lake empujó parte de la hojarasca, cenizas y tierra a un lado, y me mostró cómo el fuego había encontrado un tronco enterrado, que seguía humeando bajo tierra (la fuente de parte del humo).

—Pese a que hemos tenido lluvia, aún quedan troncos secos por debajo —me contó—. Las quemas como esta van a crear diversidad.

—Cuando el tronco se quemase por completo, me explicó, dejaría en el suelo espacio a través del cual podrían circular con mayor libertad el aire y el agua—. Será un macroporo. Habrá un sitio de humedad ahí dentro. Será un espacio para bichos. La idea es incrementar la persistencia de las cosas más valiosas y hacerlo a través de una lente de responsabilidad humana. No solo reducir las amenazas de incendios forestales a estas comunidades como hemos hecho aquí, sino también mostrar nuestra responsabilidad al bosque para mejorar su resiliencia en general.

Más tarde ese mismo día, tras recoger un venado que había cazado Lake y dejarlo en la tienda de Happy Camp para que lo prepararan, hablamos de su huerto revivido. Lake me contó que habla con sus robles, para explicarles su intención, y que a menudo empieza las quemas prescritas con una oración.

—Hace algún tiempo, estaba buscando un palito de salvia para empezar a rezar, como para limpiar las cosas y hacerlo bien. Estaba rebuscando en el taller y encontré uno de los últimos atados de salvia que había preparado mi padre antes de morir. Y, cuando lo saqué —hizo una pausa, pues se le quebraba la voz—, olía a mi padre.

»Él solía decir: "Cuando vayas a hacer algo bueno y necesites tu conexión y protección espiritual, quema esto y reza por esa capacidad de hacer cosas buenas". Lo quemé. Cogí el mechero BIC, me embadurné a mí mismo y a partir de ahí encendí mi varita de propano y quemé mi zona. Lo hice con una oración. Lo hice con buena intención. Lo hice no con miedo, sino con reverencia hacia mis árboles. Lo hice cumpliendo con esos árboles con los que hablo y a los que rezo y canto.

»Los árboles no pueden hacerlo solos —dijo—. Los bosques no pueden hacerlo solos. Nosotros no podemos hacerlo solos. ¿Cuándo vamos a entender que somos parte de un proceso mutualista de adaptación y resiliencia climáticas? ¿Cuándo vamos a aceptar que el único modo de sobrevivir es juntos?

9

Vientos de cambio

De niña, Yi Guo rara vez veía un cielo azul. Cuando alzaba la vista, normalmente se topaba con una densa niebla gris. La minería era la industria dominante en su ciudad natal, Tongchuan, en China. El polvo de las minas y la polución procedente de las fábricas de cemento cercanas saturaban constantemente el aire. Para la década de 1980, el esmog era tan denso y persistente que los satélites ya no podían fotografiar con precisión Tongchuan, con lo que se ganó el apodo de «ciudad invisible».

Prácticamente toda la gente a la que Guo conocía trabajaba en el carbón de un modo u otro. Su abuelo por parte de madre sufrió una lesión medular durante un accidente en la mina que lo dejó inclinado sobre un bastón el resto de su vida. Su abuelo paterno desarrolló una enfermedad pulmonar crónica. Guo recuerda una época en la que su padre hacía un recuento diario de accidentes y muertes en las minas. Cuando su madre iba a comprar ropa, escogía esencialmente tejidos oscuros, porque en el aire contaminado de Tongchuan, los colores claros se ensuciaban demasiado rápido.

En torno a los nueve años, Guo se mudó a Xi'an, una de las antiguas capitales de China, donde con el tiempo fue a la universidad. Sobresalía en matemáticas y ciencias, y decidió estudiar Ingeniería Mecánica. Tras sacarse el máster, se mudó a Estados Unidos para continuar sus estudios de doctorado en la Universidad Estatal de Ohio. Allí, un profesor le pidió ayuda para averiguar por qué una turbina de viento tenía problemas de funcionamiento. Guo había sido vagamente consciente de la energía renovable hasta ese momento —recuerda maravillarse ante cientos de pequeñas turbinas de viento en un campo cubierto de hierba durante un viaje a la Mongolia Interior—, pero nunca la había estudiado con detalle.

La energía renovable es a un tiempo abundante y muy valiosa. La Tierra es una roca gigante, en parte molida, que irradia calor desde el interior, envuelta en lazos de aire, con ríos como venas, que chapotea en el océano, bañada por la luz del sol y exuberante, con una vegetación que se regenera a sí misma. Dado que estos recursos están disponibles de inmediato, se reponen de manera continua y esencialmente no se agotan, la energía que obtenemos de ellos es renovable en sí misma. En contraste, las reservas de carbón, petróleo y gas de nuestro planeta, pese a su magnitud, son finitas y están ocultas, requieren extracción y transporte intensivos, a menudo a expensas de la salud tanto humana como medioambiental. Además, el dióxido de carbono liberado por la quema de combustibles fósiles aumenta la capa de la atmósfera de gases de efecto invernadero, que atrapa el calor,[26] lo que incrementa la temperatura global, enrarece el tiempo y crea un clima mucho más impredecible y desapacible.

La investigación de Guo sobre las turbinas de viento la fascinó de inmediato. Le encantaba aprender acerca de estas máquinas extraordinarias que ya habían evolucionado tan rápido y aun así tenían tanto potencial. Con el tiempo, ella y sus colegas descubrieron varios fallos de diseño en la turbina de viento que les habían pedido que investigaran e idearon una solución al problema. Trabajar con la energía eólica contrastaba de forma marcada con las experiencias de su familia en las minas de carbón, una manera completamente distinta de relacionarse con los recursos del planeta y satisfacer las necesidades de energía de la humanidad. Cuanto más reflexionaba Guo sobre esa distinción y la importancia de la energía limpia para el futuro de la civilización humana, más inspirada se sentía.

26. Un invernadero mantiene el calor al evitar que el aire calentado por el sol se disperse. El metano, el dióxido de carbono, el agua de vapor y otros gases denominados «de efecto invernadero» actúan de un modo análogo pero distinto, permitiendo que la luz del sol los atraviese y caliente la superficie terrestre pero impidiendo una parte de la radiación térmica que intenta escapar al espacio.

Ahora es profesora de energía mecánica en la Universidad Técnica de Dinamarca, donde se centra en el diseño y la fabricación de turbinas de viento.

—No entiendo en qué va a beneficiar a nadie a largo plazo continuar utilizando combustibles fósiles —declara—. Debemos utilizar lo que ya obtenemos del viento, el sol y la tierra en lugar de trastocar nuestro planeta. Si no, ¿qué quedará para nuestros hijos? ¿Para nuestros nietos? ¿Para todas las nuevas generaciones de seres humanos?

La historia de cómo nuestra especie ha alterado el clima terrestre empieza mucho antes de lo que a menudo se cree, mucho antes de la Era Industrial. Cuando nos escindimos de nuestro último ancestro común con los chimpancés, en algún momento entre hace cinco y nueve millones de años, heredamos un mundo hecho y rehecho a lo largo de eones por formas tempranas de vida. El suelo fértil, los bosques frondosos, los abundantes océanos, el cielo azul y el aire respirable eran regalos dejados a nuestros ancestros por predecesores no humanos. También lo fue la posibilidad de mayores cambios: la oportunidad de descubrir nuevos recursos y nuevas formas de vida.

En las primeras etapas de la historia de la Tierra, las únicas fuentes de energía ampliamente disponibles para los organismos vivos eran la luz del sol, el calor interno del planeta y los subproductos de las reacciones químicas espontáneas entre el agua y la roca. Los microbios primordiales al principio evolucionaron para utilizar estos tipos de energía y, más tarde, para consumirse unos a otros. A su vez, las algas, las plantas y el oxígeno que exhalaban se convirtieron en combustibles esenciales para nuevas oleadas de vida animal compleja. Una abundancia de plantas terrestres en una atmósfera altamente oxigenada también prendió una nueva fuente de luz y calor: el fuego.

Cuando nuestros ancestros dominaron el fuego, trascendieron las restricciones energéticas impuestas al resto de los animales. En lugar de limitarse a comer carne y vegetales crudos, los humanos empezaron a cocinar la comida, con lo que la hacían más digerible y extraían más calorías de ella. Esta dieta enriquecida acabó permitiendo la evolución de cerebros más grandes y complejos que potenciaban la adquisición de capacidades cognitivas que ha hecho tan exitosa a nuestra especie. El fuego es solo tan poderoso como lo que lo alimenta, sin embargo, y durante la mayor parte de la historia de la humanidad, nuestros ancestros no supieron quemar más que un único tipo de combustible poco productivo: plantas vivas o muertas recientemente, ya fuera en forma de hojas, leña, heno o excrementos de mastodonte.

Eso cambió con el descubrimiento de los combustibles fósiles, que son depósitos de alta densidad energética de vida antigua comprimida y sometidos a altas temperaturas en las profundidades de la corteza del planeta, de ahí el adjetivo «fósil». Los depósitos de carbón de la Tierra se formaron fundamentalmente en pantanos y marismas, húmedos y calientes, hace más de trescientos millones de años, durante el periodo geológico al cual prestan su nombre, el Carbonífero. Cuando los helechos gigantes, los lepidodendrones de tronco escamoso y los parientes descomunales de los equisetos morían, en ocasiones quedaban sepultados entre el agua y los sedimentos antes de que los microbios los descompusieran por completo. A medida que se acumulaban capas de vegetación muerta, se veían sometidos a un calor y una presión intensos. A lo largo de millones de años, esas fuerzas reorganizaron las plantas enterradas a nivel molecular al romper los compuestos existentes y formar nuevos, con lo que convertían las junglas de la Tierra primigenia en turba y finalmente en carbón. En contraste, el gas natural y el petróleo o el crudo están compuestos en su mayor parte de algas, plancton y otra vida acuática sujeta a presiones y temperaturas extremas en el fondo de lagos y en el lecho marino durante la Era Mesozoica, más reciente (hace entre doscientos cincuenta y dos y sesenta y seis millones de años).

Mientras el fuego era un elemento universal de las culturas humanas primitivas, la adopción de los combustibles fósiles fue mucho más gradual y escalonada. En la Era del Bronce, entre 2200 y 1900 a. de C., la población de lo que ahora constituye Mongolia Interior y la provincia china de Shaanxi extraía el carbón de depósitos superficiales y lo quemaba para obtener calor, especialmente cuando escaseaba la leña. En la antigua Roma y la Europa medieval también dependían del carbón para calentarse y fundir el mineral de hierro.

Hacia el año 60 a. de C., y posiblemente mucho antes, los chinos extraían petróleo y gas natural, y con el tiempo aprendieron a canalizar los combustibles a través de cañerías de bambú y a quemarlos debajo de sartenes de hierro para evaporar el agua y obtener sal. Los antiguos chinos y árabes también quemaban petróleo y gas para obtener luz y calor.

En el siglo XVI, cuando los bosques se redujeron debido a la sobreexplotación, Inglaterra empezó a extraer cantidades enormes de carbón de depósitos abundantes y más o menos accesibles. Quemar un trozo de carbón proporcionaba significativamente más energía que quemar la misma cantidad de leña o vegetación. Para el siglo XVII, el carbón proporcionaba energía a la mayoría de las industrias de Inglaterra y calentaba la mayor parte de sus hogares. Con el tiempo, muchos otros países empezaron a utilizar en el carbón de manera extensa. «Cada cesto es poder, energía y civilización —escribió Ralph Waldo Emerson—. Porque el carbón es un clima portátil. Transporta el calor de los trópicos al Labrador y el círculo polar; y es el medio para transportarse a sí mismo donde sea que se quiera».

Entre finales del siglo XVIII y mediados del XIX, los combustibles fósiles sustentaron una de las transiciones tecnológicas y socioeconómicas más importantes de la historia: la Revolución Industrial, un periodo de rápida innovación en la tecnología manufacturera de Europa, Norteamérica y Asia. Los motores de vapor mediante combustión de carbón se desarrollaron inicialmente para bombear el agua de minas de carbón que se inundaban con frecuencia. A medida que mejoraba su eficiencia, los motores de vapor comenzaron a proporcionar energía a molinos, husos, fábricas, barcos y locomotoras. Una serie de avances en metalurgia que dependían del carbón resultó en metales más asequibles de mayor calidad, que estimularon aún más la producción de nuevas máquinas. La expansión de redes de canales, carreteras y ferrocarriles permitió que la gente transportara con eficiencia cantidades importantes de alimentos y combustible a grandes distancias. Las ciudades empezaron a iluminar las calles con lámparas de gas al tiempo que las zonas rurales cambiaban el aceite de ballena por queroseno, y ambos se verían finalmente desplazados por la luz eléctrica. La comercialización del motor de combustión interna a finales del siglo XIX y la subsiguiente producción masiva de vehículos a motor impulsó la demanda de petróleo. En torno a la misma época, la introducción de la turbina de vapor moderna y su adopción en las plantas de energía comenzó a hacer mucho más accesible la electricidad.

En la década de 1890, el carbón superó a la leña como el combustible más utilizado en el mundo y siguió dominando a lo largo de la mayor parte del siglo XX. A comienzos del siglo XXI, sin embargo, el petróleo y el gas natural habían crecido de tan solo un 4 por ciento al 64 por ciento del suministro de energía global, con lo que superaban al carbón; además de ser más densos energéticamente, a menudo resultaban más fáciles y baratos de almacenar y transportar. Mientras escribo esto, los combustibles fósiles siguen suministrando en torno al 80 por ciento de la energía global. Transportes, manufactura y calefacción dependen de manera especial de los combustibles fósiles, como es el caso de la producción de hierro, cemento, fertilizantes y electricidad. Dado que la electricidad en sí parece tan pura y etérea, resulta fácil olvidar que la mayor parte de la que circula por el mundo moderno —en torno a un 64 por ciento con respecto a 2019— se genera mediante la quema de combustibles fósiles en plantas energéticas para hacer girar turbinas de vapor. A pesar de toda la innovación y el progreso de los últimos tres siglos, la economía global sigue basándose en una elaboración de lo que es fundamentalmente tecnología de la Era Industrial.

Cuando nuestros ancestros se toparon por primera vez con el carbón, el petróleo y el gas natural tanto tiempo atrás, no comprendían el origen ni la composición de estas extrañas sustancias. Pero nosotros sí. Hace más de un siglo que sabemos que los combustibles fósiles son criptas combustibles que contienen la energía de incontables formas de vida fallecidas que colectivamente absorbieron cientos de millones de años de luz solar. Vaclav Smil, científico medioambiental y analista de políticas medioambientales, ha calculado que 3,8 litros de gasolina representan 100 toneladas de vida antigua, más o menos el equivalente a veinte elefantes adultos. Cada sedán con el típico depósito de 57 litros requiere el equivalente de trescientos elefantes solo para seguir circulando. Los combustibles fósiles no son solo formas de energía convenientemente concentrada, son un despilfarro escandaloso. Un combustible fósil es, en esencia, un ecosistema en una urna.

Los humanos empezaron a incrementar el flujo de gases de efecto invernadero a la atmósfera mucho antes de la Revolución Industrial, en especial al destruir ecosistemas enteros: al cazar la megafauna hasta la extinción, al talar bosques y al reemplazar el hábitat nativo con arrozales y rebaños de ganado que emiten grandes cantidades de metano. Cuando los primeros países industriales comenzaron a desenterrar y quemar combustibles fósiles en masa, sin embargo, iniciaron una distorsión sin precedentes del ciclo de carbono de la Tierra. En 1750, se calcula que las emisiones globales anuales de CO_2 generadas por la actividad humana rondaban los 9 millones de toneladas métricas. Un siglo más tarde, se habrían incrementado más de veinte veces, hasta alrededor de 197 millones de toneladas. Para 1950, habían aumentado otras treinta veces, alcanzando los 6.000 millones de toneladas. En 2021, la actividad humana generó más de 36.000 millones de toneladas de CO_2, el nivel más alto de la historia.[27] Los humanos emitimos ahora entre sesenta y ciento veinte veces más dióxido de carbono al año que todos los volcanes del mundo juntos.

Desde tiempos preindustriales, la actividad humana ha liberado cerca de 2,5 billones de toneladas de dióxido de carbono a la atmósfera. Esa masa invisible de CO_2 suspendida en el cielo pesa más del doble que todas las criaturas vivas del planeta y casi el doble de todo lo que han hecho los humanos y sigue en uso: todo el metal, el hormigón, el cristal y el plástico, todas las ciudades, carreteras, fábricas, presas, reactores, freidoras de aire, sopladores de hojas a gas y conos de helado motorizados. Estados Unidos por sí solo ha emitido en torno al 25 por ciento del total, el doble que el segundo mayor con-

27. Recuerda que una tonelada de carbono equivale a 3,67 toneladas de CO_2. Así, las emisiones de carbono globales anuales de la humanidad son 36.000 millones de toneladas de CO_2 o 9.800 millones de toneladas de carbono. Si tenemos en cuenta todos los gases de efecto invernadero emitidos a través de la actividad humana —no solo de CO_2, sino también de metano, óxido nitroso y gases fluorados—, las emisiones anuales rondan los 50.000 millones de toneladas de CO_{2e} o CO_2 equivalente.

tribuidor, China, con un 12,7 por ciento.[28] Juntas, Norteamérica y Europa son responsables del 62 por ciento de las emisiones históricas. Hoy en día los países del mundo siguen produciendo el 86 por ciento de todas las emisiones de CO_2.

Aunque el océano y los continentes, y la vida que albergan, han absorbido una cantidad importante del carbono excretado por la humanidad, gran parte ha permanecido en el aire, incrementando la concentración atmosférica de CO_2 en un 50 por ciento, desde unas 277 partes por millón (ppm) en 1750 a alrededor de 420 partes por millón en la actualidad. Algunas investigaciones indican que la última vez que hubo tanto dióxido de carbono en la atmósfera fue hace cuatro millones de años, durante el Plioceno, cuando la temperatura global media superaba por 3 °C la actual, el nivel del mar era 25 metros más alto y vastos bosques crecían en la tundra ártica, ahora sin árboles.

Si bien el nivel de CO_2 en la atmósfera ha fluctuado de forma drástica a lo largo de la historia de la Tierra, la mayor parte de estos cambios fueron relativamente graduales y se extendieron desde entre miles de millones de años y millones de años. Cuando el carbono inunda de manera rápida la atmósfera, ocurren cosas terribles. Hace alrededor de 56 millones de años, durante una grave crisis climática llamada Máximo Térmico del Paleoceno-Eoceno, aproximadamente de 3 a 7 billones de toneladas de carbono se liberaron a la atmósfera, quizá debido a una actividad volcánica extrema, con lo que se incrementó la temperatura global entre 5 y 8 °C, se calentaron y acidificaron los océanos, y llevaron a muchas especies de las profundidades del mar a la extinción. El desplazamiento del carbono subyacente en este desastre se produjo a lo largo de muchos miles de años. La humanidad está liberando una cantidad de carbono comparable en apenas cien años. Aunque es imposible afirmarlo con seguridad, en es-

28. Rusia, Alemania, el Reino Unido, Japón, la India, Francia, Canadá y Ucrania completan la lista de los diez primeros. Este ranking se basa principalmente en emisiones procedentes de la quema de combustibles fósiles. Cuando se incluyen las emisiones procedentes de la deforestación y otras modificaciones medioambientales a gran escala, Brasil e Indonesia se trasladan a lo alto de la lista pero no desplazan a Estados Unidos, China o Rusia.

pecial teniendo en cuenta todo lo que se desconoce sobre las primeras etapas del planeta, resulta plausible que a lo largo de la mayor parte de los cuatro mil quinientos millones de años de historia de la Tierra nunca se haya liberado tanto carbono a la atmósfera tan rápido como ahora.

Desde una perspectiva geológica, los últimos doce mil años, desde las primeras etapas de la agricultura en delante, han constituido un periodo de estabilidad climática remarcable, una fase especialmente armoniosa de la historia de la vida de la Tierra. Las emisiones de gases de efecto invernadero marcan el inicio de una era de lo que sería, en comparación, una cacofonía absoluta. Colectivamente, las emisiones producidas por la combustión de combustibles fósiles, la deforestación, la destrucción de hábitats, la agricultura, la refrigeración y otras actividades humanas han incrementado la temperatura media de la superficie terrestre en torno a 1,2 °C en relación con finales del siglo XIX. Podría parecer insignificante, pero el incremento de la temperatura media de todo el mundo, aunque sea un solo grado, requiere una cantidad enorme de energía. Los modelos climáticos sugieren que, si los humanos cesasen todas las emisiones de CO_2 de forma instantánea en todas partes, la temperatura global se estabilizaría bastante rápido, pero tardaría cientos de miles de años en volver al punto de partida preindustrial. Las consecuencias de esta alteración masiva del sistema terrestre ya se han multiplicado y agravado.

A medida que los glaciales retroceden y el permafrost y los casquetes glaciales se derriten, la Tierra pierde parte de sus superficies más reflectantes, con lo que disminuye su albedo. Cuanto menor es la reflectividad de la Tierra, más se calienta, lo que derrite aún más hielo. Debido a este deshielo a escala planetaria y al hecho de que el agua se expande al calentarse, el nivel del medio del mar ha subido casi 23 centímetros desde 1880. Independientemente de que las políticas energéticas sigan adelante, la cantidad de gases de efecto invernadero que ya se encuentran en la atmósfera dicta que el nivel del mar continuará subiendo más de 1 metro a lo largo de los próximos siglos, erosionará costas, inundará pantanos, intensificará las marejadas ciclónicas y pondrá en peligro comunidades costeras y países insulares bajos por todo el mundo.

A medida que asciende la temperatura de la Tierra, se incrementa la capacidad de la atmósfera de retener vapor de agua. En un planeta más caliente y húmedo, las inundaciones y las tormentas se vuelven más intensas y, dependiendo del lugar, más frecuentes. En 2022, tras una ola de calor extremo y lluvias monzónicas, Pakistán sufrió las peores inundaciones de su historia, pues mataron a más de mil quinientas personas y desplazaron a treinta millones. En el otoño de 2023, la tormenta Daniel causó en Libia, Turquía, Grecia y Bulgaria inundaciones asoladoras, que derribaron presas, mataron a al menos varios miles de personas y dejaron más de diez mil desaparecidos.

Las olas de calor y los incendios forestales de la última década han batido un récord tras otro. En el verano de 2021, el noroeste del Pacífico se vio sometido a un calor extremo inaudito en su historia. La temperatura en algunas partes de Portland, Oregón, ascendió hasta los 51 °C, mientras el pavimento alcanzaba unos ardientes 82 °C. Las carreteras se combaban y los cables se torcían, lo que forzó a la ciudad a suspender sus servicios de tranvía y tren ligero. A finales de junio del mismo año, el pueblo de Lytton, en la Columbia Británica, alcanzó unos pasmosos 49,6 °C (un nuevo récord nacional para Canadá, que también superaba cualquier temperatura registrada nunca en Europa y Sudamérica por aquel entonces). Al día siguiente, un incendio forestal destruyó casi por completo el pueblo. El año siguiente, una serie de olas de calor brutales mató a más de veinte mil personas en Europa. En 2023, Norteamérica experimentó la peor temporada de incendios forestales de su historia registrada; para finales de septiembre, más de 17,4 millones de hectáreas se habían quemado en Canadá, en torno a diez veces el número de hectáreas quemadas en 2022, y alrededor del 5 por ciento de toda el área forestal del país. En agosto del mismo año, una tormenta de fuego redujo Lahaina, en Maui, a cenizas, matando a casi un centenar de personas, uno de los peores desastres naturales de la historia de Hawái y uno de los incendios más letales de Estados Unidos desde principios de 1900.

La combinación de calor y humedad en algunos países ecuatoriales es ahora tan extrema que el cuerpo humano no tiene defensas fisiológicas adecuadas para afrontarla. Al mismo tiempo, las temperaturas en aumento hacen aún más secos los lugares secos, expanden desiertos e incrementan la gravedad y frecuencia de las sequías. En regiones áridas, el acceso a agua potable limpia creará aún más tensiones que en la actualidad, lo que provocará nuevos conflictos. Las cosechas en algunas regiones del norte pueden beneficiarse del calor y el CO_2 adicionales, pero la producción global de las cosechas está previsto que descienda debido a las condiciones meteorológicas extremas, los suelos degradados y las plagas más generalizadas.

Las emisiones de combustibles fósiles y otras formas de contaminación atmosférica ya han tenido un efecto gravísimo en la salud pública, en parte incrementando el índice de enfermedades respiratorias, un problema exacerbado por el humo de los incendios y el polvo procedente de los suelos empobrecidos. Entretanto, las enfermedades tropicales y los patógenos que las extienden están ampliando su ámbito de acción, y pandemias de enfermedades nuevas como la COVID-19 se están volviendo más comunes y peligrosas.

Distintas especies ya están migrando a latitudes y altitudes más altas en busca de un tiempo más fresco. Las plantas florecen antes que en el pasado, con lo que pierden el sincronismo con sus polinizadores. Los bosques y las praderas se están hundiendo, secándose y quemándose, pues les cuesta adaptarse. A medida que el océano absorbe calor y CO_2, va perdiendo su capacidad de amortiguar el cambio climático. Algunos científicos han predicho que hacia finales de siglo, si no antes, la mayor parte de los arrecifes de coral de aguas cálidas caleidoscópicos se verán reducidos a escasos fragmentos.

La magnitud de este desorden se ve incrementada por uno de los aspectos más aterradores de la crisis planetaria actual: su impredecibilidad. Algunos aspectos del sistema terrestre, entre ellos los puntos de inflexión críticos y los bucles de retroalimentación, son tan complejos y difíciles de modelar que los científicos no pueden anticipar de forma fiable las consecuencias. La física del vapor de agua y las nubes, por ejemplo —hasta qué grado su calentamiento y enfriamiento simultáneos del planeta modulan el cambio climático general—, resulta especialmente difícil de simular, al igual que las fluctuaciones en las corrientes oceánicas y las corrientes en chorro con repercusiones potencialmente catastróficas. Igual de espantosa es la velocidad a la que todo esto está ocurriendo. La Tierra se ha recuperado de desastres en multitud de ocasiones, incluidos algunos que fueron, en el gran esquema de las cosas, mucho más devastadores que el cambio climático actual. Pero, en todos los casos, el planeta vivo tardó decenas de miles de millones de años en reestabilizarse. El mundo que surgió de cada una de esas catástrofes era a menudo radicalmente distinto de la versión anterior, con formas de vida nuevas por completo que reemplazaban a las que se habían extinguido. No podemos confiar en el termostato de la Tierra y otros procesos autoestabilizadores connaturales para defendernos de la crisis planetaria actual porque operan a escalas de tiempo geológicas irrelevantes para la supervivencia año a año de civilizaciones y especies individuales.

Si la humanidad no reduce de manera drástica las emisiones de gases de efecto invernadero, la Tierra se convertirá en un planeta incapaz de sostener el mundo como lo hemos conocido: el mundo en el que ha evolucionado nuestra especie y el que hemos estado construyendo desde que empezamos a utilizar herramientas y a hacer fuego. Muchos de los ecosistemas y gran parte de las infraestructuras de los cuales dependen las sociedades humanas modernas se vendrán abajo. Como criaturas altamente adaptables y tenaces, es poco probable que los humanos nos extingamos tan solo por el cambio climático, pero entre cientos de millones y miles de millones de personas —en especial aquellas que viven en comunidades vulnerables con los mayores riesgos medioambientales, los menores recursos y la menor capacidad de adaptarse— sufrirán los estragos de la meteorología extrema, perderán sus casas y sustento o morirán de hambre, enfermedad, estrés por calor o debido a tormentas e inundaciones. Incontables especies no humanas desaparecerán, con lo que se romperán ciclos biogeoquímicos vitales y se privará a la Tierra de su diversidad, vivacidad y belleza. «Las pruebas científicas acumulativas son inequívocas —escribió el Grupo Intergubernamental de Expertos sobre el Cambio Climático en su Sexto Informe de Evaluación en 2022—. El cambio climático es una amenaza al bienestar humano y la salud planetaria». Cualquier retraso en la acción global concertada tanto para mitigar la crisis actual como para adaptarse a sus consecuencias inevitables «perderá una ventana de oportunidad breve y de cierre rápido para asegurar un futuro habitable y sostenible para todos».

A unos 25 kilómetros al sudeste de Reikiavik, a la sombra de un volcán activo conocido como Hengill, se alza la planta de energía geotérmica de Hellisheiði, la mayor instalación de su tipo en Islandia. Hellisheiði está situada en un paisaje de belleza cruda y elemental en el que los tapetes de musgo chartreuse reptan por campos de lava escabrosos y vapores sulfurosos se elevan de las grietas en la tierra. En contraste con este ambiente primordial, hay una serie de edificios ultramodernos, entre los que se incluyen un centro de bienvenida y un museo con las paredes de cristal y un triángulo metálico inclinado en el techo como la aguja de un compás gigante. Cerca de allí, la *start-up* suiza Climeworks ha erigido ocho cajas de acero, cada una del tamaño aproximado de un contenedor de embarque, apiladas de dos en dos y dispuestas para formar un corchete. Cada caja alberga lo que, a efectos prácticos, es una docena de aspiradoras atmosféricas que filtran continuamente el cielo.

Una mañana brumosa de septiembre, me uní a unos doscientos científicos, inversores, políticos y periodistas en Hellisheiði para ser testigo de la inauguración de las operaciones de Climeworks en Islandia. De cerca, pudimos ver que había unos grandes ventiladores encastrados a cada lado de las cajas de acero. Estos ventiladores, nos informaron, canalizaban el aire hacia unos filtros que capturaban el dióxido de carbono, permitiendo que el aire descarbonizado escapara a través de las rejillas. Cuando un filtro se saturaba, se utilizaba calor para extraer el CO_2 de manera que pudiese recogerse y almacenarse en otra parte. El proceso se llama «captura directa del aire» porque absorbe el carbono directamente del aire ambiental, en oposición a la extracción de los humos de una fábrica o de una planta de energía que depende de la quema de combustibles fósiles. Estas instalaciones de captura directa del aire en concreto, conocidas como Orca, se alimentan casi por completo de energía geotérmica.

La parada siguiente en el recorrido era un conjunto cercano de domos geodésicos plateados que parecían burbujas vivienda en una colonia marciana recién fundada. Empleados de la empresa islandesa Carbfix, que colabora con Climeworks, nos proporcionaron chalecos de seguridad amarillo fosforito y cascos blancos, y nos invitaron a echar un vistazo dentro. Cada domo albergaba un orificio de perforación y un sistema de tuberías metálicas grandes e interconectadas tachonadas de remaches y válvulas de volante. Sandra Snæbjörnsdóttir, geóloga que trabajaba para Carbfix, nos explicó que las tuberías transportaban el dióxido de carbono capturado por Orca a los domos, donde se mezclaba con agua y se inyectaba varios cientos de metros por debajo de la superficie en una capa de basalto poroso. «El basalto actúa como una esponja —nos indicó Snæbjörnsdóttir—. Y puede contener un montón de CO_2».

Cuando el dióxido de carbono y el agua se descargan en el horno geotérmico de la corteza de Islandia, inmediatamente empiezan a reaccionar con determinados elementos del basalto, formando carbonato de calcio calcáreo, que rellena los abundantes poros y fisuras del lecho de roca en cuestión de meses. Molécula a molécula, el aire se convierte en piedra y el carbono atmosférico vuelve a quedar atrapado en la corteza terrestre entre decenas de miles y millones de años. Las operaciones de Climeworks en Islandia son la primera manifestación de las verdaderas ambiciones de la empresa: vender el secuestro de carbono efectivamente permanente a individuos y compañías para compensar sus emisiones.[29] Por el momento, su lista de clientes e inversores incluye a Microsoft, Stripe, Shopify, Square, Audi, John Doerr y Swiss Re.

La mañana siguiente al lanzamiento de Orca, me senté con Christoph Gebald y Jan Wurzbacher, los cofundadores de Climeworks, de treinta y tantos años, en el despampanante espacio para *start-ups* situado junto al puerto de Reikiavik, donde llevan a cabo

29. Los científicos calculan que existen suficientes formaciones geológicas aptas y accesibles en todo el mundo para almacenar muchos billones de toneladas de CO_2, muy por encima de toda la producción de la humanidad a lo largo de la historia. Carbfix e investigadores independientes han determinado que cuando el depósito geológico de dióxido de carbono se gestiona de manera adecuada con los dispositivos de seguridad adecuados, el riesgo de fuga o sismicidad inducida es mínimo.

una reunión tras otra. Iban ataviados prácticamente a juego, con pantalones de vestir, camisa formal y jersey azul y gris. Ambos crecieron en Alemania y se conocieron en 2003 mientras estudiaban ingeniería en la Escuela Politécnica Federal de Zúrich, una universidad centrada en la investigación científica y tecnológica, donde establecieron vínculos debido a la dificultad de ambos para entender el alemán de Suiza y la ambición compartida de liderar su propia compañía. Uno de sus profesores los introdujo a la obra de Klaus Lackner, eminente físico y la primera persona que propuso formalmente la captura directa del aire como forma de regular el carbono atmosférico. La idea los cautivó.

—La posibilidad me fascinó —me contó Gebald en una conversación—. Sonaba realmente relevante y muy grande. Hoy fumar en un avión parece un desatino, ¿verdad? Creo que dentro de veinte años la gente sentirá lo mismo respecto a poner gasolina en el coche o tener centrales térmicas de carbón.

Como estudiantes de posgrado, Gebald y Wurzbacher desarrollaron un prototipo que consistía en poco más que un cubo lleno de filtros cubiertos de aminas: compuestos derivados del amoniaco que destacan por su capacidad de hacerse con el dióxido de carbono del aire que pasa. Climeworks se incorporó como una ramificación de la universidad en 2009. Al principio, los cofundadores tuvieron dificultades para asegurarse los fondos, sobre todo después de que una evaluación en 2011 por parte de la Sociedad Estadounidense de Física concluyera que la captura directa del aire no era viable económicamente. Una inversión extraordinaria procedente de una compañía suiza les ayudó a construir un artefacto mucho más potente del tamaño de un frigorífico, que se convirtió en la base para la primera planta de captura directa del aire comercial del mundo en Hinwil, Suiza. El lanzamiento en 2017 de esas instalaciones hizo que Climeworks alcanzara nuevos niveles de fama y decenas de millones de dólares de fondos adicionales.

El año siguiente, el IPCC publicó un informe en el que afirmaba que, con el fin de evitar que la temperatura global se incrementara más de 1,5 °C sobre el punto de partida preindustrial —el objetivo que accedieron a perseguir casi doscientos países durante los de

Acuerdos Climáticos de París de 2005—, el mundo tendría que hacer algo más que reducir de manera drástica el flujo de carbono a la atmósfera. La humanidad también tendría que volver a enterrar parte del carbono que había desenterrado. El informe mencionaba varias estrategias posibles para conseguirlo, entre ellas la captura directa del aire; la reforestación; una técnica conocida como «bioenergía con captura y almacenamiento de carbono» (conocida por sus siglas en inglés, BECCS), que implica cultivar y quemar plantas para generar energía al tiempo que se captura cualquier carbono emitido por su combustión y se sella en la tierra y la meteorización mejorada, un proceso en el que el basalto y otras rocas de silicato molidos se esparcen por la tierra y el mar para absorber CO_2.

A pesar de la evaluación del IPCC, la captura directa del aire y otras formas de eliminación de gases de efecto invernadero, o «emisiones negativas», como también se conocen, siguen siendo algunas de las ideas más discutidas en ciencia y política climáticas. Para que la comunidad en torno a la captura directa del aire logre su aspiración de eliminar varios miles de millones de toneladas de dióxido de carbono al año para 2050, necesitará miles de plantas por todo el globo que operen a una escala y órdenes de productividad de una magnitud mayor que nada que se haya demostrado hasta ahora. Según algunos cálculos, eso conllevaría una industria completamente nueva capaz de manejar un volumen de carbono comparable a o mayor que el que manejan las infraestructuras petrolíferas mundiales actuales.

A finales de 2023, Climeworks es una de las dos únicas empresas que dirigen instalaciones de captura directa del aire y almacenamiento comercial; la otra es Heirloom, en California. Cuando acaben de construir una nueva planta mucho más grande en Hellisheiði para complementar Orca, la capacidad total ascenderá a 40.000 toneladas de CO_2 al año, lo que sigue ascendiendo a apenas treinta y cinco segundos de emisiones globales anuales. Varias empresas más —entre ellas Carbon Engineering y Global Thermostat— han construido plantas piloto y, mientras escribo esto, están erigiendo instalaciones comerciales, cada una de las cuales supuestamente capturará entre 2.000 y 1 millón de toneladas de CO_2 cada año.

En su forma actual, la tecnología de captura del aire es cara y exige mucha energía y recursos.[30] Aunque una planta de captura directa del aire no requiere tierra cultivable y ocupa mucho menos espacio que, pongamos, un bosque —al tiempo que también es menos vulnerable a los incendios y las condiciones meteorológicas extremas—, sigue exigiendo grandes cantidades de cemento y acero, la producción de los cuales es medioambientalmente perjudicial. La experta en gestión del carbono Jennifer Wilcox ha calculado que una planta de captura directa del aire típica necesitará el equivalente de la energía producida por entre 300 y 500 megavatios a lo largo de un año para capturar 1 millón de toneladas de CO_2, suficiente energía para abastecer entre decenas y cientos de miles de hogares el mismo año. Más allá de las preocupaciones por la escala y el coste, algunos científicos y activistas condenan la captura directa del aire como un riesgo moral: una tecnofantasía que permite a las grandes corporaciones continuar con el negocio como si nada y desviar la atención del desafío que supone reformar el suministro energético del mundo. Climeworks aún no se ha asociado con ninguna empresa de combustibles fósiles, pero otras *start-ups* de captura directa del aire, sí.

Sus partidarios responden que, además de descender el nivel de emisiones pasadas, la captura directa del aire es una de las mejores formas de compensar emisiones continuadas causadas por transportes de larga distancia, viajes en avión y la producción en masa de acero, cemento y fertilizantes de nitrógeno, todos los cuales seguirán dependiendo de combustibles fósiles en un futuro próximo porque en la actualidad no hay fuentes de energía lo bastante potentes para sostenerlos. El científico del clima Zeke Hausfather defiende un equilibrio aproximado de reducir las emisiones actuales en más de un 90 por ciento y retirar más del 10 por ciento que permanece con un complemento diverso de enfoques tecnológicos y basados en la naturaleza. Las tecnologías de emisiones negativas también po-

30. La construcción de Orca sola costó entre diez y quince millones de dólares. Climeworks actualmente calcula que la captura de una tonelada de carbono tiene un coste de ochocientos dólares. El científico climático Zeke Hausfather ha calculado que, aunque el precio cayera a cien dólares por tonelada, como se espera, costaría unos veintidós billones de dólares que la captura directa del aire disminuya la temperatura global una décima parte de un grado Celsius.

drían habilitar una forma de reparaciones climáticas. Los países pobres del sur global, que son los que menos han contribuido al cambio climático, sufrirán sus peores consecuencias. Algunos economistas y sociólogos han argumentado que el norte global, que es responsable de la mayor parte de los gases de efecto invernadero en la atmósfera hoy en día debería asumir el gasto y la responsabilidad de eliminar y secuestrar las emisiones históricas con el fin de mitigar la meteorología extrema en los países de bajos ingresos menos capaces de adaptarse y concederles más tiempo para completar sus transiciones a energía limpia.

Los cofundadores de Climeworks reconocen que la captura directa del aire «no es una solución milagrosa, en absoluto —como me dijo Gebald—. Es parte de una cartera —continuó—. También hay que plantar árboles, hay que capturar CO_2 en los suelos, hay que recurrir a la meteorización mejorada». Pero creen que sus críticos infravaloran el significado y el potencial de la tecnología que están desarrollando.

—Entiendo que mirar las cifras hoy podría resultar un poco frustrante porque cuatro mil comparado con cuarenta gigatones es una cerilla en una eternidad de oscuridad —dijo Gebald—. Pero también hay una tendencia a subestimar completamente el poder colectivo de la tecnología.

—Las cosas pueden ocurrir muchísimo más rápido de lo que pensamos —añadió Wurzbacher—. Por eso somos fans de las soluciones tecnológicas, porque tienen una especial tendencia al desarrollo exponencial. Solo tienes que empezar.

Como concepto, la captura directa del aire con almacenamiento geológico resulta atractiva. Aunque no pueda deshacer todas las repercusiones ecológicas de emisiones pasadas, es, hasta cierto punto, la inversión literal del cambio climático antropogénico al utilizar tecnología para extraer el carbono excretado por la humanidad de la atmósfera y devolverlo a tierra sólida. Es una oferta de redención ostensible: la oportunidad de que los países más ricos del mundo alcancen el cielo, revoquen parte de sus pecados y los den por zanjados. En la práctica, sin embargo, al menos en el futuro cercano, filtrar dióxido de carbono de la atmósfera es poco probable que sea más que un accesorio, si bien potencialmente importante, del desafío central de la crisis planetaria actual. Conservar una versión de la Tierra que aún pueda sostenernos a nosotros y a las multitudes de vida no humana que nos rodean —un nuevo coro en la canción en permanente evolución de la Tierra— requiere nada menos que desmontar y reconstruir rápidamente las infraestructuras energéticas que abastecen la civilización humana actual y transformar la relación entre nuestra especie y el planeta en su totalidad.

La mayoría de las formas de energía renovables son tan antiguas como la Tierra misma.[31] Los humanos llevamos utilizándolas desde mucho antes de la historia registrada. Hemos estado bañándonos en fuentes termales y cocinando sobre el fuego desde la Edad de Piedra. Hemos aprovechado el viento y el agua para navegar en barco y moler grano durante milenios. Aun así se podría decir que la tecnología de energías renovables sigue en su primera etapa, sin desarrollarse por la supremacía de la industria de los combustibles fósiles, hasta hace poco.

Como ingeniera de turbinas eólicas, Yi Guo es una de los muchos miles de personas de todo el mundo que actualmente reforman el modo en que la civilización humana moderna aprovecha, genera, almacena y transporta energía. Por sí sola, esta revolución energética no puede resolver la emergencia planetaria actual, que engloba muchas crisis entrecruzadas, incluyendo el cambio climático antropogénico, la destrucción generalizada de ecosistemas vitales, una pérdida pasmosa de especies, niveles de contaminación sin precedentes y una desigualdad socioeconómica atroz. Reformar las infraestructuras energéticas del mundo es una de las tareas más importantes y urgentes a las que se enfrenta la humanidad, sin embargo, porque resulta esencial para detener el calentamiento global y prevenir sus peores repercusiones, además de un prerrequisito para la posibilidad

31. Los cinco tipos principales de energía renovable son la solar, la eólica, la hidráulica, la geotérmica y la bioenergía o biomasa, que suele obtenerse mediante la combustión de plantas vivas hasta hace poco.

de recuperar algún día un nivel de CO_2 atmosférico y una temperatura media característicos del punto de partida preindustrial.

Gestionar la crisis energética depende de tres tareas monumentales: reducir de manera drástica el flujo de gases de efecto invernadero a la atmósfera, retirar y secuestrar el exceso de carbono atmosférico y adaptarse a los cambios climáticos que no pueden evitarse. Antes que nada: los países ricos necesitan reemplazar rápidamente los combustibles fósiles con una combinación de energía renovable y energía nuclear;[32] conservar energía y mejorar la eficiencia energética donde sea factible y electrificar casas, negocios y transporte, al tiempo que ayudan a países con menos riqueza y recursos a fortalecerse frente a las consecuencias ineludibles del cambio climático y finalmente completar sus propias transiciones. Ciudades establecidas deben volverse más densas, más verdes y transitables para los peatones, los ciclistas, los trenes y autobuses, mientras los nuevos centros urbanos deberían construirse así desde el principio. Hogares y edificios requieren un aislamiento mejor y sistemas más eficientes de calefacción y refrigeración. Evitar fugas de refrigerantes, que constituyen algunos de los gases de efecto invernadero más potentes que existen, y con el tiempo reemplazarlas por alternativas menos perjudiciales son pasos críticos. La humanidad debe comprometerse con una agricultura más sostenible, dietas basadas en las plantas, un uso reducido de fertilizante y menor desperdicio de alimentos. Los ecosistemas de los que dependen nuestra especie y muchas otras —selvas tropicales, bosques templados y bosques de kelp; praderas, sabanas y chaparrales; turberas, humedales, manglares y arrecifes de coral, por citar algunos— deben recuperarse y protegerse. Necesita-

32. Pese a que la energía nuclear no suele clasificarse como renovable, muchos científicos y medioambientalistas defienden que es limpia, sostenible y esencial para una infraestructura de energía baja en carbono. Las plantas de energía nuclear plantean algunos riesgos para la salud humana y el medio ambiente, pero son con diferencia una de las formas de producción energética más seguras. A través de los efectos combinados de las emisiones de gases de efecto invernadero, la contaminación del aire y los accidentes durante la extracción, el transporte y el mantenimiento, los combustibles fósiles matan a miles de veces más personas por unidad de energía que la energía nuclear.

mos usar tanto la tecnología como la ecología para capturar y secuestrar de manera permanente varios miles de millones de toneladas de carbono al año. Y deberíamos adaptarnos a lo inevitable mediante una multitud de estrategias, como la migración coordinada de las personas y la migración asistida de plantas y animales, sistemas de alerta temprana y refugios para condiciones meteorológicas extremas, protección de inundaciones, quemas prescritas para limitar los incendios forestales, seguridad del agua mejorada, cultivos resistentes al cambio climático y más tejados ecológicos, árboles y jardines en espacios urbanos para una sombra mejorada, retención de agua y almacenamiento de carbono.

Los científicos han entendido la física básica subyacente al efecto invernadero durante casi dos décadas. En 1912, la revista *Popular Mechanics* explicó para los profanos cómo el carbón encendido atrapaba calor en la atmósfera, advirtiendo de que «el efecto puede ser considerable en algunos siglos». Desde al menos la década de 1970, las empresas de combustibles fósiles han sabido que sus productos estaban calentando el planeta con repercusiones potencialmente devastadoras, una conclusión basada en parte en investigaciones financiadas por ellos mismos. En lugar de prestar atención a las pruebas, cada vez más concluyentes, las ocultaron deliberadamente y dedicaron enormes sumas de dinero a minar el consenso científico acerca del cambio climático, confundiendo y desinformando al público general e influyendo en los políticos con el fin de maximizar sus beneficios. Este legado de propaganda y corrupción es una de las numerosas razones por las que Estados Unidos y muchos otros países industrializados ricos no han respondido a la crisis climática con nada cercano a la urgencia que requiere, incluso frente a un activismo cada vez más sólido y vehemente.

Llegados a este punto, la probabilidad de evitar que el planeta se caliente 1,5 °C por encima del punto de partida preindustrial es prácticamente nula. Alcanzar ese objetivo requeriría reducir a la mitad las emisiones globales de CO_2 para 2030 y alcanzar las emisiones cero no mucho después. Pero 1,5 °C no es un límite mágico entre seguridad y desastre. Es un compromiso surgido de más de dos décadas de negociaciones entre las mayores fuerzas políticas y los países más vulnerables del mundo. La pura verdad es que cada fracción de un grado importa. Cada pizca de calentamiento adicional intensifica el clima extremo, pone en peligro las vidas humanas y no humanas y agrava un futuro ya tumultuoso. Cada pizca de calentamiento que se evita salva vidas, ahorra un sufrimiento indecible y mantiene un mundo más habitable. Considera la diferencia entre un incremento en la temperatura global de 1,5 y 2 °C. A 1,5 °C, todo el hielo marino del Ártico se derretirá una vez cada cien años. A 2 °C, ocurrirá una vez cada diez años. A 1,5 °C de calentamiento, los arrecifes de coral sufrirán una disminución del 70 al 90 por ciento. A 2 °C será más del 90 por ciento. Comparado con 1,5 °C, 2 °C significa el doble o el triple del ritmo de la pérdida de especies, 2,6 veces el mismo número de personas expuestas a un calor extremo y alrededor del doble amenazadas con la escasez de agua.

Aunque la humanidad en conjunto no ha hecho ni de lejos lo suficiente para lidiar con la crisis climática, sería inequívocamente falso afirmar que no se ha producido un progreso significativo, y mucho menos que el mundo está condenado. No solo ha habido un progreso apreciable, sino que también existen buenas razones para esperar que se acelere. Algunos expertos y activistas climáticos son más optimistas hoy de lo que han sido en mucho tiempo.

Antes de los Acuerdos de París de 2015, los científicos predijeron que para 2100 la temperatura media de la Tierra se incrementaría entre 4 y 5 °C por encima del punto de partida preindustrial, una catástrofe de proporciones inconmensurables. Desde entonces, han cambiado muchas cosas. El último informe del IPCC calcula que una expansión de las políticas climáticas alrededor del mundo ha evitado varios millones de toneladas de emisiones de CO_2 cada año. Las políticas actuales acarrearán alrededor de 3 °C de calentamiento hacia finales de siglo. Sigue siendo demasiado, pero es un progreso indiscutible. Si los países del mundo mantienen sus promesas actuales (no vinculantes) de reducir aún más las emisiones, limitarán el calentamiento a entre 2 y 2,4 °C para 2100. Si todos los países adicionalmente cumplen sus objetivos de alcanzar las cero emisiones netas en 2050, el calentamiento de finales de siglo no debería superar los 2 °C.

Mientras escribo esto, las emisiones de CO_2 globales siguen en niveles históricos en términos absolutos, pero su crecimiento se ha ralentizado de forma marcada a lo largo de la última década; algunos expertos sostienen que es posible que pronto alcancen el nivel máximo. Durante la Conferencia de las Naciones Unidas sobre el Cambio Climático de 2021, también conocida como COP26, más de ciento treinta países, entre ellos Brasil, Canadá, China, Indonesia, Rusia y Estados Unidos, se comprometieron a «detener y revertir la pérdida de bosque y la degradación de la tierra para 2030», y más de cien países acordaron reducir las emisiones de metano un 30 por ciento para el mismo año. La conferencia culminó con el Pacto de Glasgow por el Clima, el primer acuerdo de Naciones Unidas de la historia que aborda directamente la necesidad de dejar los combustibles fósiles, instando a las ciento noventa y cuatro partes a acelerar los esfuerzos hacia la «reducción gradual de la energía del carbón generada sin medidas de mitigación y la eliminación gradual de las subvenciones ineficientes a los combustibles fósiles», al tiempo que prestan «un apoyo específico a los más pobres y vulnerables».

En las últimas décadas, las tecnologías de energías renovables, en particular la solar, la eólica y el almacenamiento de baterías, se han abaratado mucho más rápido, y han proliferado mucho antes, de lo que incluso los expertos más optimistas predijeron. En muchas partes del mundo, si no en la mayoría, la energía renovable es ahora más asequible que los combustibles fósiles.[33] Globalmente, en torno al 11 por ciento de la energía primaria y casi el 30 por ciento de la electricidad proceden ahora de renovables. Al menos sesenta y cinco países utilizan renovables para más de la mitad de la electricidad que generan.[34]

33. El ritmo de este cambio es asombroso. El precio por vatio de energía generada por fotovoltaica solar cayó un 99,6 por ciento entre 1976 y 2019, desde más de ciento seis dólares a treinta y ocho centavos. De un modo similar, el precio de las baterías de ion de litio ha descendido un 97 por ciento en las tres últimas décadas. Desde 2010, el coste medio de la energía eólica ha caído entre un 55 y un 70 por ciento.

34. Estos cambios pronunciados se deben en parte a los avances en las tecnologías subyacentes, que a su vez han facilitado los subsidios del gobierno y las investigaciones y el desarrollo tanto públicos como privados. La intermitencia inhe-

A partir de 2019, los trabajos en energías limpias en Estados Unidos superaron los de la industria de los combustibles fósiles por tres a uno. La Oficina de Estadísticas Laborales de Estados Unidos predice que los servicios de turbinas de viento serán el segundo empleo de crecimiento más rápido del país en 2030.[35] Y como ha advertido el ambientalista Bill McKibben, alrededor de cuarenta millones de dólares en dotaciones, carteras y fondos de pensiones se han destinado ahora a la abstención plena o parcial de las reservas de carbón, gas y petróleo, una suma aproximadamente equivalente a los productos interiores brutos de Estados Unidos y China juntos.

El 16 de agosto de 2022, el presidente de Estados Unidos, Joe Biden, aprobó la Ley de Reducción de la Inflación, tras lo cual dedicó trescientos sesenta y nueve millones de dólares a desarrollar la seguridad energética y mitigar el cambio climático, la inversión más grande de ese tipo hasta el momento. La ley subvencionará coches eléctricos, paneles solares y electrodomésticos eficientes energéticamente, financiará la fertilización del suelo y la agricultura sostenible y ofrecerá deducciones para la captura y el almacenamiento del carbono entre otras provisiones. En 2030, la ley debería reducir las emisiones de gases de efecto invernadero de Estados Unidos a entre un 30 y 40 por ciento por debajo de sus niveles de 2005, según varios grupos de investigación independientes.

El científico medioambiental Jonathan Foley lleva estudiando el

---

rente de ciertas fuentes de energía renovable es bien conocida y se está resolviendo rápidamente con previsiones precisas de patrones de generación, almacenamiento mejorado, combinaciones complementarias de diferentes renovables y una mejor gestión de la demanda y el suministro a través de una integración más rigurosa de sistemas energéticos.

35. A diferencia de sus predecesoras, las nuevas generaciones de parques eólicos se diseñan y ubican para minimizar el riesgo de dañar a pájaros, murciélagos y otra fauna. Se calcula que las turbinas de viento matan entre ciento cuarenta mil y seiscientos ochenta mil pájaros al año en Estados Unidos, pero esa cifra se ve superada con creces por los varios miles de millones de pájaros muertos a manos de gatos domésticos o por impactos contra edificios, juntos con cientos de millones de muertes adicionales debido a coches y tendido eléctrico. La Audubon Society, organización sin ánimo de lucro que se dedica a la conservación de la naturaleza, apoya firmemente el desarrollo de la energía eólica bien gestionada.

clima terrestre desde la década de 1980 y en la actualidad es director ejecutivo de Project Drawdown, una organización sin ánimo de lucro que trabaja para ayudar al mundo a alcanzar el momento decisivo en el que «los niveles de gases de efecto invernadero en la atmósfera dejen de subir y empiecen a descender a un ritmo constante».

—Soy más optimista ahora de lo que he sido nunca acerca del clima —dice—. Solo estamos condenados al fracaso si decidimos estarlo. Tenemos soluciones para detener el cambio climático en nuestras manos. Sabemos que pueden funcionar. Así que ¿qué vamos a decidir hacer?

La crisis climática actual es, fundamentalmente, el resultado de un desequilibrio muy importante en el sistema terrestre, uno creado por completo por nuestra especie. Nuestro planeta tiende al equilibrio radiativo, un estado en el que la energía que recibe del sol es igual a la que irradia de vuelta al espacio y la temperatura global permanece relativamente estable. Al atrapar el calor que de otro modo escaparía, los gases de efecto invernadero dejan a la Tierra sin equilibrio radiativo, lo que obliga a que suba su temperatura.

Como el animismo, el equilibrio es uno de los conceptos más antiguos y universales de la humanidad. A lo largo de la historia, gente de muchas culturas ha creído que el mundo se define por, y depende de, un equilibrio de fuerzas diferenciadas y a menudo opuestas: claro y oscuro, vida y muerte, orden y caos. Tales creencias se manifestaron en el desarrollo temprano de la ciencia occidental, en especial en historia natural. El antiguo historiador griego Heródoto escribió que, a través de la divina providencia, los depredadores eran innatamente menos prolíficos que sus presas, lo que les impedía cazar a estas últimas hasta llevarlas a la extinción. Para respaldar esta afirmación, se inventó el ejemplo de las crías de león que despedazan el vientre de su madre con las zarpas para que no vuelva a dar a luz. De un modo similar, en 1714, el clérigo y teólogo natural William Derham proclamó: «El equilibrio del mundo animal se mantiene estable, a lo largo de todas las eras, y por una curiosa armonía y proporción justa entre el incremento de todos los animales, y la duración de sus vidas, el mundo está bien a lo largo de todas las épocas, pero no almacena en exceso». Unas décadas más tarde, Carl Linnaeus, el científico suizo que formalizó la taxonomía moderna, publicó un ensayo titulado *Oeconomia Naturae*, o la *Economía de la naturaleza*, en el que el término «economía» era un sinónimo de fisiología, el estudio de cómo las distintas partes de un sistema vivo trabajaban juntas para mantener el bienestar general. La «sabiduría divina», explicó Linnaeus, había asegurado que «todas las cosas naturales deberían contribuir y echar una mano para preservar todas las especies» y que «la muerte y la destrucción de una cosa siempre debería estar subordinada a la resolución de otra».

Con el tiempo, el concepto de equilibrio en la naturaleza evolucionó y se adaptó a las transiciones dramáticas y cada vez más evidentes de la historia épica de la vida en la Tierra. Charles Darwin escribió acerca de numerosos controles en el crecimiento a corto plazo de poblaciones vivas y consideró la extinción un proceso gradual equilibrado por el surgimiento de especies nuevas mejor adaptadas. Herbert Spencer, colega de Darwin que acuñó la expresión «supervivencia del más fuerte», propuso que todas las especies experimentaban una variación rítmica en los números dependiendo de la disponibilidad de comida y la prevalencia de peligros ambientales. En medio de estas oscilaciones, añadió, había un número medio en el que el crecimiento y la disminución se hallaban en equilibrio, lo que significaba que no había cambio neto de un modo u otro. A principios del siglo xx, el ecólogo norteamericano Frederic Clements sostenía que, en gran medida como un organismo individual, los bosques y otras comunidades de plantas experimentaron un proceso de desarrollo llamado «sucesión», en el que progresaron de una etapa juvenil a un «estado de clímax» maduro en el que estaban óptimamente adaptados al entorno local. Si algo alteraba ese equilibrio, la comunidad intentaba restaurarlo. Varias décadas más tarde, Eugene Odum, a menudo considerado uno de los fundadores de la ecología moderna, escribió que todos los entes vivos, desde células individuales a ecosistemas enteros, tenían la capacidad de mantener la homeostasis.

Para la última parte del siglo xx, sin embargo, numerosos ecólogos habían desafiado o directamente rechazado la noción de equilibrio en la naturaleza, en especial en lo que concernía al aumento y el descenso de las poblaciones. Investigaciones extensas habían establecido que los depredadores y las presas no se mantenían bajo control unos a otros necesariamente, que los cambios en la diversidad de las especies y el crecimiento de la población eran a menudo impredecibles y que el equilibrio o los estados de clímax, aunque pudieran ser modelados a nivel matemático, eran difíciles de identificar de manera definitiva en los ecosistemas del mundo real. A pesar de estos descubrimientos, la idea de que la naturaleza tiende al equilibrio quedó integrada por completo en la conciencia pública, aun cuando en el mundo académico se intensificó la aversión al concepto. En un libro de 2009, John Kricher, profesor de Biología del Wheaton College, describió el equilibrio de la naturaleza como un «mito duradero» y «el bagaje filosófico más pesado» de la ecología. En una revisión histórica publicada en 2014, Daniel Simberloff, profesor de Ciencias Medioambientales en la Universidad de Tennessee, en Knoxville, concluyó que entre los ecólogos profesionales, «la noción de un equilibrio de la naturaleza ha quedado anticuada, y el término se reconoce ampliamente como un pancreston, que significa tantas cosas distintas para diferentes personas que es inútil como marco teórico o recurso explicativo».

Este resentimiento es de algún modo comprensible. Está claro que la idea clásica de la naturaleza como orden fijo, esencialmente perfecto e invariable, no refleja la realidad. Como tampoco lo hacen las representaciones de armonía ecológica que a veces encontramos en la cultura popular, todo luz del sol y trino de pájaros sin un atisbo de conflicto. Aun así, la absoluta negativa a reconocer el equilibrio, en gran medida como el menosprecio de la hipótesis Gaia, esconde verdades importantes acerca del mundo. Nuestro planeta vivo está repleto de ejemplos de lo que puede llamarse razonablemente equilibrio.

Es posible que depredadores y presas no siempre alcancen un equilibrio de manual, pero cada uno evoluciona de forma continua en respuesta al otro, haciendo frente a nuevas técnicas de caza con defensas más eficaces. Bosques, praderas y arrecifes de coral no avanzan de forma constante hacia un estado óptimo de clímax, pero pueden perdurar decenas de millones de años, reteniendo sus cualidades esenciales incluso cuando sus composiciones cambian. Algunos científicos han sostenido, por ejemplo, que la selva amazónica ha sobrevivido al menos cincuenta y cinco millones de años y «no debería verse como un rasgo geológicamente efímero de Sudamérica, sino más bien como un rasgo constante de la biosfera global del Cenozoico». Los patrones de especiación quizá no sean del todo predecibles, pero con tiempo suficiente y la oportunidad, las especies de un ecosistema determinado tienden a llenar un complemento diverso de nichos. Durante largos periodos de tiempo, los rasgos anatómicos, las relaciones ecológicas e incluso biomas enteros evolucionan, desaparecen y resurgen, ya sea con una forma algo alterada o una asombrosamente similar. Y después de cada una de las cinco extinciones masivas en sus cuatro mil quinientos millones de historia, cada una de las cuales erradicó la mayoría de las especies existentes en la época, el planeta no solo se recuperó, sino que con el tiempo prosperó.

Cuando la mayoría de la gente habla del equilibrio de la naturaleza, dudo que se refieran a uno estricto o a una capacidad limitada de recuperación, como han insinuado algunos científicos. En lugar de eso, el «equilibrio de la naturaleza» es la forma abreviada de, como lo expresó Rachel Carson, «un sistema complejo, preciso y altamente integrado de relaciones entre cosas vivas» que es «fluido y cambiante, y se halla en un estado constante de adaptación». Aunque este sistema es susceptible de verse interrumpido, también puede restaurarse o reorganizarse. «Equilibrio» tiene el propósito de evocar esta complejidad, vulnerabilidad y resiliencia simultáneas. Algunos estudiosos han defendido que esta descripción es contradictoria, pero los sistemas vivos complejos demuestran con precisión esta multidimensionalidad.

El ente vivo que llamamos Tierra es en efecto un acto de equilibrio muy complejo sustentado por la evolución recíproca de organismos y sus entornos. Cualquier planeta vivo requiere sus componentes animados e inanimados para mantener ciertas relaciones, ritmos y ciclos, una fisiología planetaria, por así decirlo. Si la atmósfera de la Tierra se hallase en un estado de equilibrio químico perfecto —como las atmósferas de Marte y Venus—, no contendría ningún oxígeno libre. La vida empujó a la atmósfera a un estado de desequilibrio químico que a la larga hizo el planeta más habitable. Con el fin de mantener ese nivel de habitabilidad, sin embargo, algunos umbrales no deben cruzarse. Sin oxígeno suficiente en el mar y el aire, la vida grande y compleja no puede existir. Demasiado, y el mundo entero estalla en llamas. Sin suficiente dióxido de carbono en la atmósfera, el planeta se congela de polo a polo. Un exceso, y la Tierra se convierte en un mundo empantanado infernal. La versión especialmente estable y clemente de la Tierra que nuestra especie y tantas otras han disfrutado estos últimos doce mil años requiere un conjunto de condiciones medioambientales aún más específicas.

Desde hace ya algún tiempo, nuestro planeta ha ido avanzando hacia un nuevo equilibrio, un estado de invernadero potencial en el que la temperatura global será significativamente superior y el clima tempestuoso consiguiente resultará devastador no solo para la civilización humana, sino para montones de especies no humanas también. Si la humanidad continúa exhumando y quemando cantidades exorbitantes de combustibles fósiles —condensando la capa que atrapa el calor y desequilibrando el sistema terrestre aún más—, tenemos asegurado un futuro terriblemente inhóspito. Si, en cambio, los países más responsables de la crisis climática y más capaces de resolverla al final actúan con la urgencia que exige, todavía pueden evitar la catástrofe global. Quizá nunca podamos recrear con fidelidad los ritmos y melodías planetarios del pasado, pero no es necesario. Todavía podemos perpetuar una interpretación de la Tierra como la hemos conocido, una variación de un tema.

Para cuando Yi Guo terminó el doctorado en Ingeniería Mecánica, estaba entregada a una carrera en energía limpia. Quería contribuir a la ciencia en rápida evolución que mejoraba las energías renovables existentes y concebía otras nuevas. Sabía exactamente dónde quería trabajar: el Laboratorio Nacional de Energías Renovables de Colorado (conocido como NREL, por sus siglas en inglés), que tenía una reputación como instituto de primera categoría para la investigación y el desarrollo de la energía eólica.

Al cabo de un par de años entregando solicitudes, consiguió trabajo como investigadora de posdoctorado en el NREL, donde al fin se convirtió en investigadora sénior. Sus estudios se centraban en cómo extender mejor la vida útil de las turbinas de viento y potenciar su fiabilidad en general. No mucho después de su primer día de trabajo, Guo subió a una turbina de viento por primera vez, una experiencia que recuerda bien. Era una turbina de 100 metros de altura y 3 megavatios situada en el campus Flatirons del NREL, suficiente para abastecer a un pueblo pequeño. Tras recibir la formación en seguridad, se puso un arnés y acompañó a un técnico experimentado a lo alto.

—Fue una experiencia excitante —dice—. Estaba muy emocionada. El viento puede soplar de repente y con mucha fuerza, pero la vista ahí arriba es preciosa. Te sientes muy orgullosa de lo que pueden conseguir los humanos.

La vista era espectacular: por debajo de ella, campos verdes desde los cuales brotaban unas turbinas de alabastro majestuosas; a lo lejos, las estribaciones de las Montañas Rocosas repletas de coníferas y a su alrededor, un cielo azul claro.

Epílogo

En el sudoeste de Inglaterra, en un trecho de la costa jurásica flanqueado por pastos salpicados por el mar, hay un camino de gravilla, largo y estrecho, que se extiende en paralelo a la playa. Si sigues el camino hasta el final, doblas a la derecha y subes la ligera pendiente, encontrarás una casita de ladrillo amarillo con un ojo de buey en la puerta principal. Una mañana de otoño, llamé a esa puerta y me respondió Sandy Lovelock. Era alta y delgada, con una melena blanca como la nieve bien peinada y por encima de los hombros, y un collar de grandes cuentas amarillas. James, que había cumplido cien años hacía poco, llegó tras ella con pequeños pasos, arrastrando los pies; sus amables ojos castaños brillaban tras las gruesas gafas acrílicas.

Dos décadas antes, mientras recorrían algunas zonas del Sendero de la Costa Sudoeste —una carretera de 1.014 kilómetros que va de Somerset a Dorset—, los Lovelock se habían alojado en esta misma casita de cuatro habitaciones. Cuando finalmente salió a la venta, la compraron.

—Ahora siempre tenemos vistas al mar —me dijo James.

Nos sentamos a tomar el té con unas galletas en el salón, que estaba decorado con recuerdos y regalos curiosos: un caballito balancín procedente de París, una talla de madera prácticamente de tamaño real de una mujer vestida con un kimono, una postal de la reina Isabel II. Por la ventana del salón, vi un pequeño jardín cuadrado bordeado por un muro bajo. En un parterre al fondo del jardín, Sandy había plantado distintas palmeras y yucas. En un hueco entre ellas, había una estatua de piedra de la diosa griega Gaia.

De la pared, justo a la derecha de donde se encontraba sentado James, colgaba una obra de arte grande y colorida, a medio camino entre la pintura de un paisaje y un collage surrealista: montañas, valles y montones de nubes llenaban el fondo; exuberantes selvas tropicales y manglares daban la impresión de estar a punto de reventar el lienzo y un magnífico remolino oceánico transportaba peces tropicales, corales y plancton magnificados al centro del cuadro. Advertí que se trataba de un retrato de nuestro planeta vivo, de los ecosistemas superpuestos que sustentan la Tierra como la conocemos.

Los Lovelock y yo hablamos durante horas sobre numerosos temas: sus vidas y carreras, la campiña inglesa, películas y libros recientes y recuerdos de infancia. Pese a su delicado estado, James se mostraba alegre, elocuente y agudo. Rebosaba humor, sonreía ampliamente incluso a los comentarios no muy divertidos y rompía a carcajadas al contar sus anécdotas favoritas. No tardamos en hablar del génesis y la evolución de la hipótesis Gaia.

—Cualquier cosa viva es capaz de cambiar el planeta —dijo James en un momento dado—. Es lo que tiene de fascinante.

Le pregunté qué significa para él decir que la Tierra misma está viva. Significa, dijo, que nuestro planeta es «similar a un organismo vivo, como tú mismo o una bacteria o cualquier cosa que mantenga un estado regulado de composición a pesar de un entorno que no para de intentar evitarlo».

—¿Y por qué cree que había tanta resistencia a esta idea desde algunos sectores de la comunidad científica? —le pregunté.

—Ah, la razón es bastante simple y muy humana —respondió James—. Y se remonta a la Edad Media o incluso antes. «Tenemos esta teoría y es así. De eso no nos hables». Sus carreras, su sustento, dependen de obedecer esa clase de condiciones.

Mencioné que recientemente algunos científicos prominentes han cambiado de opinión acerca de Gaia, entre ellos el biólogo evolutivo W. Ford Doolittle.

—Sí, estoy al tanto —dijo James—. Con el tiempo todos se dejarán convencer.

Cuando James Lovelock falleció el verano de 2022, a la edad de ciento tres años, dejó atrás un legado largo, ilustre y complicado. Fue un hombre de un intelecto prodigioso, de numerosos talentos e intereses muy diversos: fue médico, ingeniero y escritor. Durante gran parte de su carrera, trabajó como científico independiente en lugar de como empleado a tiempo completo para cualquier universidad o empresa, viajó por el mundo y trabajó como asesor de multitud de organizaciones distintas, incluyendo servicios de inteligencia y corporaciones de combustibles fósiles.[36] Inventó el detector de captura de electrones, un pequeño artefacto de sensibilidad sin precedentes capaz de detectar químicos en concentraciones tan bajas como una parte por billón, un artilugio que con el tiempo ayudó a revelar la omnipresencia de los pesticidas y otros contaminantes medioambientales además del agujero en la capa de ozono. En la década de 1950, mientras investigaba cómo reanimar ratas y hámsteres congelados, accidentalmente inventó una versión temprana del horno microondas. Y publicó sus primeros trabajos sobre la hipótesis Gaia varias décadas antes de que la ciencia del sistema terrestre fuera un campo consolidado.

En charlas y publicaciones subsiguientes, el concepto de Lovelock de Gaia cambió de manera continua. En ocasiones se contradecía a sí mismo. En algunos de sus escritos, afirmó explícitamente que Gaia era un ente vivo, un ser vasto o un superorganismo; en otros lugares, dijo que Gaia solo estaba viva como una metáfora, del mismo modo que un gen era egoísta. Declaró que los humanos «no estamos más cualificados para hacer de administradores o desarrolladores de la Tierra que las cabras para ser jardineras», y al mismo tiempo se señaló a sí mismo como «médico planetario», que prescribía sus tratamientos preferidos e instaba a todo el mundo a participar en la sanación global necesaria. En algunos libros, hizo predicciones extremadamente hiperbólicas: «antes de que concluya este siglo, miles de millones de personas morirán y las pocas parejas que se reproduz-

36. La historiadora Leah Aronowsky afirma que el trabajo de Lovelock como consultor para la empresa de petróleo y gas Shell influyó en sus primeras ideas en torno a Gaia. Para consultar una exposición de las pruebas, véanse las notas del final de este libro.

can y sobrevivan estarán en la región ártica, donde el clima siga siendo tolerable», escribió en 2006 en *La venganza de la Tierra*. Más tarde se retractó y tildó esas afirmaciones de «alarmistas». En *Novaceno*, el último libro que publicó antes de su muerte, Lovelock sostenía que el futuro de la Tierra pertenece a cíborgs artificiales inteligentes que trascenderán la cognición humana de manera inevitable. Si tengo razón acerca de la hipótesis Gaia, y la Tierra es en efecto un sistema autorregulado, entonces la supervivencia continuada de nuestra especie dependerá de la aceptación de Gaia por los cíborgs —escribió—. Por su propio interés, se verán obligados a unirse a nosotros en el proyecto para mantener el planeta frío. También se darán cuenta de que el mecanismo disponible para alcanzar esto es la vida orgánica. De ahí que crea que la idea de una guerra entre humanos y máquinas o sencillamente nuestra exterminación por parte de ellas sea muy poco probable... Seremos para los cíborgs lo que las mascotas y las plantas son para nosotros».

Cuando Lovelock concibió Gaia en la década de 1960, estaba pensando no en cíborgs, sino en alienígenas. Tras el éxito del detector de captura de electrones sumamente sensible, la NASA contrató a Lovelock para idear métodos para descubrir vida extraterrestre en Marte. Mientras trabajaba en el Laboratorio de Propulsión a Reacción de la NASA en Pasadena, California, Lovelock mantuvo numerosas conversaciones estimulantes con colegas de distintos campos, entre ellos el cosmólogo Carl Sagan, el astrónomo Lou Kaplan y el filósofo Dian Hitchcock. Juntos, Lovelock y Hitchcock determinaron que la forma más eficaz de detectar la presencia de vida en otro planeta sería analizar la química de su atmósfera. Dondequiera que se desarrollara la vida, razonaban, transformaría de manera inevitable la roca, el agua y el aire de su planeta. Un alienígena inteligente que examinara la Tierra desde lejos reconocería de inmediato la abundancia inusual de oxígeno y otros elementos reactivos en la atmósfera como una señal de la vida que se resiste a la entropía y empuja al planeta a un estado de desequilibrio químico. Sin vida fotosintética, la atmósfera de la Tierra se vería dominada por dióxido de carbono más o menos inerte y no contendría esencialmente ningún oxígeno libre, al igual que las atmósferas de Marte y Venus. Los hermanos más cercanos de la Tierra puede que estuvieran vivos en un momento dado, pero, basándose en su química atmosférica, Lovelock estaba seguro de que ya no tenían vida, una afirmación que hasta el momento ha resultado ser válida.

En torno a la misma época en la que Lovelock trabajaba para la NASA, el astronauta Bill Anders tomó una de las primeras imágenes definidas y en color de nuestro planeta entero suspendido en el espacio. Cuando los astronautas ven la Tierra así por primera vez, a menudo experimentan un fenómeno psicológico conocido como «el efecto de visión general»: de pronto se sienten abrumados por la belleza y vulnerabilidad simultáneas del planeta y una nueva comprensión de su lugar en el cosmos. El historiador espacial Frank White ha declarado que las personas que van al espacio «verán cosas que nosotros sabemos, pero no experimentamos, es decir, que la Tierra es un solo sistema. Todos formamos parte de ese sistema y hay cierta unidad y coherencia en todo ello».

Ahora contamos con abundantes pruebas de esta unidad. Hace más de tres mil quinientos millones de años, fragmentos de la joven Tierra se unieron en los primeros genes, proteínas y células. Los microbios, los primeros frutos de nuestro planeta vivo —los organismos más pequeños y más antiguos de todos— se entremezclaron a medida que se adaptaban a los entornos primordiales de la Tierra, intercambiando ADN, consumiéndose unos a otros y, por último, fundiéndose en formas de vida más grandes y complejas. Desde entonces el árbol de la vida se ha ramificado de forma continua en innumerables especies adaptadas a diversos hábitats distribuidos a lo largo de las capas sólidas, líquidas y gaseosas del planeta. En su evolución, esas criaturas también alteraron profundamente sus entornos, oxigenando la atmósfera, redefiniendo la química oceánica y convirtiendo la corteza estéril en suelo fértil. La evolución lineal y ramificada de las especies siempre se ha hallado insertada en la evolución recíproca y en bucle de la vida y el entorno.

Debemos arrancar el árbol de la vida evolutivo de Darwin de la página y reanimarlo como un ente cuatridimensional espléndidamente enrevesado. Imagina un árbol gigantesco con una red enmarañada de raíces y ramas que se superponen y a veces se funden, una manifestación física de la evolución en curso de la vida. Imagina también que a medida que crece el árbol, lo que le rodea cambia de continuo, excavando la roca con raíces vigorosas, enriqueciendo la tierra con restos, rehaciendo el aire, sembrando las nubes e invocando la lluvia. A su vez, estas transformaciones ambientales influyen en el crecimiento continuado del árbol. Así se unen la evolución de la vida y del entorno, de la Tierra y sus criaturas. Las especies que destruyen sus entornos en última instancia se condenan a sí mismas, mientras que las que tienden a mantener y mejorar sus entornos sobreviven.

De esta forma, eones de coevolución de Tierra y vida favorecieron las relaciones ecológicas que potenciaron la habitabilidad del planeta y lo dotaron de algunos de los rasgos de un organismo vivo, incluyendo la capacidad de autorregulación, aunque limitada. Aún hoy en día algunos científicos, en especial en geología y campos relacionados, continúan describiendo la vida como una capa fina y viscosa que cubre el planeta. Pero esa caracterización contradice la verdadera escala y poder de la vida. Esta expande de forma dramática la superficie del planeta capaz de absorber energía e intercambiar gases y llevar a cabo transformaciones químicas complejas. El científico del sistema terrestre Tyler Volk ha calculado que la superficie de todo el plantón fotosintético que absorbe el sol en el océano es seis veces más grande que la superficie inanimada del planeta. Todas las raíces de plantas de la Tierra, cubiertas con una fina capa de diminutos pelos absorbentes, comprenden una superficie treinta y cinco veces mayor que la que tendría el planeta sin vida. Los microbios equivalen en conjunto a doscientas áreas terrestres. Y si hubiese una capa de suelo fértil de un metro de grosor extendida a lo largo de los continentes, todas las partículas diminutas que contuviera tendrían una superficie combinada de más de cien mil veces la del planeta desnudo. Sencillamente no hay comparación. La vida concede a nuestro planeta una anatomía y una fisiología, respiración, pulso y metabolismo. Sin las transformaciones realizadas por la vida a lo largo de miles de millones de años, la Tierra sería completamente irreconocible. La vida no se limita a existir en la Tierra, la vida es la Tierra. Tenemos tantos motivos para considerar nuestro planeta un ente vivo como a nosotros mismos, una verdad que ya no se corrobora sola, ni por la visión de un solo hombre, sino por pruebas científicas irrefutables.

Como cualquier criatura que haya vivido mucho tiempo, la vida de la Tierra ha sido tumultuosa. A lo largo de su historia, catástrofes de escala incomprensible han marcado una y otra vez periodos de relativa estabilidad. Algunas de esas crisis fueron causadas principalmente por acontecimientos geológicos o cosmológicos, como las erupciones volcánicas y los impactos de asteroide; otras fueron sobre todo el resultado de los numerosos experimentos de la evolución. En cada caso, a pesar de la extinción de la mayoría de las especies que existían en la época, nuestro planeta vivo se recuperó de manera gradual a lo largo de muchos miles a millones de años, convirtiéndose a menudo en un mundo radicalmente distinto. Un planeta vivo, al parecer —en especial uno que ha desarrollado un alto nivel de complejidad ecológica—, tiene el potencial para una resistencia extraordinaria a lo largo de escalas temporales geológicas. Pero los procesos autoestabilizadores subyacentes a esta resistencia actúan de una forma demasiado lenta, y conllevan un trastorno demasiado grande, para perdonar entes tan pasajeros como las sociedades humanas.

En la actualidad estamos pasando por una emergencia planetaria, una que es obra nuestra. Al quemar reservas inmensas de combustibles fósiles, destruir bosques y praderas y contaminar el aire, el mar y la tierra, entre muchas otras formas de alteración, hemos empujado a la Tierra a una crisis más. Aunque puede que no sea el desastre más grave de la historia del planeta, algunos de sus aspectos probablemente no tienen precedentes, incluida la velocidad a la que hemos inundado la atmósfera con un volumen tan grande de carbono. Sin las intervenciones necesarias, el planeta se volverá inhóspito no solo para los humanos, sino también para incontables formas de vida compleja.

Mientras escribía este libro, con frecuencia me topé con tres perspectivas opuestas en torno al destino sino de la humanidad y nuestro planeta. Un bando, que podríamos denominar «fatalistas», piensa que dondequiera que se desarrolle vida inteligente autoconsciente y tecnológicamente hábil, está abocada a extinguirse y destruir el planeta que habita. ¿Por qué, se preguntan, nunca hemos encontrado vida alienígena inteligente a pesar de que habitamos un universo tan vasto en el que sin duda distamos de estar solos? Porque, responden, las especies con la capacidad de viajar al espacio nunca duran lo suficiente para encontrarse. En contraste los fantaseadores ven el planeta vivo como un ser benevolente en continuo movimiento hacia un estado de perfección zen. En su opinión no hay que alarmarse, porque al final el planeta se cuidará solo, lo que puede o no acarrear la pérdida de cierta especie simiesca molesta. Miembros del tercer grupo, los futuristas, generalmente prevén un futuro sombrío para la Tierra, pero rechazan tanto la apatía como el derrotismo, decididos a encontrar o crear un nuevo hogar para la humanidad en otro planeta.

Me gustaría sugerir una perspectiva alternativa basada en la ciencia del sistema terrestre. La vida no es una fuerza completamente benevolente que trabaja con resolución por un bien mayor. No existe un estado óptimo para el planeta. No obstante, es cierto que a lo largo de periodos prolongados de tiempo la Tierra y sus criaturas han tendido a codesarrollar relaciones que promueven la persistencia mutua y dotan al planeta de una tenacidad remarcable. Dejémoslo claro: no corremos el riesgo de matar a la criatura a la que llamamos Tierra. Aunque desenterrásemos y quemásemos todos los combustibles fósiles que existen —aunque indujéramos un estado de invernadero infernal que extinguiera nuestra especie y la mayor parte de la vida compleja—, los microbios y otras formas resistentes de vida perseverarían y el planeta como un todo acabaría recuperándose.

Lo que estamos en proceso de destruir es el mundo como lo hemos conocido: una versión particular de la Tierra en la que nuestra especie y tantas otras han evolucionado, una interpretación de la Tierra que, comparada con muchos de sus estados previos, es un auténtico Edén. Si no se controla, la horrible transformación que hemos puesto en marcha arrasará los ecosistemas a lo largo del globo y arruinará miles de millones de vidas. Las intervenciones que requiere evitar los peores resultados de esta crisis y mantener un planeta habitable se conocen y pueden alcanzarse. Si los países más responsables de la crisis actual y más capaces de gestionarla no logran asumir sus responsabilidades, sacrificarán mucho más que la Tierra como la hemos conocido, también impedirán la posibilidad de un mundo mejor para la humanidad. Ignorar los cambios necesarios aquí en la

Tierra y optar por terraformar otros planetas en un marco de tiempo que merezca la pena es un disparate imperdonable. No estamos en absoluto cerca del nivel de comprensión ecológica y sofisticación tecnológica que se requieren para convertir una roca inanimada y sin aire en una nueva Tierra, pero sin duda somos capaces de preservar el único planeta vivo que ya tenemos y el único que hemos encontrado nunca.

En su último libro, Lovelock sostenía que la «cadena asombrosamente improbable de acontecimientos que requiere producir vida inteligente» se ha producido una vez y solo una vez en el cosmos conocido, que la existencia de la humanidad es «una rara excepción». Teniendo en cuenta el tamaño y la edad del universo observable, sin embargo, parece muy poco probable que nuestra especie sea una absoluta anomalía. Con alrededor de dos billones de galaxias en el cosmos, y quizá decenas de miles de millones de planetas habitables en nuestra galaxia sola, no cabe duda de que hay vida más allá de la Tierra. Los alienígenas son reales. La mayor parte de la vida en el universo puede que sea pequeña y simple, semejante a los microbios unicelulares de la Tierra. Si nos guiamos por la historia de nuestro planeta, la vida compleja necesita mucho tiempo y oportunidades para emerger. Simplemente el número de planetas en las zonas habitables de las estrellas que orbitan proporciona esa oportunidad. Y a los cuatro mil quinientos cuarenta millones de años y contando, la Tierra no es un planeta especialmente viejo, apenas un tercio de la edad del universo. Bien puede haber planetas en los que la vida lleve evolucionando entre cinco mil y trece mil millones de años.

Si existen otras formas de vida altamente inteligentes, conscientes de sí mismas y con capacidad para viajar al espacio ahí fuera, quizá la razón principal de que no nos las hayamos encontrado ya es que nuestro vasto universo no solo se expande, sino que se expande cada vez más rápido. La novela *Aurora*, de Kim Stanley Robinson, cuenta la historia del desastroso intento de una nave espacial multigeneracional del siglo XVI de establecer una colonia humana en una luna habitable a 12 años luz de la Tierra. En un momento dado, Aram, uno de los supervivientes que logra regresar a la Tierra, da un discurso: «Las distancias entre nuestro planeta y cualquier otro realmente habitable son demasiado grandes —dice—. Y las diferencias entre otros planetas y la Tierra son demasiado grandes. Otros planetas están vivos o muertos. Los planetas vivos cuentan con su propia vida autóctona, y los planetas muertos no pueden reformarse lo bastante rápido para que la población colonizadora sobreviva al tiempo confinada... De ahí que no tengamos noticias de nadie ahí fuera. De ahí que persista el gran silencio. Existen muchas otras inteligencias vivas ahí fuera, sin duda, pero no pueden dejar sus planetas natales del mismo modo que nosotros, porque la vida es una expresión planetaria, y solo puede sobrevivir en su planeta natal».

Sospecho que si nuestra especie sobrevive lo suficiente —no solo unos siglos o milenios más, si no hasta el futuro inconcebiblemente lejano—, al final aprenderemos a transformar y habitar otros cuerpos planetarios. Si lo hacemos, la Tierra puede que se convierta en uno de los pocos planetas que se reproduzcan con éxito. Pero ese futuro posible depende por completo de las decisiones que la humanidad tome ahora mismo sobre nuestro hogar actual. La Tierra nos ha mostrado el poder de la comunidad, la diversidad y la reciprocidad. Entre todas las criaturas que existen, solo nosotros tenemos la oportunidad de emular conscientemente nuestro planeta vivo y perpetuar adrede su sublime composición. No somos ni el cáncer de la Tierra ni su cura. Somos su progenie, su poesía y su espejo.

Hace varios años, Oregón experimentó una de las tormentas invernales más severas de las últimas cuatro décadas. Me desperté en un mundo bañado en alabastro y cristal. A la luz de primera hora de la mañana, las copas de los árboles destellaban como candelabros de escarcha. Las calles estaban cubiertas con un velo blanco y plateado. Cada ramita aparecía envuelta en hielo.

Solo el silencio rivalizaba con la belleza de la escena. Prácticamente todas las cosas vivas parecían paralizadas. A mí me preocupaba nuestro jardín en especial, que no tenía ni seis meses. Muchas de nuestras plantas más pequeñas y delicadas se hallaban ocultas bajo capas gruesas de hielo y nieve. La superficie del estanque, tiempo atrás burbujeante, era aguanieve de un azul grisáceo. Los juncos que lo bordeaban parecían tan quebradizos como el cristal soplado. Las ramas de los árboles de los vecinos se combaban bajo el peso de su revestimiento rígido, de forma que casi tocaban el suelo. Caminar por el vecindario era como deambular por una ciudad sometida a algún hechizo escalofriante, poblada únicamente por la representación helada de los otrora vivos.

En retrospectiva, veo las cosas de otro modo. La vida estaba por todas partes aquella mañana de invierno. Parte de la razón por la que los árboles y las plantas estaban tan cristalinos era que albergaban bacterias formadoras de hielo. La nieve rebosaba criaturas microscópicas que habían evolucionado para sobrevivir al viaje desde el suelo hasta las nubes y de vuelta abajo, criaturas que no solo soportaban el tiempo, sino que además lo cambiaban. Bajo mis pies, redes de raíces y hongos, y las multitudes de microanimales a las que estos atraían, seguían respirando y creciendo. Algunos de los bulbos y tubérculos que había plantado ya palpitaban con un calor generado por ellos mismos, preparándose para derretir la nieve y atravesar el suelo. Las numerosas coníferas del vecindario seguían extrayendo agua líquida de las profundidades del suelo, recogiendo la luz del sol a través de las agujas cubiertas de escarcha y vertiendo oxígeno a la atmósfera. Cada elemento del invierno estaba vivo: el hielo, el suelo, el aire mismo. El mundo estaba cantando, aunque yo no pudiera oírlo.

Exhalé hondo mientras veía cómo se materializaba el vaho de mi aliento: una nube cambiante de agua, gas y células. Ondeó brevemente, luego se disolvió. Elementos prestados volvían a la fuente. Otra nota intercambiada en mi dueto personal con el planeta. Yo solté el aire y la Tierra lo inhaló.

Agradecimientos

Detrás de cada libro, existe un ecosistema. La investigación por curiosidad personal que culminó en este libro empezó hace más de una década. Durante este tiempo, he tenido la inmensa fortuna de contar con la ayuda de numerosos individuos y comunidades. Gran parte de lo que escribo depende del arduo trabajo, conocimiento y generosidad de científicos y otros expertos. Estoy profundamente agradecido a todas las personas a las que he entrevistado mientras escribía este libro, en especial a las que me permitieron unirme a ellas en sus casas y lugares de trabajo y en expediciones de campo. Para los individuos a los que no he sido capaz de citar de forma directa, por favor, aceptad mis disculpas sinceras y sabed que nuestras interacciones tienen de cualquier modo un valor incalculable; todo escritor podría llenar una librería real con el material que se ha visto obligado a dejar fuera de la página. Gracias a todos los expertos que respondieron de manera amable y esclarecedora a emails imprevistos de alguien a quien no conocían. Gracias también a los numerosos científicos cuyos estudios y libros publicados constituyeron la base de mi investigación.

Como alguien que escribe con frecuencia sobre ciencia para un público general, para mí el equilibrio entre la precisión y la claridad es de suma importancia. Mi inmensa gratitud a los cuatro verificadores de información profesionales cuyo meticuloso trabajo ha mejorado enormemente la precisión de este libro: Jane Ackermann, Michelle Ciarrocca, Tina Knezevic y Steven Stern. Gracias también a los numerosos expertos que respondieron a las preguntas de verificación de información y revisaron pasajes de los capítulos, entre ellos, Shady Giada Anayati, Gaëtan Borgonie, Priyadarshi Chowdhury, Curtis Deutsch, Erle Ellis, Paul Falkowski, Gavin Foster, Geoffrey Gadd, Nicolas Gruber, Robert Hazen, James Kasting, Jun Korenaga, Lee Kump, Helmut Lammer, Tim Lenton, John Luczaj, Jennifer Macalady, George McGhee, Massimo Pigliucci, Simon Poulton, Chris Reinhard, Gregory Retallack, Andy Ridgwell, Patrick Roberts, Felisa Smith, Gordon Southam, Steven Stanley, Alexis Templeton, Tyler Volk, Andrew Watson, Jennifer Wilcox, Bruce H. Wilkinson, Mark Williams, Jan Zalasiewicz y Richard Zeebe.

Mi editora, Hilary Redmon, me animó a seguir adelante con este proyecto desde las etapas más embrionarias y ha sido una colaboradora paciente, entusiasta e incisiva durante todo el largo proceso. Mis agentes, Larry Weissman y Sacha Alper, me han ayudado a hacerme camino en el mundo de la edición con soltura y destreza y han sido de los defensores más férreos de este libro. Algunos pasajes de este libro se publicaron originalmente en *The New York Times* y *The New York Times Magazine*. Gracias a mis editores en dichas publicaciones por su apoyo y colaboración, en especial a Willy Staley, Jake Silverstein, Bill Wasik, Jessica Lustig y Jeannie Choi. La cobertura de este libro se vio respaldada en parte por dos becas: la de no ficción de la Fundación Whiting y la Knight de periodismo científico del MIT. Un agradecimiento sincero a mis compañeros en ambas por su consejo y solidaridad además de a los queridos directores de esos programas y sus colegas, en especial a Daniel Reid, Courtney Hodell, Deborah Blum y Ashley Smart. Igualmente me siento en deuda con el equipo entero de Random House y todos los editores internacionales del libro.

Mientras escribía este libro, varias comunidades literarias y profesionales han constituido una fuente indispensable de camaradería, consejo, inspiración y alegre procrastinación. Gracias en especial a todos los maravillosos miembros del Slackline and Books Club, también conocido como Creature Club. Mil gracias a los amigos y colegas literarios que accedieron a convertirse en los primeros lectores del manuscrito y cuyas opiniones mejoraron de manera inconmensurable el texto: Rebecca Altman, Rebecca Boyle, Emily Elert, Rebecca Giggs, Ben Goldfarb, Mara Grunbaum, Holly Haworth, Brandon Keim, Robert Moor y Sierra Crane Murdoch. Asimismo, me siento agradecido a los numerosos amigos que me ayudaron a trabajar diferentes aspectos del libro y cuya retroalimentación fue fundamental para distintas decisiones importantes: Ariel Bleicher, Nadege Dubuisson, Michael Easter, Caroline Foley, Ian y Bekka Gillman, Kei Higaki, David y Leah Jobson, Olivia Koski, Reid Koster, Alex Liu, Dylan y Taylor McDowell, Ryan y Annie McMahon, Erin Mellon, Mike Orcutt, Katie Peek, Anna Rothschild, Nicole Sharpe y Josh y Shawnee Tracy. Muchas gracias también a Mike y a Masha Freeman por su pericia lingüística y su ayuda con la traducción.

Ha sido un placer colaborar con el polifacético Matthew Twombly, cuya facilidad con el arte y la ciencia han convertido una recopilación de notas de investigación en la línea temporal hermosamente ilustrada de la historia de la Tierra presentada en el libro. Gracias de igual modo a todos los individuos que me han permitido utilizar sus fotos.

La investigación para este libro ha conllevado numerosos viajes de cobertura, algunos de los cuales requirieron extensos viajes internacionales. En un esfuerzo para compensar por las emisiones de gases de efecto invernadero resultantes, voy a donar una parte del adelanto que he recibido por este libro a organizaciones que ayudan a mitigar y gestionar la crisis planetaria actual, entre ellas la Indigenous Environmental Network, la Coalition for Rainforest Nations, la Clean Air Task Force y Carbon180.

Gracias a mis padres y a mis hermanos, que me han animado en todos mis proyectos desde la infancia. Mi pareja, Ryan, ha sido testigo de las alegrías, los momentos de calma y las penas más de cerca que nadie. Sin su ánimo, su paciencia de santo y su meditada retroalimentación constantes, habría abandonado hace mucho tiempo. Debo mucho a nuestro perro, Jack, no solo por su compañía fiel, sino también por su insistencia en numerosos paseos diarios, que se han convertido en el metrónomo de mi vida y en un componente esencial de mi bienestar físico y mental. Por último y de manera fundamental, me agradecimiento eterno a la criatura extraordinaria que llamamos Tierra. Que seamos dignos de la vida que compartimos contigo.

Nota del autor

La definición en desarrollo de Gaia

El científico de la Tierra James Kirchner ha desarrollado una taxonomía de las numerosas versiones distintas de la hipótesis Gaia publicadas a lo largo de los años. Lo que Kirchner denomina Gaia Influyente, la versión más moderada, afirma que la vida tiene una influencia sustancial en numerosos aspectos del planeta, como la temperatura media global y la composición química de la atmósfera. De un modo similar, la Gaia Coevolutiva enfatiza que la vida y el planeta se cambian mutuamente a través de la evolución recíproca. La Gaia Homeostática y la Gaia Geofísica, formas más fuertes de la hipótesis, defienden que la vida tiende a estabilizar el planeta y que la Tierra es un ser vivo inmenso o puede compararse con uno. La Gaia Teleológica y la Gaia Optimizadora, las versiones más extremas, sostienen que la vida altera deliberadamente el planeta con el fin de mantener las condiciones óptimas para sí misma. Las referencias a los trabajos de Kirchner se enumeran a continuación.

Kirchner y otros científicos también han cuestionado si la hipótesis Gaia puede calificarse de hipótesis en absoluto. En ciencia, una hipótesis es una predicción o explicación provisional que puede ponerse a prueba mediante experimentos controlados. Si bien esa definición puede aplicarse a propuestas concretas en la corriente más grande de pensamiento y trabajos académicos ahora conocido como «teoría Gaia», es demasiado limitada para captarla por entero. Gaia está más cerca de un marco conceptual que de una hipótesis estricta. «La verdad es que, a pesar de que el nombre está muy extendido,

Gaia no es realmente una hipótesis», escribe el astrobiólogo David Grinspoon en *Earth in Human Hands*. «Es una perspectiva, un enfoque desde el cual centrarse en la ciencia [...] de un planeta vivo, que no es lo mismo que un planeta que alberga vida, esa es la cuestión, simple pero profunda. Porque la vida no es una ocurrencia tardía y menor en una tierra ya activa, sino una parte integral de la evolución y el comportamiento del planeta».

Aquí tenemos algunos ejemplos clave de cómo Lovelock y Margulis definieron y redefinieron Gaia a lo largo de sus carreras:

«El propósito de esta carta es apuntar a que la vida, en una etapa temprana de su evolución, adquirió la capacidad de controlar el entorno global para satisfacer sus necesidades y que esta capacidad ha persistido y sigue en uso activo. Según esta visión, la suma total de las especies es más que un mero catálogo, "la biosfera", que al igual que otras asociaciones en biología es un ente con propiedades más importantes que la simple suma de sus partes. Una criatura tan grande, aunque solo sea hipotética, con la poderosa capacidad de mantener la homeostasis del entorno planetario necesita un nombre; estoy en deuda con M. William Golding por proponer el uso de la personificación griega de la Madre Tierra Gaia», Lovelock, «Gaia as Seen Through the Atmosphere», 1972.

«[...] la presencia de un sistema cibernético biológico capaz de mantener la homeostasis del planeta para un estado físico y químico óptimos conveniente para su biosfera actual [...]», Lovelock, «Gaia as Seen Through the Atmosphere», 1972.

«[...] la hipótesis de que todo el conjunto de organismos vivos que constituyen la biosfera puede actuar como un solo ente para regular la composición química, el pH de la superficie y posiblemente también el clima. La noción de la biosfera como un sistema de control adaptativo activo capaz de mantener la Tierra en homeostasis que la llamamos hipótesis "Gaia"», Lovelock y Margulis, «Atmospheric Homeostasis by and for the Biosphere: The Gaia Hypothesis», 1974.

«[...] la proposición de que la materia viva, el aire, los océanos, la superficie terrestre eran partes de un sistema gigantesco capaz de controlar la temperatura, la composición del aire y del mar, el pH del suelo, etcétera, para que resulten óptimos para la supervivencia de la biosfera. El sistema parecía exhibir el comportamiento de un único organismo, una criatura viva, incluso», Lovelock y Epton, «The Quest for Gaia», 1975.

«Pero si Gaia existe, es posible que descubramos que nosotros mismos y el resto de los elementos vivos seamos parte y socios de un ser vasto que en su totalidad tiene el poder de mantener nuestro planeta como un hábitat apto y confortable para la vida», Lovelock, *Gaia, una nueva visión de la vida sobre la Tierra*, 1979.

«[...] la hipótesis de que toda la gama de materia viva de la Tierra, desde las ballenas hasta los virus, y desde los robles hasta las algas, podría considerarse que constituye un solo ente vivo, capaz de manipular la atmósfera terrestre para satisfacer sus necesidades generales y dotada de facultades y habilidades que van mucho más allá de los de las partes que la constituyen», Lovelock, *Gaia, una nueva visión de la vida sobre la Tierra*, 1979.

«[...] un ente complejo que incluye la biosfera, la atmósfera, los océanos y el suelo terrestres; la totalidad constituye un sistema cibernético o de retroalimentación que busca un entorno físico y químico óptimo para la vida en este planeta. El mantenimiento de condiciones relativamente constantes mediante un control activo puede describirse de manera conveniente mediante el término "homeostasis"», Lovelock, *Gaia, una nueva visión de la vida sobre la Tierra*, 1979.

«Lo máximo que puedo decir es que Gaia es un sistema en plena evolución, un sistema formado por todos los elementos vivos y su entorno superficial, los océanos, la atmósfera y las rocas de la corteza, las dos partes unidas e indivisibles. Se trata de un "dominio emergente", un sistema que ha surgido de la evolución recíproca de organismos y su entorno a lo largo de eones de vida en la Tierra. En este sistema, la autorregulación del clima y la composición química son automáticas por completo. La autorregulación surge a medida que el sistema evoluciona. No hay previsión, planificación o teleología [...] implicadas», Lovelock, *Gaia, una ciencia para curar el planeta*, 1991.

«El concepto "Gaia", un nombre griego antiguo para la Madre Tierra, postula la idea de que la Tierra está viva. La hipótesis Gaia, propuesta por el químico inglés James E. Lovelock, consiste en que aspectos de los gases atmosféricos y las rocas de superficie y el agua están regulados por el crecimiento, la muerte, el metabolismo y otras actividades de organismos vivos», Margulis, *Planeta simbiótico: un nuevo punto de vista sobre la evolución*, 1996.

«La hipótesis Gaia no consiste, como muchos aseguran, en que la "Tierra es un solo organismo". No obstante, la Tierra, en el sentido biológico, posee un cuerpo que se mantiene mediante procesos fisiológicos complejos. La vida es un fenómeno a nivel planetario, y la superficie de la Tierra lleva viva al menos tres mil millones de años», Margulis, *Planeta simbiótico: un nuevo punto de vista sobre la evolución*, 1996.

«Como aparece detallado en la teoría de Jim acerca del sistema planetario, Gaia no es un organismo. Todo organismo debe comer o, mediante fotosíntesis o quimiosíntesis, producir su propio alimento [...] Gaia, el sistema, surge de al menos diez millones de especies vivas conectadas que forman su cuerpo, activo de manera incesante [...] Al obedecer inconscientemente la segunda ley de la termodinámica, todos los seres buscan fuentes de energía y alimento. Todos producen un calor inservible y desechos químicos. Es un imperativo biológico [...] La suma de la vida planetaria, Gaia, muestra una fisiología que reconocemos como regulación medioambiental. Gaia en sí no es un organismo seleccionado directamente entre muchos. Es una propiedad emergente de la interacción entre organismos, el planeta esférico en el que residen y una fuente de energía, el sol», Margulis, *Planeta simbiótico: un nuevo punto de vista sobre la evolución*, 1996.

«Gaia es la serie de ecosistemas que interactúan y componen un solo ecosistema enorme en la superficie de la Tierra. Y punto», Margulis, *Planeta simbiótico: un nuevo punto de vista sobre la evolución*, 1996.

El trabajo de Lovelock como consultor para Shell

En 1963, Lovelock decidió convertirse en científico independiente. En lugar de trabajar a tiempo completo para una sola institución, comenzó a ganarse la vida como consultor para varias universidades, empresas y organizaciones. Una de esas organizaciones fue el Laboratorio de Propulsión a Reacción de la NASA en Pasadena, California. Fue en 1965, durante una de sus visitas a dicho laboratorio, cuando Lovelock tuvo una epifanía sobre la alteración y la regulación del planeta por parte de la vida, la semilla que creció hasta convertirse en la hipótesis Gaia. En 1966, Lovelock empezó a trabajar como consultor también para Shell Research Limited, la filial de investigación del gigante del gas y el petróleo Royal Dutch Shell, que le pidió que investigara «las posibles consecuencias globales de la contaminación del aire procedente de causas como el ritmo cada vez mayor de quema de combustibles fósiles».

Lovelock ha escrito abiertamente sobre su trabajo para Shell en distintas publicaciones, enfatizando que no era una relación posesiva y que él conservaba la libertad de pensamiento. Teniendo en cuenta cuánto valoraba la originalidad y la independencia intelectual, y su inclinación a la malicia y la provocación, no cuesta creerlo. Como escribió en *Gaia*, «El vínculo entre mi implicación en los problemas de la contaminación del aire global y mi trabajo previo en torno a la detección de vida mediante el análisis atmosférico era, por supuesto, la idea de que la atmósfera podía ser una extensión de la biosfera». Su informe inicial para Shell concluía en parte que era «casi seguro» que el clima estaba empeorando y que la quema de combustibles fósiles era la causa más probable. En estudios de seguimiento financiados por Shell, investigó la posibilidad de que las algas marinas alteraran la atmósfera al producir sulfuro de dimetilo. En 1975, Lovelock coescribió un artículo sobre Gaia en *New Scientist* con el directivo de Shell Sidney Epton.

La historiadora Leah Aronowsky ha sostenido, basándose parcialmente en investigaciones de archivos originales, que el trabajo de Lovelock como consultor para Shell tuvo una influencia en el desarrollo de la hipótesis Gaia mayor de lo que suele reconocerse y que las ideas de Lovelock facilitaron ciertas formas de negacionismo del cambio climático. «Gaia —escribe Aronowsky— es una historia en la cual una teoría sobre el clima terrestre se presentó al mundo y enseguida posibilitó toda una serie de afirmaciones sobre un nuevo conocimiento, incluidas las afirmaciones en torno a la estabilidad autorregulada del clima más tarde empleadas para sembrar dudas acerca del calentamiento global [...] En términos sencillos, Gaia creó las condiciones para un negacionismo que obtenía poder al negar la singularidad de la capacidad de los humanos para alterar de forma permanente la Tierra». Aronowsky también aclara que «no es el caso de que Gaia fuera un resultado directo de las campañas concertadas de la industria de los combustibles fósiles para producir incerteza sobre el consenso científico en cuanto al calentamiento global» y que «sigue sin estar clara la extensión a la que, en esta etapa de su pensamiento [temprano], Lovelock estableció una conexión entre sus ideas sobre la señal cósmica de la vida y su trabajo para Shell».

Lo que resulta indiscutible es que, a medida que Gaia ganaba popularidad, multitud de individuos y organizaciones —entre ellos la industria de los combustibles fósiles— se hicieron con ella y la moldearon para adecuarla a sus objetivos variados y a menudo en conflicto. «Dos grupos que abrazaron Gaia de inmediato fueron los medioambientalistas y, paradójicamente, los industrialistas —escribió Kirchner en 1989—. Los primeros defendían que dañar cualquier parte del organismo planetario podría tener consecuencias de gran envergadura, mientras que los últimos argumentaban que la capacidad de Gaia para la homeostasis hacía innecesario el control de la contaminación». De este modo, Gaia se convirtió en una herramienta de negacionismo del cambio climático. La propia perspectiva de Lovelock sobre la relación de la humanidad con el planeta cambió continuamente a lo largo de su vida; en ocasiones confundía los datos, se contradecía a sí mismo, rechazaba o exageraba amenazas medioambientales y hacía declaraciones prejuiciosas o insensibles que muchos encontraban moralmente repugnantes. Pero también aceptó por completo la realidad del cambio climático androgénico y acabó abogando por el final de los combustibles fósiles.

Fuentes seleccionadas

A continuación, presento una selección de algunas de las fuentes más importantes que he consultado mientras escribía este libro organizadas por capítulos. Dado que la introducción y el epílogo se sirven del mismo cuerpo de investigación, he combinado sus referencias.

Introducción y epílogo

Aronowsky, Leah, «Gas Guzzling Gaia, or: A Prehistory of Climate Change Denialism», *Critical Inquiry*, vol. 47, n.º 2, 2021, pp. 306-327.

Brannen, Peter, *The Ends of the World: Volcanic Apocalypses, Lethal Oceans, and Our Quest to Understand Earth's Past Mass Extinctions*, Ecco, 2017.

Carson, Rachel, *Silent Spring: Fortieth Anniversary Edition.* Mariner Books, 2002 (publicado por primera vez en 1962).

Clarke, Bruce, *Gaian Systems: Lynn Margulis, Neocybernetics, and the End of the Anthropocene*, University of Minnesota Press, 2020.

Dessler, Andrew, *Introduction to Modern Climate Change: Second Edition*, Cambridge University Press, 2016.

Flannery, Tim, *Here on Earth: A Natural History of the Planet*, Grove Press, 2010.

Frank, Adam, *Light of the Stars: Alien Worlds and the Fate of the Earth*, W. W. Norton, 2018.

Grinspoon, David, *Earth in Human Hands: Shaping Our Planet's Future*, Grand Central Publishing, 2016.

Hawken, Paul, editor, *Drawdown: The Most Comprehensive Plan Ever Proposed to Reverse Global Warming*, Penguin Books, 2017.

Kimmerer, Robin Wall, *Braiding Sweetgrass: Indigenous Wisdom, Scientific Knowledge, and the Teachings of Plants*, Milkweed Editions, 2015.

Kirchner, James W., «The Gaia Hypothesis: Can It Be Tested?», *Review of Geophysics,* vol. 27, n.º 2, 1989, pp. 223-235.

Kirchner, James W., «The Gaia Hypotheses: Are They Testable? Are They Useful?», *Scientists on Gaia,* editado por Stephen H. Schneider, MIT Press, 1991, pp. 38-46.

Kirchner, James W., «Gaia Hypothesis: Fact, Theory, and Wishful Thinking», *Climatic Change*, vol. 52, 2002, pp. 391-408.

Latour, Bruno, *Facing Gaia: Eight Lectures on the New Climatic Regime*, traducido por Catherine Porter, Polity Press, 2017.

Lenton, Tim, *Earth System Science: A Very Short Introduction*, Oxford University Press, 2016.

Lenton, Tim, y Andrew Watson, *Revolutions That Made the Earth*, Oxford University Press, 2014.

Lovelock, James, «Gaia as Seen Through the Atmosphere», *Atmospheric Environment,* vol. 6, n.º 8, 1972, pp. 579-580.

Lovelock, James, *Gaia: A New Look at Life on Earth*, Oxford University Press, 1979.

Lovelock, James, *The Ages of Gaia: A Biography of Our Living Earth*, edición ampliada y revisada, W. W. Norton, 1995 (primera publicación en 1988). [Hay trad. cast.: *Las edades de Gaia*, Barcelona, Tusquets, 1993].

Lovelock, James, *Healing Gaia: Practical Medicine for the Planet*, Harmony Books, 1991. [Hay trad. cast.: *Gaia, una ciencia para curar el planeta*, Barcelona, RBA Libros, 2006].

Lovelock, James, *The Revenge of Gaia: Earth's Climate in Crisis and the Fate of Humanity*, Basic Books, 2006. [Hay trad. cast.: *La venganza de la Tierra, la teoría de Gaia y el futuro de la humanidad*, Barcelona, Planeta, 2007].

Lovelock, James, *The Vanishing Face of Gaia*, Basic Books, 2009. [Hay trad. cast.: *La Tierra se agota*, Barcelona, Planeta, 2011].

Lovelock, James, y Bryan J. Appleyard, *Novacene: The Coming Age of Hyperintelligence*, MIT Press, 2019. [Hay trad. cast.: *Novaceno, La próxima era de la hiperinteligencia*, Barcelona, Paidós, 2021].

Lovelock, James, y Sidney Epton, «The Quest for Gaia», *New Scientist,* 1975.

Lovelock, James, y Lynn Margulis, «Atmospheric Homeostasis by and for the Biosphere: The Gaia Hypothesis», *Tellus*, vol. 26, 1974, pp. 2-10.

Margulis, Lynn, *Symbiotic Planet: A New Look at Evolution*, Basic Books, 1998. [Hay trad. cast.: *Planeta simbiótico: un nuevo punto de vista sobre la evolución*, Barcelona, Debate, 2002].

Morton, Oliver, *Eating the Sun: How Plants Power the Planet*, Harper Perennial, 2009.

Skinner, Brian J., y Barbara W. Murck, *The Blue Planet: An Introduction to Earth System Science.* tercera edición, Wiley, 2011.
Smith, Eric, y Harold J. Morowitz, *The Origin and Nature of Life on Earth: The Emergence of the Fourth Biosphere*, Cambridge University Press, 2016.
Stanley, Steven M., y John A. Luczaj, *Earth System History: Fourth Edition*, W. H. Freeman, 2015.
Volk, Tyler, *Gaia's Body: Toward a Physiology of Earth*, MIT Press, 2003.
Ward, Peter, y Joe Kirschvink, *A New History of Life: The Radical New Discoveries About the Origins and Evolution of Life on Earth*, Bloomsbury Press, 2015.
Worster, Donald, *Nature's Economy: A History of Ecological Ideas*, segunda edición, Cambridge University Press, 1994 (publicado por primera vez en 1977).

1. Intraterrestres

Bomberg, Malin, y Lasse Ahonen, «Editorial: Geomicrobes: Life in Terrestrial Deep Subsurface», *Frontiers in Microbiology*, vol. 8, 2017, p. 103.
Borgonie, G., et al., «Nematoda from the Terrestrial Deep Subsurface of South Africa», *Nature*, vol. 474, 2011, pp. 79-82.
Borgonie, G., et al., «Eukaryotic Opportunists Dominate the Deep-Subsurface Biosphere in South Africa», *Nature Communications*, vol. 6, n.º 8952, 2015.
Casar, Caitlin P., «Mineral-Hosted Biofilm Communities in the Continental Deep Subsurface, Deep Mine Microbial Observatory, SD, USA», *Geobiology*, vol. 18, n.º 4, 2020, pp. 508-522.
Chivian, Dylan, «Environmental Genomics Reveals a Single-Species Ecosystem Deep Within Earth», *Science*, vol. 322, n.º 5899, 2008, pp. 275-278.
Colman, Daniel R., et al., «The Deep, Hot Biosphere: A Retrospection», *Proceedings of the National Academy of Sciences*, vol. 114, n.º 27, 2017, pp. 6895-6903.
Colwell, Frederick S., y Steven D'Hondt, «Nature and Extent of the Deep Biosphere», *Reviews in Mineralogy and Geochemistry*, vol. 75, n.º 1, 2013, pp. 546-574.
Deep Carbon Observatory, «Deep Carbon Observatory: A Decade of Discovery», Deep Carbon Observatory Secretariat, Washington, D. C., 2019.
Eagle, Sina Bear, «The Lakota Emergence Story», National Park Service, 2019.
Edwards, K. J., et al., «The Deep, Dark Energy Biosphere: Intraterrestrial

Life on Earth», *Annual Review of Earth and Planetary Sciences*, vol. 40, n.º 1, 2012, pp. 551-568.

Gadd, Geoffrey Michael, «Metals, Minerals, and Microbes: Geomicrobiology and Bioremediation, *Microbiology*, vol. 156, 2010, pp. 609-643.

Grantham, Bill, *Creation Myths and Legends of the Creek Indians*, University Press of Florida, 2002.

Grosch, Eugene G., y Robert M. Hazen, «Microbes, Mineral Evolution, and the Rise of Microcontinents—Origin and Coevolution of Life with Early Earth», *Astrobiology*, vol. 15, n.º 10, 2015, pp. 922-939.

Hazen, Robert M., editor, «Mineral Evolution», *Elements*, vol. 6, n.º 1, 2010.

Hazen, Robert M., *Symphony in C: Carbon and the Evolution of (Almost) Everything*, W. W. Norton, 2019.

Hazen, Robert M., et al., «Mineral Evolution», *American Mineralogist,* vol. 93, 2008, pp. 1693-1720.

Holland, G., et al., «Deep Fracture Fluids Isolated in the Crust Since the Precambrian Era», *Nature,* vol. 497, 2013, pp. 357-360.

Höning, Dennis, et al., «Biotic vs. Abiotic Earth: A Model for Mantle Hydration and Continental Coverage», *Planetary and Space Science*, vol. 98, 2014, pp. 5-13.

Hunt, Will, *Underground: A Human History of the Worlds Beneath Our Feet*, Spiegel and Grau, 2019.

Lollar, Garnet S., et al., «"Follow the Water": Hydrogeochemical Constraints on Microbial Investigations 2.4 km Below Surface at the Kidd Creek Deep Fluid and Deep Life Observatory», *Geomicrobiology Journal*, vol. 36, n.º 10, 2019, pp. 859-872.

Mader, Brigitta, «Archduke Ludwig Salvator and Leptodirus Hohenwarti from Postojnska Jama», *Acta Carsologica*, vol. 32, n.º 2, 2016.

Onstott, Tullis C., *Deep Life: The Hunt for the Hidden Biology of Earth, Mars, and Beyond*, Princeton University Press, 2017.

Osburn, Magdalena R., et al., «Establishment of the Deep Mine Microbial Observatory (DeMMO), South Dakota, USA, a Geochemically Stable Portal into the Deep Subsurface», *Frontiers in Earth Science*, vol. 7, n.º 196, 2019.

Polak, Slavko, «Importance of Discovery of the First Cave Beetle: Leptodirus hochenwartii Schmidt, 1832», *Endins: publicació d'espeleologia,* vol. 28, 2005, pp. 71-80.

Rosing, Minik T., et al., «The Rise of Continents—An Essay on the Geologic sequences of Photosynthesis», *Palaeogeography, Palaeoclimatology, Palaeoecology*, vol. 232, 2006, pp. 99-113.

Soares, A., et al., «A Global Perspective on Microbial Diversity in the Terrestrial Deep Subsurface», *bioRxiv*, 2019.

Southam, G., y James A. Saunders, «The Geomicrobiology of Ore Deposits», *Economic Geology*, vol. 100, n.º 6, 2005, pp. 1067-1084.

2. La estepa del mamut y la huella del elefante

El relato del viaje a la isla de Wrangel está basado en entrevistas con Nikita y Sergey Zimov y en el diario de viaje de Nikita.

Anderson, Ross, «Welcome to Pleistocene Park», *The Atlantic*, abril de 2017.

Animal People, Inc., «An Interview with Nikita Zimov, Director of Pleistocene Park», *Animal People* Forum, 2 de abril, 2017.

Bar-On, Yinon M., et al., «The Biomass Distribution on Earth», *Proceedings of the National Academy of Sciences*, vol. 115, n.º 25, 2018, pp. 6506-6511.

Bottjer, David J., et al., «The Cambrian Substrate Revolution», *GSA Today*, vol. 10, n.º 9, 2000, pp. 1-7.

Buatois, L. A., et al., «Sediment Disturbance by Ediacaran Bulldozers and the Roots of the Cambrian Explosion», *Scientific Reports*, vol. 8, n.º 4514, 2018.

Croft, B., et al., «Contribution of Arctic Seabird-Colony Ammonia to Atmospheric Particles and Cloud-Albedo Radiative Effect», *Nature Communications*, vol. 7, n.º 13444, 2016.

Doughty, Christopher E., et al., «Biophysical Feedbacks Between the Pleistocene Megafauna Extinction and Climate: The First Human-Induced Global Warming?», *Geophysical Research Letters*, vol. 37, 2010.

Doughty, Christopher E., et al., «Global Nutrient Transport in a World of Giants», *Proceedings of the National Academy of Sciences*, vol. 113, n.º 4, 2016, pp. 868-873.

Holdo, R. M., et al., «A Disease-Mediated Trophic Cascade in the Serengeti and Its Implications for Ecosystem C», *PLOS Biology*, vol. 7, n.º 9, 2009.

Katija, Katani, «Biogenic Inputs to Ocean Mixing», *Journal of Experimental Biology*, vol. 215, 2012, pp. 1040-1049.

Kintisch, Eli, «Born to Rewild», *Science*, diciembre de 2015.

Macias-Fauria M, et al., «Pleistocene Arctic Megafaunal Ecological Engineering as a Natural Climate Solution?», *Philosophical Transactions of the Royal Society B*, vol. 375, n.º 1794, 2020.

Meysman, F. J., et al., «Bioturbation: A Fresh Look at Darwin's Last Idea», *Trends in Ecology and Evolution*, vol. 21, n.º 12, 2006, pp. 688-695.

Payne, Jonathan L., et al., «The Evolution of Complex Life and the Stabilization of the Earth System», *Interface Focus*, vol. 10, n.º 4, 2020.

Remmers, W., et al., «Elephant (*Loxodonta africana*) Footprints as Habitat for Aquatic Macroinvertebrate Communities in Kibale National Park, South-West Uganda», *African Journal of Ecology*, vol. 55, 2017, pp. 342-351.
Roman, Joe, y James J. McCarthy, «The Whale Pump: Marine Mammals Enhance Primary Productivity in a Coastal Basin», *PLOS ONE*, vol. 5, n.º 10, 2010.
Schmitz, Oswald J., et al., «Animals and the Zoogeochemistry of the Carbon Cycle», *Science*, vol. 362, n.º 6419, 2018.
Shapiro, Beth, *How to Clone a Mammoth*, Princeton University Press, 2015.
Shapiro, Beth, et al., «Rise and Fall of the Beringian Steppe Bison», *Science*, vol. 306, n.º 5701, 2004, pp. 1561-1565.
Vernadski, Vladimir I, *The Biosphere: Complete Annotated Edition*, Copernicus, 1998.
Willis, K. J., y J. C. McElwain, *The Evolution of Plants*, Oxford University Press, 2014.
Wolf, Adam, «The Big Thaw», *Stanford*, septiembre-octubre 2008.
Zimov, Nikita, et al., «Pleistocene Park: The Restoration of Steppes as a Tool to Mitigate Climate Change Through Albedo Effect», AGU Fall Meeting, 2017.
Zimov, Nikita, et al., «Pleistocene Park Experiment: Effect of Grazing on the Accumulation of Soil Carbon in the Arctic», AGU Fall Meeting, 2018.
Zimov, Sergey, «Mammoth Steppes and Future Climate», *Human Environment*, 2007.
Zimov, Sergey, *Wild Field Manifesto*, noviembre de 2014.
Zimov, Sergey, et al., «Steppe-Tundra Transition: A Herbivore-Driven Biome Shift at the End of the Pleistocene», *The American Naturalist*, vol. 146, n.º 5, 1995, pp. 765-794.
Zimov, Sergey, et al., «The Past and Future of the Mammoth Steppe Ecosystem», *Paleontology in Ecology and Conservation*, editado por Julien Louys, pp. 193–225, Springer Earth System Sciences, 2012.

3. Un jardín en el vacío

Angourakis, Andreas, et al., «Human-Plant Coevolution: A Modelling Framework for Theory-Building on the Origins of Agriculture», *PLOS ONE*, vol. 17, n.º 9, 2022.
Arneth, Almut, et al., «Summary for Policymakers», *Climate Change and Land*, editado por P. R. Shukla et al., Intergovernmental Panel on Climate Change, 2019.

Borrelli, Pasquale, et al., «Land Use and Climate Change Impacts on Global Soil Erosion by Water (2015-2070)», *Proceedings of the National Academy of Sciences*, vol. 117, 2020, pp. 1-8.

Bradford, Mark, et al., «Soil Carbon Science for Policy and Practice», *Nature Sustainability*, vol. 2, n.° 12, 2019, pp. 1070-1072.

Broushaki, Farnaz, et al., «Early Neolithic Genomes from the Eastern Fertile Crescent», *Science*, vol. 353, n.° 6298, 2016, pp. 499-503.

Chen, Le, et al., «The Impact of No-Till on Agricultural Land Values in the United States Midwest», *American Journal of Agricultural Economics*, vol. 105, n.° 3, 2023, pp. 760-783.

Cotillon, Suzanne, et al., «Land Use Change and Climate-Smart Agriculture in the Sahel», *The Oxford Handbook of the African* Sahel, editado por Leonardo A. Villalón, Oxford Academic, 2021, pp. 209-230.

Dynarski, Katherine A., et al., «Dynamic Stability of Soil Carbon: Reassessing the "Permanence" of Soil Carbon Sequestration», *Frontiers in Environmental Science*, vol. 8, 2020.

Eekhout, Joris P. C., y Joris de Vente, «Global Impact of Climate Change on Soil Erosion and Potential for Adaptation Through Soil Conservation», *Earth-Science Reviews*, vol. 226, 2022.

Erisman, Jan Willem, et al., «How a Century of Ammonia Synthesis Changed the World», *Nature Geoscience*, vol. 1, 2008, pp. 636-639.

Franzmeier, Donald P., et al., *Soil Science Simplified: Fifth Edition*, Waveland Press, 2016.

Giller, K. E., et al., «Regenerative Agriculture: An Agronomic Perspective», *Outlook on Agriculture*, vol. 50, n.° 1, 2021, pp. 13-25.

Handelsman, Jo, *A World Without Soil: The Past, Present, and Precarious Future of the Earth Beneath Our Feet*, Yale University Press, 2021.

Hudson, Berman D., *Our Good Earth: A Natural History of Soil*, Algora Publishing, 2020.

Kassam, Amir, et al., «Successful Experiences and Lessons from Conservation Agriculture Worldwide», *Agronomy*, vol. 12, n.° 4, 2022, p. 769.

Lal, Rattan, et al., «Evolution of the Plow over 10,000 Years and the Rationale for No-Till Farming», *Soil and Tillage Research*, vol. 93, 2007, pp. 1-12.

Lal, Rattan, et al., «The Carbon Sequestration Potential of Terrestrial Ecosystems», *Journal of Soil and Water Conservation*, vol. 73, n.° 6, 2018, pp. 145A-152A.

Lehmann, Johannes, y Markus Kleber, «The Contentious Nature of Soil Organic Matter», *Nature*, vol. 528, 2015, pp. 60-68.

Levis, C., et al., «Persistent Effects of Pre-Columbian Plant Domestication on Amazonian Forest Composition», *Science*, vol. 355, 2017, pp. 925-931.

Marris, Emma, «A Call for Governments to Save Soil», *Nature*, vol. 601, 2022, pp. 503-504.
Montgomery, David, *Dirt: The Erosion of Civilizations*, University of California Press, 2007.
Montgomery, David, *Growing a Revolution: Bringing Our Soil Back to Life*, W. W. Norton, 2017.
Our World in Data, www.ourworldindata.org, acceso en 2023.
Pasiecznik, Nick, y Chris Reij, editores, *Restoring African Drylands*, Tropenbos International, 2020.
Paul, Eldor A., «The Nature and Dynamics of Soil Organic Matter: Plant Inputs, Microbial Transformations, and Organic Matter Stabilization», *Soil Biology and Biochemistry*, vol. 98, 2016, pp. 109-126.
Piccolo, Alessandro, et al., «The Molecular Composition of Humus Carbon: Recalcitrance and Reactivity in Soils», *The Future of Soil Carbon: Its Conservation and Formation,* edited by Carlos Garcia, Paolo Nannipieri y Teresa Hernandez,. Elsevier Academic Press, 2018, pp. 87-124.
Pingali, Prabhu, «Green Revolution: Impacts, Limits, and the Path Ahead», *Proceedings of the National Academy of Sciences*, vol. 109, 2012, pp. 12302-12308.
Pollan, Michael, *Second Nature: A Gardener's Education*, Delta, 1991.
Retallack, Gregory J., *Soil Grown Tall: The Epic Saga of Life from Earth*, Springer, 2022.
Retallack, Gregory J., y Nora Noffke, «Are There Ancient Soils in the 3.7 Ga Isua Greenstone Belt, Greenland?», *Palaeogeography, Palaeoclimatology, Palaeoecology*, vol. 514, 2019, pp. 18-30.
Roberts, Patrick, et al., «The Deep Human Prehistory of Global Tropical Forests and Its Relevance for Modern Conservation», *Nature Plants*, vol. 3, n.º 8, 2017.
Sanderman, Jonathan, et al., «Soil Carbon Debt of 12,000 Years of Human Land Use», *Proceedings of the National Academy of Sciences*, vol. 114, n.º 36, 2017, pp. 9575-9580.
Schlesinger, William H., y Ronald Amundson, «Managing for Soil Carbon Sequestration: Let's Get Realistic», *Global Change Biology*, vol. 25, 2019, pp. 386-389.
Smil, Vaclac, *Enriching the Earth: Fritz Haber, Carl Bosch, and the Transformation of World Food Production*, The MIT Press, 2004.
Snir, Ainit, et al., «The Origin of Cultivation and Proto-Weeds, Long Before Neolithic Farming», *PLOS ONE,* vol. 10, n.º 7, 2015.
Thaler, Evan A., et al., «The Extent of Soil Loss Across the US Corn Belt», *Proceedings of the National Academies of Sciences*, vol. 118, n.º 8, 2021.
Weil, Ray R., y Nyle C. Brady, *The Nature and Properties of Soils: Fifteenth Edition*, Pearson, 2017.

Winkler, Karina, et al., «Global Land Use Changes Are Four Times Greater Than Previously Estimated», *Nature Communications*, vol. 12, n.º 2501, 2021.
Zeder, Melinda A., «The Origins of Agriculture in the Near East», *Current Anthropology*, vol. 52, n.º S4, 2011.

4. Células marinas

Ayers, Greg P., y Jill M. Cainey, «The CLAW Hypothesis: A Review of Major Developments», *Environmental Chemistry*, vol. 4, 2007, pp. 366-374.
Beaufort, Luc, et al., «Cyclic Evolution of Phytoplankton Forced by Changes in Tropical Seasonality», *Nature*, vol. 601, 2022, pp. 79-84.
Castellani, Claudia, y Martin Edwards, editores, *Marine Plankton: A Practical Guide to Ecology, Methodology, and Taxonomy*, Oxford University Press, 2017.
Chimileski, Scott, y Roberto Kolter, *Life at the Edge of Sight: A Photographic Exploration of the Microbial World*, Belknap Press, 2017.
De Wever, Patrick, *Marvelous Microfossils: Creators, Timekeepers, Architects*, John Hopkins University Press, 2020.
Deutsch, Curtis, y Thomas Weber, «Nutrient Ratios as a Tracer and Driver of Ocean Biogeochemistry», *Annual Review of Marine Science*, vol. 4, 2012, pp. 113-141.
Eichenseer, K., et al., «Jurassic Shift from Abiotic to Biotic Control on Marine Ecological Success», *Nature Geoscience*, vol. 12, 2019, pp. 638-642.
Falkowski, P., «Ocean Science: The Power of Plankton», *Nature*, vol. 483, 2012, pp. S17-S20.
Falkowski, Paul, y Andy Knoll, editores, *Evolution of Primary Producers in the Sea*, Elsevier Academic Press, 2007.
Green, Tamara K., y Angela D. Hatton, «The CLAW Hypothesis: A New Perspective on the Role of Biogenic Sulphur in the Regulation of Global Climate», *Oceanography and Marine Biology: An Annual Review*, vol. 52, n.º 326, 2014, pp. 315-336.
Gruber, Nicolas, «The Dynamics of the Marine Nitrogen Cycle and its Influence on Atmospheric CO_2 Variations», *The Ocean Carbon Cycle and Climate*, NATO Science Series (Series IV: Earth and Environmental Sciences), vol. 40, editado por M. Follows y T. Oguz, Springer, 2004, pp. 97-148.
Kirby, Richard R., *Ocean Drifters: A Secret World Beneath the Waves*, StudioCactus, 2010.

Nadis, Steve, «The Cells That Rule the Seas», *Scientific American*, diciembre de 2003.

Proctor, Robert, «A World of Things in Emergence and Growth: René Binet's Porte Monumentale at the 1900 Paris Exposition», *Symbolist Objects: Materiality and Subjectivity at the Fin-de-Siècle*, editado por Claire I. R. O'Mahony, Rivendale Press, 2009, pp. 224-249.

Ridgwell, Andy, y Richard E. Zeebe, «The Role of the Global Carbonate Cycle in the Regulation and Evolution of the Earth System», *Earth and Planetary Science Letters*, vol. 234, n.º 3-4, 2005, pp. 299-315.

Rohling, Eelco J., *The Oceans: A Deep History*, Princeton University Press, 2017.

Sardet, Christian, *Plankton: Wonders of the Drifting World*, University of Chicago Press, 2015.

Yu, Hongbin, et al., «The Fertilizing Role of African Dust in the Amazon Rainforest: a First Multiyear Assessment Based on Data from Cloud Aerosol Lidar and Infrared Pathfinder Satellite Observations», *Geophysical Research Letters*, vol. 42, 2015, pp. 1984-1991.

5. Esos grandes bosques acuáticos

Chapman, R. L., «Algae: The World's Most Important 'Plants'—An Introduction», *Mitigation and Adaptation Strategies for Global Change*, vol. 18, 2013, pp. 5-12.

Delaney, A., et al., «Society and Seaweed: Understanding the Past and Present», *Seaweed in Health and Disease Prevention*, editado por Joël Fleurence e Ira Levine, Elsevier Academic Press, 2016, pp. 7-40.

Dillehay, Tom D., et al., «Monte Verde: Seaweed, Food, Medicine, and the Peopling of South America», *Science*, vol. 320, n.º 5877, 2008, pp. 784-786.

Duarte, Carlos, «Reviews and Syntheses: Hidden Forests, the Role of Vegetated Coastal Habitats in the Ocean Carbon Budget», *Biogeosciences*, vol. 14, n.º 2, 2017, pp. 301-310.

Duarte, Carlos, et al., «Can Seaweed Farming Play a Role in Climate Change Mitigation and Adaptation?», *Frontiers in Marine Science*, vol. 4, 2017.

Eckman, James E., et al., «Ecology of Understory Kelp Environments. I. Effects of Kelps on Flow and Particle Transport near the Bottom», *Journal of Experimental Marine Biology and Ecology*, vol. 129, n.º 2, 1989, pp. 173-187.

Flannery, Tim, *Sunlight and Seaweed: An Argument for How to Feed, Power, and Clean Up the World*, Text Publishing, 2017.

Hurd, Catriona L., et al., *Seaweed Ecology and Physiology: Second Edition*, Cambridge University Press, 2014.
Langton, Richard, et al., «An Ecosystem Approach to the Culture of Seaweed», Tech. Memo. NMFS-F/SPO-195, 24, National Oceanic and Atmospheric Administration, 2019.
Mouritsen, Ole, «The Science of Seaweeds», *American Scientist*, 2013.
Naar, Nicole, «Puget Sound Kelp Conservation and Recovery Plan: Appendix B—The Cultural Importance of Kelp for Pacific Northwest Tribes», National Oceanic and Atmospheric Administration, mayo de 2020.
Nielsen, Karina J., et al., «Emerging Understanding of the Potential Role of Seagrass and Kelp as an Ocean Acidification Management Tool in California», California Ocean Science Trust, Oakland, California, enero de 2018.
Nisizawa, K., et al., «The Main Seaweed Foods in Japan», *Hydrobiologia*, vol. 151, 1987, pp. 5-29.
O'Connor, Kaori, *Seaweed: A Global History*, Reaktion Books, 2017.
Ortega, A., et al., «Important Contribution of Macroalgae to Oceanic Carbon Sequestration», *Nature Geoscience*, vol. 12, 2019, pp. 748-754.
Pfister, C. A., et al., «Kelp Beds and Their Local Effects on Seawater Chemistry, Productivity, and Microbial Communities», *Ecology*, vol. 100, n.º 10, 2019.
Proceedings of the First U.S.-Japan Meeting on Aquaculture at Tokyo, Japan, October 18-19, 1971: Under the U.S.-Japan Cooperative Program in Natural Resources (UJNR), editado por William N. Shaw, National Marine Fisheries Service, National Oceanic and Atmospheric Administration, Departamento de Comercio de Estados Unidos, 1974.
Puget Sound Restoration Fund, «Summary of Findings: Investigating Seaweed Cultivation as a Strategy for Mitigating Ocean Acidification in Hood Canal, WA», 2019.
Rosman, Johanna H., et al., «Currents and Turbulence Within a Kelp Forest (*Macrocystis Pyrifera*): Insights from a Dynamically Scaled Laboratory Model», *Limnology and Oceanography*, vol. 55, 2010, pp. 1145-1158.
Shetterly, Susan Hand, *Seaweed Chronicles: A World at the Water's Edge*, Algonquin Books, 2018.
Tripati, Robert Eagle, et al., «Kelp Forests as a Refugium: A Chemical and Spatial Survey of a Palos Verdes Restoration Area: Project Report», UCLA Environmental Science Practicum, 2016-2017.
Wiencke, Christian, y Kai Bischof, editores, *Seaweed Biology: Novel Insights into Ecophysiology, Ecology, and Utilization.* Springer, 2012.

6. Planeta de plástico

Borunda, Alejandra, «This Young Whale Died with 88 Pounds of Plastic in Its Stomach», *National Geographic*, 18 de marzo, 2019.

Case, Emalani, «Caught (and Brought) in the Currents: Narratives of Convergence, Destruction, and Creation at Kamilo Beach», *Journal of Transnational American Studies*, vol. 10, n.º 1, 2019, pp. 73-92.

Corcoran, Patricia L., et al., «An Anthropogenic Marker Horizon in the Future Rock Record», *GSA Today*, vol. 24, n.º 6, 2014, pp. 4-8.

Cox, Kieran D., et al., «Human Consumption of Microplastics», *Environmental Science and Technology*, vol. 53, n.º 12, 2019, pp. 7068-7074.

De la Torre, Gabriel Enrique, et al., «New Plastic Formations in the Anthropocene», *Science of the Total Environment*, vol. 754, 2021.

Freinkel, Susan, «A Brief History of Plastic's Conquest of the World», *Scientific American*, 29 de mayo, 2011.

Gabbott, Sarah, et al., «The Geography and Geology of Plastics: Their Environmental Distribution and Fate», *Plastic Waste and Recycling: Environmental Impact, Societal Issues, Prevention, and Solutions*, editado por Trevor M. Letcher, pp. 33-63, Academic Press, 2020.

Geyer, Roland, «A Brief History of Plastics», *Mare Plasticum: The Plastic Sea*, editado por Marilena Streit-Bianchi et al., pp. 31-48. Springer, 2020.

Geyer, Roland, et al., «Production, Use, and Fate of All Plastics Ever Made», *Science Advances*, vol. 3, n.º 7, 2017.

Hamilton, Lisa Anne, y Steven Feit et al., «Plastic and Climate: The Hidden Costs of a Plastic Planet», Center for International Environmental Law, 2019.

Haram, Linsey E., «Emergence of a Neopelagic Community Through the Establishment of Coastal Species on the High Seas», *Nature Communications*, vol. 12, n.º 1, 2021.

Jenner, Lauren C., et al., «Detection of Microplastics in Human Lung Tissue Using μFTIR Spectroscopy», *Science of the Total Environment*, vol. 831, 2022.

Meijer, Lourens J. J., et al., «Over 1000 Rivers Accountable for 80 % of Global Riverine Plastic Emissions into the Ocean», *Science Advances*, vol. 7, n.º 18, 2021.

Moore, Charles, «Trashed: Across the Pacific Ocean, Plastics, Plastics Everywhere», *Natural History*, vol. 112, n.º 9, 2003, pp. 46-51.

Moore, C. J., et al., «A Comparison of Plastic and Plankton in the North Pacific Central Gyre», *Marine Pollution Bulletin*, vol. 42, n.º 12, 2001, pp. 1297-1300.

Moore, Charles, y Cassandra Philips, *Plastic Ocean: How a Sea Captain's*

Chance Discovery Launched a Determined Quest to Save the Oceans, Avery, 2011.
Our World in Data, www.ourworldindata.org, acceso en 2022.
PEW Charitable Trusts and SystemIQ, «Breaking the Plastic Wave: A Comprehensive Assessment of Pathways Towards Stopping Ocean Plastic Pollution», 2020.
Raworth, Kate, *Doughnut Economics: Seven Ways to Think Like a 21st-Century Economist*, Chelsea Green Publishing, 2017.
Shen, Maocai, et al., «Can Microplastics Pose a Threat to Ocean Carbon Sequestration?», *Marine Pollution Bulletin*, vol. 150, 2020.
Tarkanian, Michael J., y Dorothy Hosler, «America's First Polymer Scientists: Rubber Processing, Use and Transport in Mesoamerica», *Latin American Antiquity*, vol. 22, n.º 4, 2011, pp. 469-486.
Watt, Ethan, «Ocean Plastics: Environmental Implications and Potential Routes for Mitigation—A Perspective», *RSC Advances,* vol. 11, n.º 35, 2021, pp. 21447-21462.
Wayman, Chloe, y Helge Niemann, «The Fate of Plastic in the Ocean Environment—A Minireview», *Environmental Science: Processes and Impacts*, vol. 23, 2021, pp. 198-212.
Worm, Boris, et al., «Plastic as a Persistent Marine Pollutant», *Annual Review of Environment and Resources*, vol. 42, 2017, pp. 1-26.
Wright, Robyn J., et al., «Marine Plastic Debris: A New Surface for Microbial Colonization», *Environmental Science and Technology*, vol. 54, n.º 19, 2020, pp. 11657-11672.
Yoshida, Shosuke, et al., «A Bacterium That Degrades and Assimilates Poly (ethylene Terephthalate)», *Science,* vol. 351, n.º 6278, 2016, pp. 1196-1199.
Zalasiewicz, Jan, et al., «The Geological Cycle of Plastics and Their Use as a Stratigraphic Indicator of the Anthropocene», *Anthropocene*, vol. 13, 2016, pp. 4-17.

7. Una burbuja de aliento

Alcott, Lewis J., et al., «Stepwise Earth Oxygenation Is an Inherent Property of Global Biogeochemical Cycling», *Science*, vol. 366, n.º 6471, 2019, pp. 1333-1337.
Andreae, Meinrat, et al. «The Amazon Tall Tower Observatory (ATTO): Overview of Pilot Measurements on Ecosystem Ecology, Meteorology, Trace Gases, and Aerosols», *Atmospheric Chemistry and Physics*, vol. 15, n.º 18, 2015, pp. 10723-10776.
DeLeon-Rodriguez, Natasha, et al., «Microbiome of the Upper Troposphe-

re: Species Composition and Prevalence, Effects of Tropical Storms, and Atmospheric Implications», *Proceedings of the National Academy of Sciences*, vol. 110, n.° 7, 2013, pp. 2575-2580.

Fröhlich-Nowoisky, Janine, et al., «Bioaerosols in the Earth System: Climate, Health, and Ecosystem Interactions», *Atmospheric Research*, vol. 182, 2016, pp. 346-376.

Gumsley, Ashley, et al., «Timing and Tempo of the Great Oxidation Event», *Proceedings of the National Academy of Sciences*, vol. 114, n.° 8, 2017, pp. 1811-1816.

Krause, A. J., et al., «Stepwise Oxygenation of the Paleozoic Atmosphere» *Nature Communications*, vol. 9, n.° 4081, 2018.

Lenton, Timothy, et al., «Co-evolution of Eukaryotes and Ocean Oxygenation in the Neoproterozoic Era», *Nature Geoscience*, vol. 7, 2014, pp. 257-265.

Lovejoy, Thomas E., y Carlos Nobre, «Amazon Tipping Point», *Science Advances*, vol. 4, n.° 2, 2018.

Lovejoy, Thomas E., y Carlos Nobre, «Amazon Tipping Point: Last Chance for Action», *Science Advances*, vol. 5, n.° 12, 2019.

Lyons, Timothy, et al., «Oxygenation, Life, and the Planetary System During Earth's Middle History: An Overview», *Astrobiology*, vol. 21, n.° 8, 2021, pp. 906-923.

Mills, Daniel, et al., «Eukaryogenesis and Oxygen in Earth History», *Nature Ecology and Evolution*, vol. 6, 2022, pp. 520-532.

Morris, Cindy E., et al., «Bioprecipitation: A Feedback Cycle Linking Earth History, Ecosystem Dynamics, and Land Use Through Biological Ice Nucleators in the Atmosphere», *Global Change Biology*, vol. 20, n.° 2, 2014, pp. 341-351.

Olejarz, Jason, et al., «The Great Oxygenation Event as a Consequence of Ecological Dynamics Modulated by Planetary Change», *Nature Communications*, vol. 12, n.° 3985, 2021.

Ostrander, Chadlin M., et al., «Earth's First Redox Revolution», *Annual Review of Earth and Planetary Sciences*, vol. 49, 2021, pp. 337-366.

Pöhlker, Christopher, et al., «Biogenic Potassium Salt Particles as Seeds for Secondary Organic Aerosol in the Amazon», *Science*, vol. 337, 2012, pp. 1075-1078.

Pöschl, Ulrich, et al., «Rainforest Aerosols as Biogenic Nuclei of Clouds and Precipitation in the Amazon», *Science*, vol. 329, n.° 5998, 2010, pp. 1513-1516.

Sánchez-Baracaldo, Patricia, et al., «Cyanobacteria and Biogeochemical Cycles Through Earth History», *Trends in Microbiology*, vol. 30, n.° 2, 2022, pp. 143-157.

Soubeyrand, Samuel, et al., «Analysis of Fragmented Time Directionality

in Time Series to Elucidate Feedbacks in Climate Data», *Environmental Modelling and Software*, vol. 61, 2014, pp. 78-86.
Sperling, Erik A., et al., «Oxygen, Ecology, and the Cambrian Radiation of Animals », *Proceedings of the National Academy of Sciences of the United States of America*, vol. 110, n.º 33, 2013, pp. 13446-13451.
Steffen, Will, et al., «The Emergence and Evolution of Earth System Science», *Nature Reviews Earth and Environment*, vol. 1, 2020, pp. 54-63.
Upper, Christen D., y Gabor Vali, «Chapter 2: The Discovery of Bacterial Ice Nucleation and the Role of Bacterial Ice Nucleation in Frost Injury to Plants», *Biological Ice Nucleation and Its Applications*, editado por R. E. Lee, Jr., and G. J. Warren, pp. 29-40, APS Press, 1995.

8. Las raíces del fuego

Alcott, Lewis J., et al., «Stepwise Earth Oxygenation Is an Inherent Property of Global Biogeochemical Cycling», *Science*, vol. 366, n.º 6471, 2019, pp. 1333-1337.
Anderson, M. Kat, «The Use of Fire by Native Americans in California», *Fire in California's Ecosystems*, editado por Neil G. Sugihara et al., pp. 417-30, University of California Press, 2006.
Beerling, David, *The Emerald Planet: How Plants Changed Earth's History*, Oxford University Press, 2007.
Bouchard, F., «Ecosystem Evolution is About Variation and Persistence, not Populations and Reproduction», *Biological Theory*, vol. 9, 2014, pp. 382-391.
Bowman, David M. J. S., et al., «Fire in the Earth System», *Science*, vol. 324, n.º 5926, 2009, pp. 481-484.
David, A. T., Asarian, J. E., y Lake, F. K., «Wildfire Smoke Cools Summer River and Stream Water Temperatures», *Water Resources Research*, vol. 54, 2018, pp. 7273-7290.
Doolittle, W. Ford, y S. Andrew Inkpen, «Processes and Patterns of Interaction as Units of Selection: An Introduction to ITSNTS Thinking», *Proceedings of the National Academy of Sciences*, vol. 115, n.º 16, 2018, pp. 4006-4014.
Dussault, Antoine C., y Frédéric Bouchard, «A Persistence Enhancing Propensity Account of Ecological Function to Explain Ecosystem Evolution», *Synthese*, vol. 194, 2017, pp. 1115-1145.
Hazen, Robert M., *Symphony in C: Carbon and the Evolution of (Almost) Everything*, W. W. Norton, 2019.
Judson, Olivia, «The Energy Expansions of Evolution», *Nature Ecology and Evolution*, vol. 1, n.º 138, 2017.

Kay, Charles E., «Native Burning in Western North America: Implications for Hardwood Forest Management», *Proceedings: Workshop on Fire, People, and the Central Hardwoods Landscape,* compilado por Daniel A. Yaussy, Richmond, Kentucky, 12-14 de marzo, 2000.

Krause, A. J., et al., «Stepwise Oxygenation of the Paleozoic Atmosphere», *Nature Communications*, vol. 9, n.° 4081, 2018.

Kump, L. R., «Terrestrial Feedback in Atmospheric Oxygen Regulation by Fire and Phosphorus», *Nature,* vol. 335, 1988, pp. 152-154.

Lake, Frank K., *Traditional Ecological Knowledge to Develop and Maintain Fire Regimes in Northwestern California, Klamath-Siskiyou Bioregion: Management and Restoration of Culturally Significant Habitats*, tesis doctoral, Universidad Estatal de Oregón, 2007.

Lenton, Timothy M., «The Role of Land Plants, Phosphorus Weathering, and Fire in the Rise and Regulation of Atmospheric Oxygen», *Global Change Biology*, vol. 7, 2001, pp. 613-629.

Lenton, Timothy M., et al., «First Plants Oxygenated the Atmosphere and Ocean», *Proceedings of the National Academy of Sciences*, vol. 113, n.° 35, 2016, pp. 9704-9709.

Lenton, Timothy M., et al., «Survival of the Systems», *Trends in Ecology and Evolution*, vol. 36, n.° 4, 2021, pp. 333-344.

McGhee, Jr., George R., *Carboniferous Giants and Mass Extinction: The Late Paleozoic Ice Age World*, Columbia University Press, 2018.

Pyne, Stephen J., *Fire: A Brief History*, University of Washington Press, 2001.

Pyne, Stephen J., «The Ecology of Fire», *Nature Education Knowledge*, vol. 3, n.° 10, 2010.

Stanley, Steven M., y John A. Luczaj, *Earth System History*, cuarta edición, W. H. Freeman, 2015.

Williams, Gerald W., «References on the American Indian Use of Fire in Ecosystems», United States Forest Service, United States Department of Agriculture, 2005.

Willis, K. J., y J. C. McElwain, *The Evolution of Plants*, Oxford University Press, 2014.

9. Vientos de cambio

Archer, David, *The Long Thaw: How Humans Are Changing the Next 100,000 Years of Earth's Climate*, Princeton University Press, 2009.

Cuddington, Kim, «The "Balance of Nature" Metaphor and Equilibrium in Population Ecology», *Biology and Philosophy*, vol. 16, 2001, pp. 463-479.

Dessler, Andrew, *Introduction to Modern Climate Change*, segunda edición, Cambridge University Press, 2016.
Egerton, Frank N., «Changing Concepts of the Balance of Nature», *Quarterly Review of Biology*, vol. 48, n.º 2, 1973, pp. 322-350.
Freese, Barbara, *Coal: A Human History*, Perseus Publishing, 2003.
Jelinski, Dennis, «There Is No Mother Nature—There Is No Balance of Nature: Culture, Ecology, and Conservation», *Human Ecology*, vol. 33, n.º 2, 2005, pp. 271-288.
Maslin, Mark, *Global Warming: A Very Short Introduction*, Oxford University Press, 2009.
Maslin, Mark, et al., «New Views on an Old Forest: Assessing the Longevity, Resilience, and Future of the Amazon Rainforest», *Transactions of the Institute of British Geographers*, vol. 30, n.º 4, 2005, pp. 477-499.
Otto, Friederike E. L., et al., «Climate Change Likely Increased Extreme Monsoon Rainfall, Flooding Highly Vulnerable Communities in Pakistan», *World Weather Attribution*, septiembre de 2022.
Our World in Data, www.ourworldindata.org, acceso en 2023.
Pörtner, H.-O., et al., «Climate Change 2022: Impacts, Adaptation, and Vulnerability. Contribution of Working Group II to the Sixth Assessment Report of the Intergovernmental Panel on Climate Change», Cambridge University Press, en prensa.
Schobert, Harold H., *The chemistry of Fossil Fuels and Biofuels*, Cambridge University Press, 2013.
Shukla, P. R., et al., *Climate Change 2022: Mitigation of Climate Change*, Contribution of Working Group III to the Sixth Assessment Report of the Intergovernmental Panel on Climate Change, Cambridge University Press, 2022.
Simberloff, Daniel, «The "Balance of Nature"—Evolution of a Panchreston», *PLOS Biology*, vol. 12, n.º 10, 2014.
Smil, Vaclav, *Oil: A Beginner's Guide*, segunda edición, Oneworld Publications, 2008.
Smil, Vaclav, *Energy Transitions: Global and National Perspectives*, segunda edición, Praeger, 2017.
Smil, Vaclav, *Grand Transitions: How the Modern World Was Made*, Oxford University Press, 2021.

Índice alfabético